物としてのヒト」へのまなざしが求められる．本書は，現代が求めているそのような統合的視点を身につけるうえでも有効であろう．

本書の企画においては培風館 営業部 斉藤淳さんに，編集では江連千賀子さんに大変お世話になった．図の作成・写真提供などで，私の東京大学農学生命科学研究科在任中に，保全生態学研究室に籍を置いた大学院生や技術補佐員の皆様にご協力をいただいた．2015年4月に中央大学に移籍した後には，資料整理や校正などで加藤冬子さんに多大なご協力をいただいた．ここに記して深い感謝の意を表したい．

2016年3月

鷲谷いづみ

生態学

基礎から保全へ

鷲谷 いづみ［監修・編著］

一ノ瀬友博・海部健三・津田 智・西原昇吾
山下雅幸・吉田丈人［共著］

培風館

まえがき

どのような時代にも，大学教育には，社会のニーズに目を向け，その質を不断に向上していく努力が求められる．特に，現代のように社会的な変動の大きい時代には，教育内容を，常に時代を先取りするものになるよう進化させていく必要がある．

日本の科学者の代表組織との法的位置づけをもつ「日本学術会議」は，大学教育に求められる質保証のための方策を検討し，その実践の1つとして，「教育課程編成上の参照基準」を分野別に策定する取組みを進めている．そのうち，生物学分野における参照基準は，2013年に報告「大学教育の分野別質保証のための教育課程編成上の参照基準　生物学分野」*として公表された．

生物学分野の参照基準の審議に参加し報告をまとめた分科会メンバーは，「参照基準」を大学教育の中に着実に広げていくためには，「参照基準」に準拠する教科書のシリーズの刊行が有効であると考えた．幸い培風館の協力を得ることができたので，生物学分野の多様な科目に対応する何冊かの教科書の刊行に向けて作業を開始している．本書は，そのうちの1冊であり，生物学の中でも巨視的アプローチを特徴とする生態学分野の教科書である．

本書は，生態学の基礎的な事項を平易に解説したうえで，生物多様性の保全・自然再生など社会的課題に密接にかかわる応用・政策科学である保全生態学分野の専門教育をカバーする内容も含む．大学における生態学，保全生態学の教科書としての利用はもとより，「自然を科学的に読み解く力を身につけたい」「基礎的な教養として生態学を学びたい」「生物多様性の保全と自然再生の実践の場面で役立つものの見方と知識を体得したい」「地球環境，地域環境の分析・評価の方法を知りたい」など，一般読者の広範な要望にも応えるテキストとしても役立つよう構成した．

30章からなる本書の1章から14章は，基礎生態学を偏りなく学べるような構成になっている．すなわち，遺伝子から複合生態系までいくつもの生物学的

* http://www.scj.go.jp/ja/info/kohyo/pdf/kohyo-22-h131009.pdf

階層における多様な対象と現象を扱う生態学の基礎をなす基本的な概念，課題認識のための多様な分析・評価の方法，およびそれらの適用によって認識できる現象や関係性を，豊富な具体例をあげながら解説している．

続く15章から30章は，「生物多様性の保全と持続可能な利用」という社会的な目標に，生態学の分析・評価アプローチおよび知見をもって寄与する「自然との共生」のための応用・政策科学分野としての保全生態学の概論となっている．14章までの生態学の基礎を学んだ読者を対象として，保全生態学における自然と社会との関係に関する基本的な見方および，現在，喫緊の社会的な課題となっている生物多様性保全や自然再生の具体的な実践に必要な知見を解説している．すなわち，ヒトと自然環境との関係の変遷をたどり，現代の生物多様性の危機，ヒトの社会の危機の諸相を科学的な見方や指標に基づいて描き出し，持続可能な社会をつくるための要件や道筋を理解するのに必要な素養を身につけるのに必要不可欠な内容を取り上げ，さらに，絶滅危惧種や外来種の管理，生態系管理，自然再生など，持続可能な社会を築くうえで必要な具体的な政策や実践・対策について，生態学のみならずより広範な統合科学的な視点から解説している．

各章は，1章もしくは2章分が，大学の教育課程における1コマ（150分）の講義にあたる内容を含むように構成している．そのため，14～15コマの講義であれば2科目，30コマの講義であれば1科目の教科書や副読本として本書を利用できる．例えば，前半を1年生向けの教養科目としての「生態学」や「基礎生態学」の教科書とし，後半を2～3年生向けの科目「保全生態学」や「環境科学」などの教科書として利用することが想定される．また，科目の特性に応じて，本書の章の中から適宜，章を選択して1科目分の講義を組み立てることができるように，それぞれの章は独立した内容を扱っている．

今日，地球環境，地域環境にもたらす人間活動の影響は絶大なものとなり，それによって生じつつある気候変動，生物多様性の危機などは，地球規模でも地域においても人類の将来に暗い影を投げかけている．私たちが現在直面している環境の危機を乗り越えるためには，問題の分析のための還元主義的な手法のみならず，問題の全体像を包括的・統合的に捉える「総合知」を求めるアプローチが欠かせない．生物と環境の間のダイナミックで複雑な関係を捉えることをめざしてこれまでに生態学が築いてきた手法と視点は，総合知を求めるうえでも重要な役割を果たす．一方で，人間社会や人間行動の問題を扱うにも「生

目　次

1　生態学とは何か

生態学は，生物学の一分野であるが，生物と環境との関係を，おもに，個体，個体群，群集，生態系の生物学的階層において扱う．研究対象とするシステムや関係は複雑で，空間・時間スケールも多岐にわたり，研究手法も多様である．また，形質変化のメカニズムだけでなく，なぜ形質変化が起きたかを追究することも生態学ならではの特徴である．

1-1　生物学と生態学

生態学をその一部として含む生物学は，**生物**とそれに特有の現象である**生命**を研究対象とする科学である．生物は，無生物と同じ物理・化学の法則に支配されている．しかし，次のような特徴を合わせもつことで無生物と区別できる．

① **細胞によって構成**される．

② 遺伝子をもち**自己複製**する．

③ **物質・エネルギー代謝**を行う．

④ 環境からの刺激に対して**適応的な応答**をする．

さらに，現在の地球上にみられるあらゆる生物は，DNA に基づく系統分析から，⑤ ただ１つの**共通の祖先細胞** last universal common ancester（LUCA）に由来したものであることが明らかにされており，⑥ 偶然・必然が輻輳する複雑な**進化**の過程を経て極めて多様な形態，生活，構造，機能などをもつに至ったことがわかっている．このような起源・歴史の共有も，生物を無生物から明瞭に区別する基準の１つである．

一方で，私たちヒトは，これらの特徴を１つずつ確かめることなしに，直感的に生物を無生物から見分ける認識力をもっている．動物としてのヒトにとって，生物は餌など有用な資源である一方で，天敵であったり有毒であるなど有害なものも多く存在している．生物を見分ける直感は，ヒトが生きていくうえで常に身の回りの生物に関心を払ってきたことから生まれたものだろう．

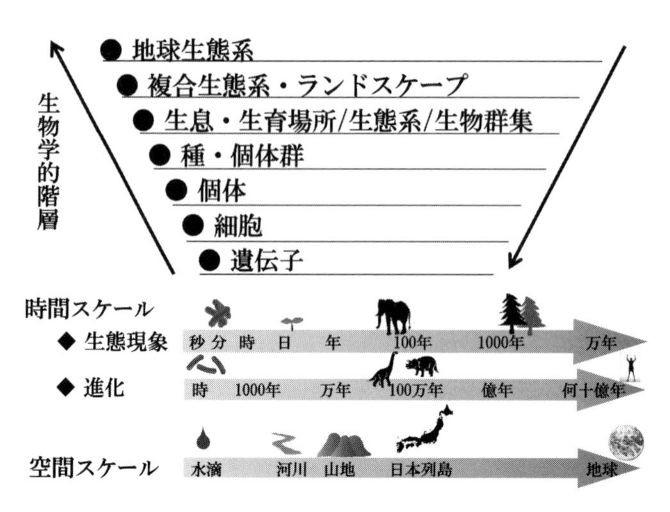

図 1-1　生物学で扱う階層と時空間スケール

生物学は多くの**システム** system を扱う．システムは要素とそれらの間の関係の総体である．それぞれのシステムは，分子レベルから生態系・地球レベルに至る**階層** hierarchy に位置づけることができる（図 1-1）．

ある生物学的階層の要素は，直下の階層の要素から構成されるシステムである．例えば，細胞は細胞小器官からなるシステムであり，個体群は個体が集まってできている．特定の階層における現象は，直下の階層の要素の性質や挙動によってある程度は説明される．しかし，その階層独自の「**創発的** emergent な現象」（要素の総和としてだけでは説明できない現象）も多く観察される．このような創発性のため，生命現象の解明をめざす生物学は，物理学・化学と共通の**還元的な手法** reduction（要素に分けることで説明する手法）だけでなく，**統合的手法** synthesis（要素の集合としてはとらえきれない現象を多様な手段を用いて概括的にとらえる手法）も研究手法（アプローチ）として用いる．

生物学は，生物個体およびその構成要素である器官・組織・細胞・細胞小器官・生体高分子などの構造と機能，生物の遺伝・生理・形態・発生・分類・系統・生活史・環境応答・行動・生態・進化，生命の起源と歴史，生物がつくる集団（個体群・群集・社会）の構造と動態の解明をめざす広範な学問領域であり，分子から地球生態系までの多階層における，いずれも複雑で膨大な数の要素からなるシステムを研究の対象とする．

生態学 ecologyは，生物学が扱う階層のうち，特に個体やその集団である個体群，さらに上位のシステムにおいて，**環境と生物との関係**に関して研究する分野の総称である．

生物と生命をさまざまな面から探求する生物学では，特定の構造や機能に関する問いは，必ずしも一義的ではない．コラムで説明するように，いくつかのタイプの問いがありうる．生態学は，近接要因としての「機構」，すなわちメカニズム・しくみに関する問いに加え，生物学の他の分野が扱うことのない終局要因，すなわち「適応的な意義」に関する問いにも答えようとする．

生物学の4つの「なぜ？」

生物学は，多様な対象を扱うだけでなく，投げかけられる問いも多様である．例えば，ある生物のもつ特定の形質について，「なぜその形質をもつのか」という問いは，少なくとも4つの異なる内容をもちうる．このことに注意を喚起した動物行動学者のティンバーゲンにちなみ，**ティンバーゲンの4つの問い**とよばれている．

まず，4つの問いを近接要因（形質がどのようなメカニズムで生じるのか）と終局要因（形質がなぜ進化したのか）の2タイプの要因に関する問いに分けることができる．

そのうち，近接要因に関しては，生理的なしくみについての問いと発生過程に関する問いの2つ，終局要因に関する問いとして，「どのような淘汰圧のもとに進化した適応なのか」という問いと進化の道筋での獲得の経緯，すなわち系統的変遷に関する問いがありうる．

近接要因	個体発生	機構（しくみ）
終局要因	系統的変遷	適応的意義

1-2　生態学のあゆみ

生態学につながる知の営みの系譜の1つは，**博物学** natural history（現在では，**自然史**もしくは**自然誌**とよぶことが多い）である．その歴史はギリシャ哲学の時代，さらにはそれ以前にまでさかのぼる．生物に関する多様な知識や知恵は，自然物を薬などとして利用するための薬物誌や医学とも結びついて発展し，生物とその環境に関する自然史の知識は，時代とともに蓄積した．

自然史が，生態学につながる科学として確立するにあたって大きな役割を果たしたのは，19 世紀の生物学者ダーウィンである．18 世紀に，リンネが生物の記載・分類法に関する二名法を考案して以来，大航海時代からヨーロッパの人々が世界中に出かけて採集した生物を分類・命名することが盛んになり，多様な環境で生きる多様な動植物についての知識が蓄積していた．ダーウィンは，微細な事柄も見逃さない鋭い観察眼と俯瞰力を同時に備えた傑出した科学者であり，生物にみられる多様性を「**自然選択** natural selection（＝自然淘汰）による**適応進化** adaptation」によって説明した．生態学に対するダーウィンの貢献はそれにとどまるものではない．1859 年に出版された主著「種の起源」には，自然選択による適応進化（3 章）のみならず，生物間相互作用で結ばれた生物群集，生態系，ニッチなどにあたる生態学の重要概念の多くがすでに提示されている．さらに，土壌シードバンク（11 章），植生遷移（13 章），生活史の進化（4 章），動物およびヒトの行動（5 章）など，生態学の多様な分野でその後重要な研究課題となった多くのテーマが明瞭な形で提示されている．「自然選択による進化」という生態学の基本的説明原理に加え，それら多くの問題提起から，ダーウィンは，「**科学としての生態学の祖**」とされる．

生態学は英語の ecology の訳であるが，これは 1866 年にドイツの動物学者ヘッケルが，ギリシャ語の oikos（家政）と logos（～の研究）から造語したものである（英語では eco と logy の造語）．ヘッケルはダーウィンの強い影響のもと，生態学を「**生物と環境との間の関係に関する包括的な科学**」と定義した．

その後の進化に関する科学の確立・発展には，遺伝子の概念が大きな役割を果たした．1865 年にメンデルは，インゲンを用いて自ら行った交配実験の結果を**遺伝子** gene という架空の要素によって説明した．発表当時は学界に受け入れられなかった遺伝子が，実体のある存在として，進化の担い手として認められたのは，20 世紀になり，遺伝子の**突然変異** mutation，自然選択などを要素プロセスとして進化のメカニズムを説明する**進化の総合説** synthetic theory of evolution が確立してからである．野外で生物の集団をつぶさに観察していたマイヤーなど自然史の研究者がその確立に大きな役割を果たし，作物や家畜の育種などにも応用できる理論を研究する**集団遺伝学** population genetics が発展した．

伝統的に，生物学は，植物を対象とするのか動物を対象にするのかで，植物学と動物学の2つの分科に分けられていた．そのため，生態学においても，**植物生態学** plant ecology と**動物生態学** animal ecology は独自の発展の途をたどった．

初期の植物を対象とした生態学は，**植生** vegetation（=**植物群落** plant community）の分布様式（パターン）やその変遷におもな関心をおいた．北アメリカの植生を精力的に研究したクレメンツは，植物群落を複雑な有機体，すなわち，**超有機体** superorganism とみなし，植生の時間軸に沿った変化，**遷移** sucssession を「発達段階を区切ることのできる個体の成長」になぞらえ，遷移の最終段階を**極相** climax と名づけた．このような見方を基礎として，植生を発展段階を追って記述する**植生学** vegetation ecology が発展した一方で，クレメンツの有機体説には異論を唱える研究者も少なくなかった．例えば，グレアソンは，植物群落を構成するそれぞれの種が独自に**環境勾配** environmental gradient に沿って分布するとする**個別説** individualistic concept を唱えた．その後，花粉分析による植生史の研究から，植生を構成する植物種は個別に振る舞うことが明らかにされ，有機体説は影をひそめた．

生物とその物理的環境要素からなる**システムとしての生態系**という概念は，1930年代にイギリスの生態学者タンスレーが提案した．これにより，食物連鎖を通じた元素の循環やエネルギーの流れを定量的に研究する**生態系生態学** ecosystem ecology が発展した．

動物生態学では，動物群集に関する先駆的な研究を行ったエルトンが，**食物網** food web や**ニッチ** niche などの概念を確立した．その研究に触発された数学者ロトカとヴォルテラは，種間関係を考慮した個体群動態の数理モデルを提案した．ガウゼはそれらをフラスコの中で原生動物を用いて検証を試み，**競争排除の原理** competitive exclusion principle を提案した．

数学を生態学の研究に取り入れることの重要性を認識し，それを促す役割を果たしたのは，20世紀初頭からアメリカで活躍し，現代生態学の祖と称されるハッチンソンである．生態学における数理的扱いは，次第にその重要性を増し，生態学が扱うさまざまな問題を数理モデルで解明しようとする**数理生態学** mathematical ecology が発展した．メイヤードスミス（1989）の「自然研究抜きの数学は不毛だが，数学なしの自然研究は混沌だ．」という言葉は，生態学における数学の役割をよく表している．

生態系へのエネルギーの流入は，光合成による太陽光エネルギーの化学エネルギーへの転換に始まる．それによる物質生産，すなわち一次生産の生理的側面を扱う植物の**生理生態学** physiological ecology において，「植物体の構造と機能の物理学」ともいうべき物質生産生態学が発展したが，その先駆的な業績の1つが門司－佐伯理論である．それは，葉層を通過する光の減衰パターンを吸光係数という物理量で表現し，葉層別に利用可能な光量と葉面積，個葉の光合成特性から光合成量を算出し，それを積分して群落光合成量を推算する手法として広く応用された．

ローレンツやティンバーゲンの**行動学** ethology の先駆的な研究に触発され，動物の行動を観察し，自然選択によって進化した「戦略」としてとらえる**行動生態学** behavioral ecology が発展した．現在では，ヒトを対象として行動や心理を研究することも活発になっている．

20 世紀の初頭から，個体群（集団）を対象とした**個体群統計学** demography を含む**個体群生態学** population ecology は，集団遺伝学とも結びつき，自然選択による適応進化や種分化などを扱う**進化生態学** evolutionary ecology が発展している．それらと密接にかかわりながら種間の関係に焦点をあてる研究分野，**群集生態学** community ecology の発展もめざましい．

20 世紀の後半から，リモートセンシングによる広域の植生分布パターンなどの観察が可能になると，植生や生態系の間の空間的な関係を研究対象とする**ランドスケープ生態学** landscape ecology が生まれた．

生態系と生物多様性への人間活動の負のインパクトが強く認識されるようになった 1990 年代には，生態学のみならず多様な関連分野の知見を統合して生物多様性の保全と持続可能な利用という，社会的目標に寄与する応用科学として**保全生態学** conservation ecology が生まれた．劣化した生態系の修復をおもに扱う分野は**修復生態学** restoration ecology である．

1-3　生態学が扱う生物学的階層と研究

前節で述べたような多様な分野を含む生態学は，研究アプローチ，研究対象の時空間スケールや階層においても多様性が大きい（図 1-1）．生態学が扱う生物学的階層は，分子からランドスケープまで，生物学が扱うすべての階層にわたる．関心が向けられる時間的スケールは，光による光合成色素の分子励起の測定などのマイクロ秒という短い時間から，生物世代にして数世代から数十万世代以上の長期間にわたる進化的なタイムスケールにまで及ぶ．個体群生態学など多くの分野が研究対象とする現象の時間スケール，すなわち，生態学的タイムスケールは，およそそれぞれの生物の一生の長さに相当する程度の時間から，数世代までぐらいであり，生物の種類による世代の長さの違いに応じて，数時間から数千年ぐらいの時間スケールとなる．

このように，研究対象にも研究手法にも著しい多様性を特徴とする生態学であるが，「**生物と環境との関係**」に主要な関心をおく科学であること，またそれを理解するための原理として「自然選択による進化」を重視することが共通している（コラム参照）．

生態学の研究手法

環境と主体となる生物（個体，個体群，群集）との関係を研究する生態学は，個体群，群集，生態系などの生物のシステムを研究対象とし，自然界にみられる複雑な関係の解明をめざす．そのため，生態学における研究手法は，生物学の他の分野とは比べものにならないほど多様である．他の分野ではあまり用いられない，野外での観察，野外実験，リモートセンシング，空間情報解析などが重要な研究手法となっている．一方で，ミクロな対象を研究する分野でよく使われる遺伝子や遺伝子産物の解析や生理的活性の測定や成分分析なども生態学の研究手段となる．

観察：生態学のあらゆる研究の基本ともいえるのが**観察** observation である．観察は，新規に興味深い生態現象を発見することができる手法として生態学の発展に大きく貢献してきた．ダーウィンなど生態学の発展に大きな貢献を成し遂げた研究者はいずれも観察の達人であった．

観察には，その目的に応じてさまざまな手法や道具を用いる．最近では，高解像度の衛星画像を用いたリモートセンシングが広域の空間的な現象（パターン）の研究などで用いられる．さらに，野外調査において，自動操縦航空機（ドローン）を用いた上空からの観察など，観察技術の高度化にはめざましいものがある．

仮説とその検証：科学研究では，観察により新たに把握された事実に基づき，明らかにすべき課題を認識する．それを**仮説** hypothesis とし，それに基づく予測の中から検証が可能な事柄を選んで観察や実験を行ってそれを検証する．

実験：仮説を検証するためには野外での**実験** experiment や室内での実験が実施されることがある．実験では，仮説の核心となる要因を人為的に操作してシステムの挙動を観察する．野外の自然現象は多くの要因が絡まり合って複雑な変動を示すが，実験では仮説に基づいて重要な要因を人為的にコントロールするので反応を単純化できる．野外実験では，多くの環境条件はそのままにして，ごく一部の要因に関してのみ操作・処理を加えるが，室内実験では，環境条件をできるだけコントロールして特定の条件・資源のみを変えた処理の効果をみる．その際，操作を行わない**対照** controlとの比較により特定の操作がもたらす効果を把握したり，温度や濃度など特定の特性に関して量的に異なる処理を多く設けて，それらの間での効果の比較を行う．室内や施設内において条件をできる限りコントロールしても，実験に供する生物体に由来する違いや実験条件を完全にはコントロールできないことに基づく誤差が生じる．繰り返し処理をすることは室内実験においても必須である．

目的や検証すべき仮説に応じて，生態学ではさまざまな実験のデザインがありうる．野外実験として有名なのは，岩礁の群集からヒトデという特定の種を取り除く実験によってキーストーン種の概念を導き出したペインの実験（8章），長期生態学研究サイトで，多数の実験区を設けて種の多様性と草本群落の機能に関するいくつもの仮説の検証を行ったティルマンらの長期にわたる大規模実験が有名である．日本では，霞ヶ浦での湖岸植生帯の再生事業を土壌シードバンクに関する仮説を検証する大規模実験と位置づけた研究が行われた（28章）．

実験の結果は，図1-2に示すように，棒グラフ（対照を含めていくつかの処理を行った場合）や散布図（ある要因を変化させて量的な反応を調べた場合）で表すことができるが，処理の違い（対照との違いを含む）による反応の違いが存在したかどうか，散布図で表されるデータに系統的な関係が見いだせるかどうかは，統計処理で検討される．そのため，統計処理が有効になるだけの繰り返し処理や多くの処理がなされることが必要となる．

モデル：生態学に限らず，科学においては，観察や実験で明らかにされたことを一般化するために，理論もしくはモデルがつくられる．モデルは，実際には複雑な現実のシステムを「理想化」して単純な形で表現するものである．それにより，システムの挙動や何らかの影響がもたらす結果などを予測できるようになる．さらなる観察や実験で検証することにより，モデルが改善される．そのため仮説もモデルの一種と考えることができる．

生態学におけるモデルとしては，数式で表される**数理モデル** mathematical modelがよく使われる．現実のシステムを近似もしくは模倣する数式の組合せを用いる**シミュレーションモデル** simulation modelは予測に用いられる．

自然選択による進化のモデルのように，言葉による記述で表現されるモデルもある．

観察や測定の結果の統計分析の結果をモデルとする統計モデルも生態学ではよく用いられる．例えば，図1-2（b）の散布図において，植物の生産性を

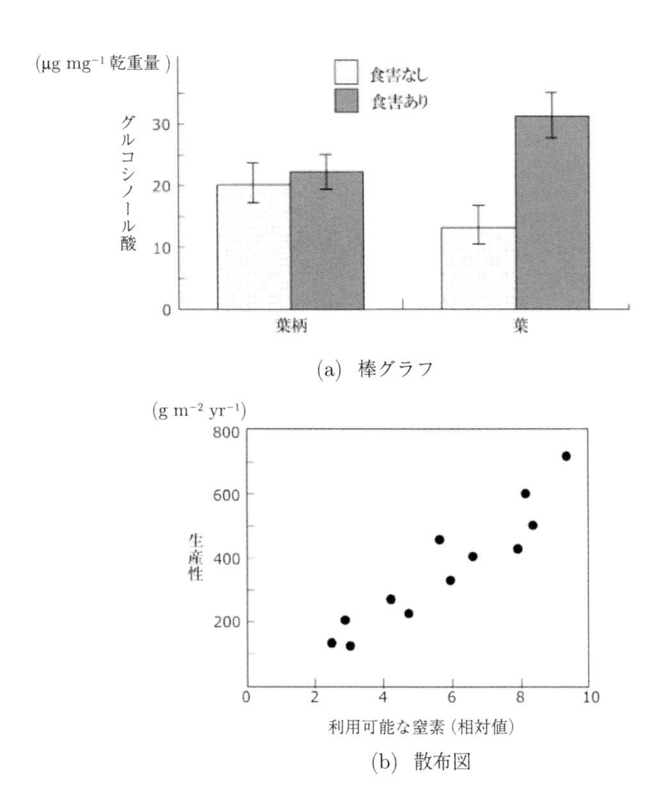

図 1-2　代表的な実験結果の表し方

(a) 棒グラフ：食害された葉でグルコシノール酸が増加することを示している．(b) 散布図：土壌中の植物の利用可能な窒素量と植物の生産性の関係を示している．

土壌中の窒素に回帰すると回帰式が得られるが，それは，窒素量の植物生産への影響を記述するモデルともなる．

メタ分析：複雑で変動の大きい対象を扱う生態学では，1つの実験や観察から一般的な結論を導くことは難しい．すでに論文などで報告されている数多くの研究結果を統合して結論を出すアプローチが**メタ分析** meta-analysis である．例えば，グレビッチらは，公表されている217の競争実験の結果を統合し，競争があるとバイオマスの減少が起こることを明らかにした（Gurevitch ら 1992）．

2 生態学の基礎概念

本章では，生態学を学ぶうえであらかじめ理解しておくべき基礎的な用語・概念を簡単に説明する．

2-1 個体群／種／群集／生態系

生態学における生物の基本単位は**個体** individual である．その集まりである**個体群** population は，生態学が扱う最も基本的な集団である．個体群の構造や動態を把握し記述するには，対象とする空間を決めることが必要になる．分布の空間範囲が不明瞭な場合だけでなく，研究や記述における便宜上の理由により，対象範囲を任意に設定することが多い．集団遺伝学では慣習として個体群を**集団**とよぶ．

種 species は生物の多様性を扱う分類の基本的な単位である．その定義としては，1942 年に進化学者マイヤーが提案した**生物学的種** biological species がある．それは，**遺伝子プール** gene pool を共有する集団の範囲を種の範囲とするというものである．すなわち，同地域に分布している 2 つの集団（個体群）が自然条件下で相互に交配して子孫を残す場合は，それらは同一の種に含まれるとみなす．それに対して，遺伝子の交流がなされず，交配しても子孫を残さない場合には，別種とみなす．

群集（生物群集） biological community は，特定の空間に含まれるすべての種（認識ができるもの）の個体群の集合を意味する．生物種間の関係，**生物間相互作用**は，群集の組成・構造・動態を決めるうえで重要な役割を果たすとともに，適応進化の駆動力としても重要な役割を果たす（3 章，7 章，8 章）．生物群集から取り除かれたり新たに加えられたとき，群集の構造や機能に大きな変化をもたらす種を**キーストーン種** keystone species とよぶ（8 章）．

種の認識と表現

生物学的種は理論的な検討には有効であるが，野生生物の具体的な集団にこの概念を適用するのは必ずしも容易ではない．遺伝子プールを共有しているか否かの判断が難しいからである．分類学における実際の種の記載や命名（学名を与えること）は，必ずしも生物学的種概念に基づくものではない．むしろ，それぞれの分類の専門家が重視する形質により他と区別される集団を種とみなしている．古くから分類に利用されてきた形質は，外観や解剖学的特性など，**形態**に関するものである．

種を不変なものと考えた分類学者リンネは，種の学名を二名法で表すことを提案した．ダーウィン以降，生物学では種が変化するものであることが次第に明瞭になったが，現代でも実用上の価値がある二名法が使われている．種の同定のための検索も形態に基づいて行う．それぞれの種は，入れ子状の近縁関係構造に位置づけられ，学名は，属名および種小名のラテン語2語で表される．例えば，動物界，脊椎動物門，哺乳綱，霊長目に属すヒトの学名は *Homo sapiens* である．

DNAの分析が容易になった現在では，**進化的な系譜**を反映した**系統関係**を重視して種をとらえることが一般的になりつつある．しかし，それぞれの分類群の専門家に種の範囲の判断は委ねられており，分類群の間で必ずしもその基準が共通であるとはいえない．生物の異同を認識する便宜的名称が種であるとすれば，実用上このことは問題とはならない．

すでに命名されている生物の種は約200万種である．地球上の種の数の推定については研究者により桁も異なるほどの大きな幅がある．

同種として認められている集団の中に生態的な特性が明らかに異なる集団が含まれている場合には，**エコタイプ** ecotype とよぶ．形態の代わりに生態的な形質で区別されるエコタイプは「生態学的種」でもある．

生態系 ecosystem は，特定の空間に暮らすあらゆる生物とその環境の要素からなる**システム**として定義される．システムは，「要素」と「関係」の両方を含む集合を意味する．システムとしての生態系の性質や動態は，要素間の膨大で複雑な関係によって決められている．生態系の要素としては，生物要素（その集合は群集）と非生物環境要素（物理的環境要素）がある．物質循環やエネルギーの流れなどの生態系の機能もそれら要素との関係によって担われる．単純な人工生態系を除き，私たちが実際に認識できるのは生態系の一部の要素と関係だけである．

生態系は，森林や湖沼など，植生や景観として空間的なまとまりのある実体として認識されることも多い．また，より広域的に気候帯と関連づけて認識される生態系のタイプは，**バイオーム** biome とよばれる（13 章）．

2-2 環境と環境要因

生態学が生物と環境の関係に関する科学であることは前章で述べた．

環境は，特定の生物あるいはその集団を主体（以下，生物）としたとき，それ（ら）の生活・活動に影響（＝**作用** effect）を与える周囲のさまざまな事物・現象をさす．しかし，環境は，一方的に主体の生物に作用するだけではなく，生物の生活・活動に応じて変化する（＝**反作用** counter-effect）．すなわち，生物と環境は相互に作用しあう関係にある．

特定の生物に対する環境の影響を理解するためには，環境を構成している要素，すなわち，**環境要因**（＝**環境因子** environmental factor）を抽出して，その作用を分析しなければならない．

環境要因は，主体への作用の生態的な違いから，**資源** resource と**条件** condition に分けて扱う．資源は，環境を構成する要因のうち，生物の生活・活動に伴って消費されたり占有されるもので，利用に応じて不足・枯渇する．生物は，種類ごとに餌やすみかなど，生活に多様な資源を必要とし，種内種間を問わず，同じ資源を必要とする生物間での奪い合い，すなわち**競争** competition が起こる．

動物にとっては，餌や巣をつくる場所などが重要な資源であるが，植物にとっては，光合成に必要な光，水，**栄養塩** nutrient（窒素，リンなどの塩で肥料分）などが資源として重要である．植物は動けないので，局所的に，地上では光を巡り，地下では栄養塩や水を巡り，し烈な競争が生じる．また，花粉を媒介する昆虫などのポリネータは，植物の繁殖の成功には欠かせない資源である場合が多く，そのサービスの獲得を巡って，植物間で競争が起こる（図 2-1）．

資源の利用に好都合な性質をもつ生物は競争において有利である．例えば，草本植物の間の競争では，草丈が大きく高い位置に葉を開いて光を多く受けることができる植物が競争に強い．

競争は，共存できる種の数を決める最も重要な生態プロセスであると考えられており，「同じ資源を利用する 2 種は共存できない」というガウゼの提案した**競争排除** competitive exclusion の原理が，群集の生態学の基礎として重視さ

図 2-1　植物にとっての環境要因
光・水・栄養塩・花粉を運ぶポリネータ・種子分散者は資源で，
葉を食べる食害者は条件

れている．多種の共存には，競争排除の作用に抗する別の作用が説明原理として必要とされる．

生物の生活に大きな影響を与える資源以外の環境要因が**条件**（＝**環境条件**）である．温度や湿度など気候や微気象の条件，環境汚染物質などがそれにあたる．植物にとって光は資源であるが，光合成をしない動物にとっては条件となる．

環境要因は，**無生物要因** abiotic factor（**物理的要因**）と**生物要因** biotic factor とに分けられる．温度，湿度，流速，水質，化学物質などの物理的な条件は無生物要因として生物の活動に影響を与える．それら，無生物的な環境要因は，複合的に作用して，光合成による植物の有機物の生産を支配して，生物の成長や繁殖に影響を与える．それに応じて，生物個体や個体群，生物群集は，特定の場所の**微気象** microclimate など，局所環境の影響を受ける．無生物要因の把握には微気象の把握が重要であるが，それは，植生の影響を受ける．発達した植生の下では，裸地とは温度や湿度が大きく異なり，地面に近づくにつれて光が垂直的に減衰する．地表面近くの地中でもその位置によって温度や水分が異なる．

一方で，微気象は，地理的条件や地形などに影響される地域の気候とその変動によって支配されている．地域の温度環境，光の季節変化，降水量などは，巨視的には気候帯としてバイオームの分布を決めている（13 章）．このように，無生物的環境は，ミクロな微気象環境から気候帯までさまざまなスケールで生物の生活に影響し，その分布を決める．一方で，生物は自然選択による進化により無生物環境に適応している．

生物間相互作用（7 章，8 章）も主体となる生物の生活・活動に影響するので，環境要因の 1 つとみなせ，特に生物どうしの関係であることから**生物要因**とよばれる．生物要因と主体との関係は，無生物的な環境要因よりもさらに多様で変化に富んでいる．

2-3　生息・生育場所／ハビタット

生物と環境との関係は，特定の動植物が暮らすことのできる場所を限定する．特定の動物が生息する場所（潜在的に生息できる場所）を**生息場所**，植物の生育に関しては**生育場所**とよぶ．それら生息・生育場所は**ハビタット** habitat ともよばれ，特定の生物の生存・成長・繁殖に適した環境条件を備えた場所を意味する．具体的な場所ではなく，抽象的に種が要求する資源・条件の組合せの意味で用いられることもある，その場合には，次に取り上げる生態的ニッチと類似の意味となる．両生類やトンボのように，幼生期と成体期など生活史の異なる段階において別のハビタットを必要とする動物もいる．より局所的微視的にとらえる場合には，**ミクロハビタット** microhabitat という．

2-4　生態的地位／ニッチ

それぞれの生物種や個体群がどのような資源を利用するのか，あるいはどのような環境条件の範囲で生存・繁殖ができるのかを知ることは，種の分布，個体群の変化，種間関係などを理解するうえで欠かせない．それぞれの種・個体群の餌などの資源や条件に関する要求性を総合して**生態的ニッチ** ecological niche とよぶ．「生態系における地位を表している」との見方から**生態的地位**と訳されることもある．生態的ニッチは，それぞれの要求性を次元とした多次元空間にその範囲を示すことができる．資源を巡る競争がない場所での潜在的ニッチである**基本ニッチ** fundamental niche に比べて，競争相手がいる現実のニッチである**実現されたニッチ** realized niche は狭い（図 2-2）．それは，競合す

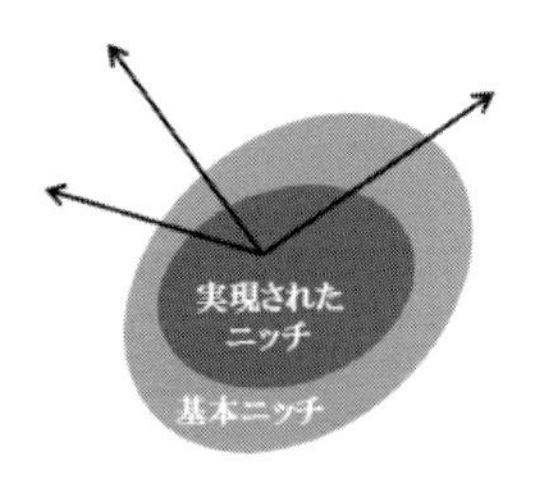

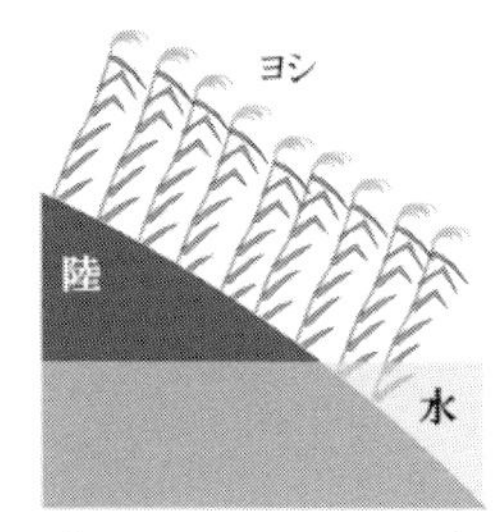

基本ニッチに基づく分布

実現されたニッチに基づく分布

図 2-2 多次元空間に表示できるニッチ（上），ヨシの基本ニッチ（下左）と実現されたニッチ（下右）

ヨシのニッチは競争種オギによって狭められ，実現されたニッチは水辺側に偏る．

る資源の利用が妨げられることによる．競争排除の原理も，「同じニッチを利用する2種は共存できない」と拡張された表現がなされることもある．

適応を介して種間でニッチを分割することで共存しているとみなせる例も観察される．例えば，マルハナバチの仲間は，舌の長さに応じて利用できる花の範囲が異なる．餌に関して**ニッチ分割** niche partitioning がなされているとみなす．

3　自然選択による進化

生物をよく観察すると，環境によく合った適応形質が多くみつかる．それらは，自然選択によって適応進化した，生物的環境や非生物的環境への「戦略」とみなせる．自然選択は世代内で起こる現象であり，形質によっては定量的な測定も可能である．自然選択が世代間で遺伝子頻度の変化をもたらし，何世代にもわたって続くと，適応進化につながる．

3-1　適応の自然史

生物には，環境に見事に適合したさまざまな形質，**戦略** strategy を数多く認めることができる．生物的な環境，すなわち，生物間相互作用にかかわる精緻な形質の多くは，古くから自然愛好家や自然史研究者の関心をひいてきた．

生物的，非生物的環境の別を問わず，環境に適応した形質の多くには，「知性と意志をもつ存在が設計した」ともみえる合理性が認められる．それはキリスト教の天地創造説とも矛盾しないため，「自然選択による進化」に関する考え方が受け入れられるようになる以前の欧米では，神の徴(しるし)や意志を探ることを目的として，神職者や信仰の厚い研究者が熱心に自然史の研究に取り組んだ．

花と花粉を運ぶ動物の相互に適合した形質群は，自然愛好家が好んで観察・記述の対象としたものの１つである．例えば，ハチドリの嘴(くちばし)やマルハナバチの口吻(こうふん)の長さは，それらを送粉者とする植物の花冠の深さとよく対応している（図3-1）．このような相互によく適合した形質は，創造主の見事な設計例として取り上げられたが，ダーウィンの自然選択説が認められるようになってからは，**共進化** coevolution，すなわち相互に影響を及ぼしながら適応進化した結果として説明されるようになった．

生物環境へのさまざまな適応の中でも，その見事さから自然愛好家の関心をひいてきたのが，**擬態** mimicry，すなわち，他の生物の形質の模倣ともいえる適応である．ピンクの花に擬態し訪花昆虫を捕食するハナカマキリのように「花

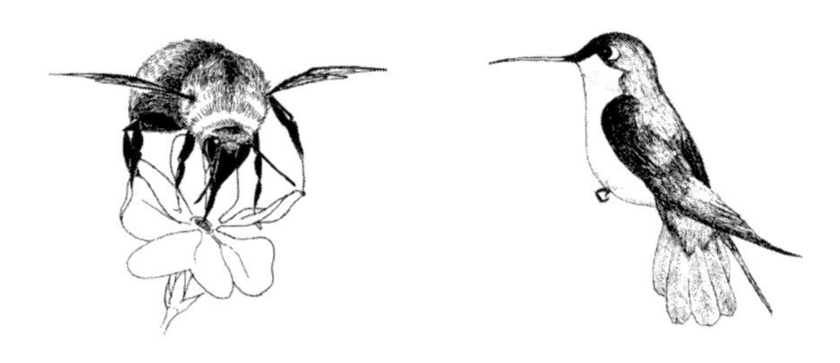

図 3-1　マルハナバチの口吻とハチドリの嘴（イラスト 松村千鶴）

に擬態する虫」がいる一方で，ランの中には，花の形のみならず密生させた毛で触感をもハチやアブの雌に似せ，さらにフェロモン様の匂いまで出して雄を誘引して**送粉** pollination を担わせる「虫に擬態する花」が存在する．

天敵の目を欺く擬態はさまざまな分類群にみられる．例えば，クモの一種，トリノフンダマシは，鳥の糞にそっくりな色と形をもつ．コノハチョウは，枯れ葉にそっくりである．このようなカモフラージュによる**隠蔽** crypsis とは対照的に，目立つ色彩と模様の**警戒色** warning coloration を誇示する有毒な動物もいる．学習能力のある捕食者は，毒をもつ餌を食べて苦しむとその警戒色を覚え，似たものを口にしなくなる．同じ警戒色をもつ個体の数が多ければ多いほど，犠牲になる確率は低くなる．そのため，異なる有毒の種が同じ警戒色をもつように適応進化していることもある．このような相互擬態を**ミューラー型擬態**という．それに対して無毒の動物が有毒な動物（モデル種）の警告色を擬態するのは**ベイツ型擬態**である．例えば，有毒植物のトウワタを食草とする北アメリカのオオカバマダラ（モデル種）はその有毒成分を体内にためているが，無毒のカバイロイチモンジ（擬態種）がオオカバマダラによく似た翅(はね)の色彩や色をもつ．擬態種の個体数が多いと捕食者の学習を通じた忌避が成り立たず，ベイツ型擬態は機能しない．

異なる選択圧に対応した種分化を**適応放散** adaptive radiation という．それは，共通祖先から，生態的な違いに応じて形態や行動が異なる複数の種に分化する現象である．熱帯のコウモリにみられる餌の違いと対応した適応放散（図 3-2）やダーウィンがガラパゴス諸島で観察したフィンチの嘴の形の違いなど，同じ祖先から進化した種群が，異なる餌の利用に適応している種分化の例が多くみられる．

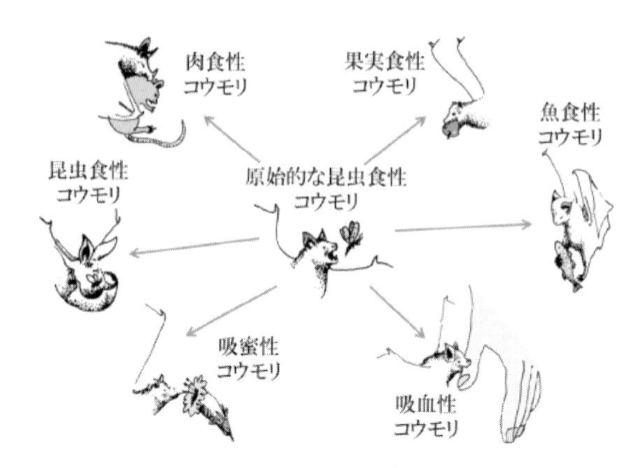

図 3-2 熱帯のコウモリにみられる適応放散（イラスト 鷲谷桂）

3-2 自然選択と適応進化

前節で紹介したように，生物が環境によく合った形質をもつようになるしくみが，ダーウィンがその著書「種の起源」で提示した「自然選択による適応進化」である．

自然選択 natural selection は，次の(1)-(3)の条件が揃ったときに1世代の中で起こる現象である．

(1) 個体群（集団）の中に**表現形質** phenotype に**変異** variation（個体差）がみられる．

(2) **適応度** fitness（生死や子の数を通じて個体が次の世代に残す子の数）に個体差がある．

(3) 表現形質と適応度の間に何らかの特別な**関係**が存在する．それは，数式で表されるような関係であったり，「相関」のような統計的関係であることもあれば，骨盤が特定の値よりも小さいと難産になりやすく子どもを残しにくいなど，**限界値**で表されるような関係でもよい．その関係に及ぼす環境の影響を**選択圧** selection pressure という．

(1)-(3)の3条件が満たされると自然選択が起こる．さらに，表現形質の変異が遺伝的なものであれば，その形質を支配する遺伝子の頻度が変化する．**遺伝子頻度**の変化が何世代にもわたって続くと，初期にはごく低い頻度で存在するにすぎなかった突然変異遺伝子が集団の中で増えて優勢になる．

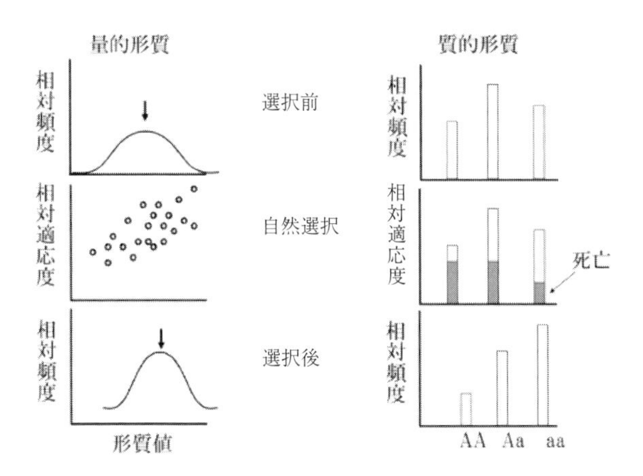

図 3-3 質的形質と量的形質の自然選択

生物が示す形質には，1対もしくは少数の対立遺伝子に支配される**質的形質** qualitative trait と多数の対立遺伝子がかかわる**量的形質** quantitative trait がある．図3-3には，自然選択の前後で形質値（表現型）の頻度分布がどのように変化するかが示されている．

量的形質において形質値が大きくなる，もしくは小さくなるなど，一方向に変化する自然選択を**方向性選択** directional selection，平均値に近い形質値の頻度が高くなる自然選択を**安定化選択** stabilizing selection，平均値近くの頻度が減少し分布の両極の頻度が増加する場合を**分断化選択** disruptive selection とよぶ．果実食の鳥の嘴の口角幅を例として考えてみよう（図3-4）．口角幅は，鳥が丸呑みできる果実の大きさを制限する．植生の変化により餌とできる果実のサイズが大きい方に変化すれば方向性選択，口角幅の平均に近い大きさの果実が増えれば安定化選択が起こる．

図 3-4 鳥の口角幅と丸呑みできる果実の大きさ

自然選択による適応進化に関する仮想的な例を図3-5に示す．花の色はポリネータ誘引の効果にかかわる形質であるが，概して，鳥には赤，マルハナバチにはピンクや紫色がアピールするという自然史の知見がある．それを単純化して自然選択のプロセスを説明したものである．マルハナバチがおもに受粉サービスを提供する環境（＝選択圧）のもとで，赤い花の集団の中にピンクの花が突然変異で出現し，赤い花に比べて2倍の種子を生産したとする（＝適応度が2倍）．花の色がそのまま親の形質を受け継ぐように遺伝する形質であれば，世代を重ねるとピンクの花ばかりになる．ハチドリが多く生息している環境であれば，それとはまったく逆のことが起こる．

突然変異は，遺伝子に生じるランダムな変化であり，方向性はない．しかし，その変異に自然選択が作用すると，個体群がおかれた環境において生存や繁殖に有利な変異だけが残される．たとえていえば，自然選択は非常に数多くのがらくたの中からまれな掘出物を選り分ける「器用な手」であるともいえる．

3-3　適応進化の実例

自然選択による進化が目前で観察された例として最も有名なのは，産業革命を経験した19世紀の後半のイギリスでのオオシモフリエダシャク（ガの一種）の翅（はね）の色の変化，**工業暗化** industrial melanization である（図3-6）．その時代の重工業の中心地マンチェスターの工業地帯では，煤煙で樹木の樹皮が煤（すす）けて黒くなった．1848年に暗色型（突然変異型）がはじめて見つかり，やがて淡色の明色型（野生型）を凌ぐようになり，半世紀のうちに98%を暗色型が占めるまでに増加した．それは，黒っぽい色の樹皮に止まった場合，淡色の野生型は目立つために鳥に捕食されやすいが，暗色型は目立たず捕食を免れることによる適応進化の結果と解釈された．樹皮が煤けていない田園地域では，野生型の比率が高く維持されていたこともその解釈を裏づけた．煤煙対策が進み樹皮が煤けなくなった20世紀の終わり頃からは，工業地帯でも暗色型が減少し，現在では再び明色型が多くなっている（図3-7）．

20世紀後半以降に顕著になった自然選択による進化のもう1つの顕著な例としては，薬剤（化学物質）抵抗性の進化をあげることができる．医療で抗生物質が使われたり，農業で除草剤や殺虫剤が使われるようになると，その強い選択圧のもとに，それら薬剤に抵抗性をもつ細菌，雑草，害虫などが増加し，その勢いが急速に増している（27章）．

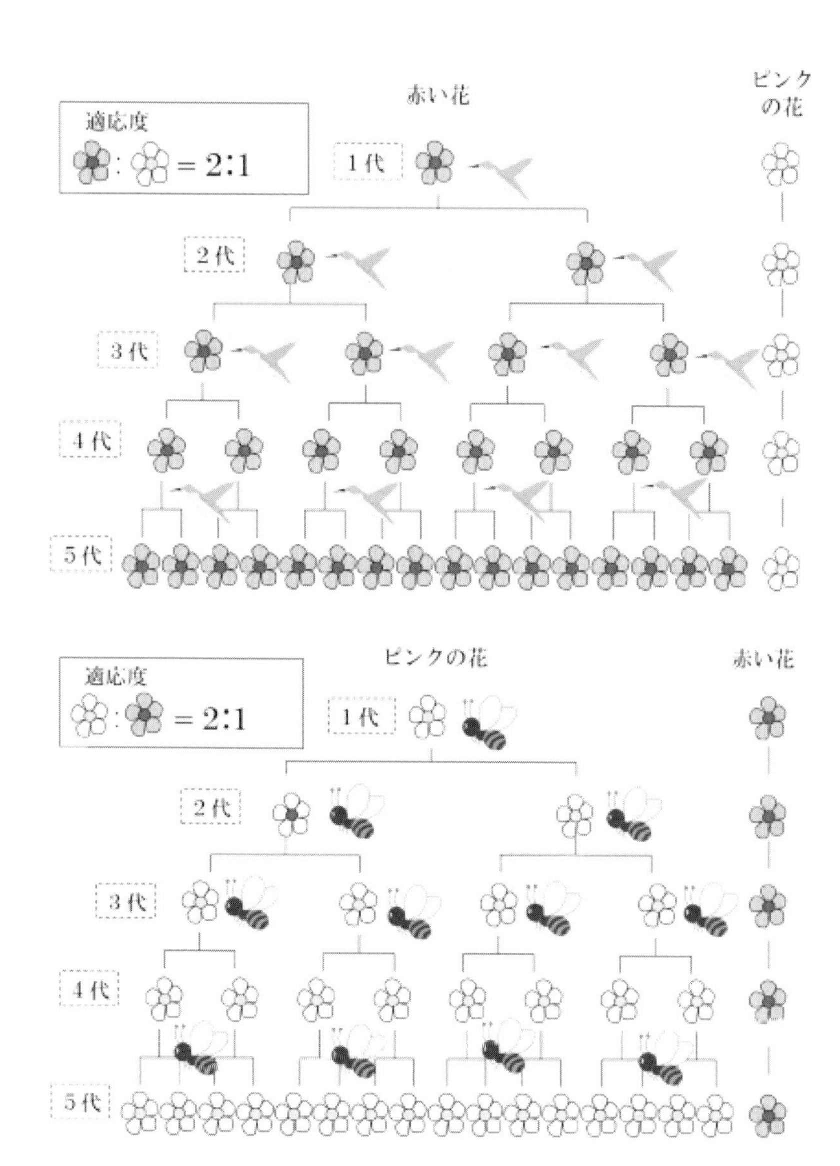

図 3-5　ハチドリの多い環境，もしくはマルハナバチの多い環境での花の色の適応進化

花の色による適応度の違いに応じて世代を重ねると，ほぼ一方の色のみで占められるようになる．

図 3-6 オオシモフリエダシャクの明色型（野生型）と工業暗化で増えた暗色型

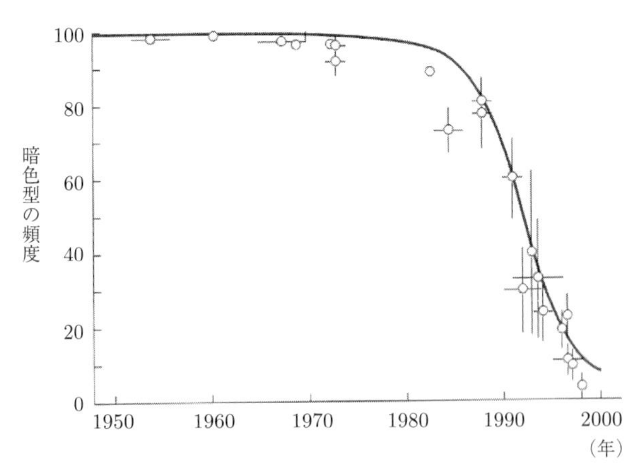

図 3-7 マンチェスター地方における 1950 年以降のオオシモフリエダシャク暗色型頻度の変化

1970 年代まではほぼ暗色型のみで占められていたが，公害対策が進んだ 1980 年代から急速に低下して，2000 年代にはほぼ明色型のみになった（Cook ら 1999 より改変）

カタツムリの殻の大きさの地史的変化

天敵から逃れるための適応にはさまざまなものがある．文字通り逃げるのに役立つ脚力などの移動能力をもたないカタツムリは，捕食者の歯が立たない堅い殻で身を守る．大西洋のバミューダ島に化石として残されたカタツムリの殻を調べてみると，過去の氷河期と間氷期の繰返しに応じた海水面の上昇・低下とよく対応した殻の大きさ（＝堅さ）の違いが認められる．カタツムリの殻は海面が上昇する間氷期には小さく，海水面が下がる氷河期には大きい．島の陸地面積が広がるとクイナなどの捕食者が生息するようになる．その時代には大きな殻での防衛が有利だが，海水面が高くなり陸上の捕食者がいなくなる間氷期にはコストの大きな殻はむしろ不利になる．そのため，殻の大きさの変化が繰返し起こったものと解釈されている（図 3-8）．

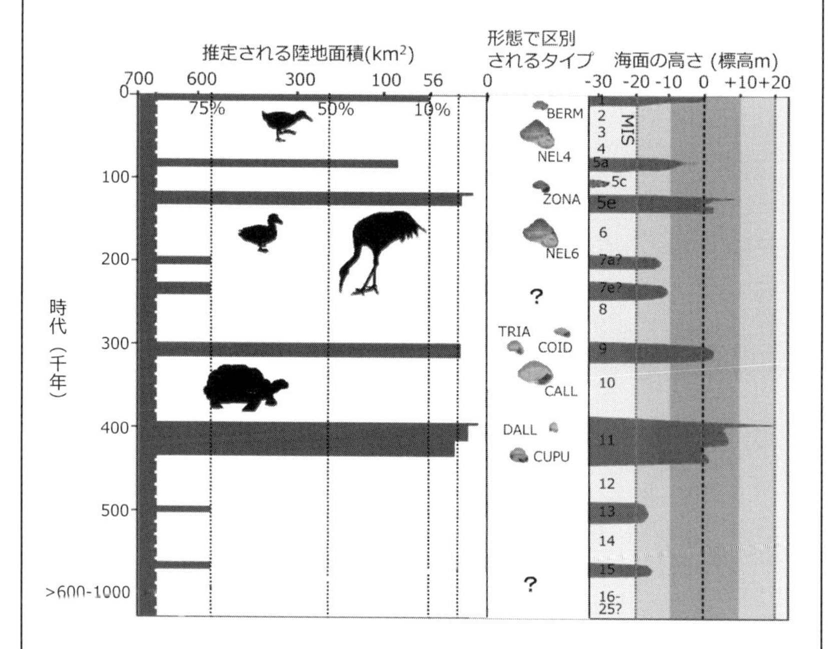

図 3-8 第四紀地層におけるバミューダ島におけるカタツムリとその捕食者の変遷

氷河期と間氷期の繰返しに応じた海水面変動に対応したカタツムリの形態変化が認められる（Olson ら 2010 より改変）

4 生活史の戦略

生物の生活にかかわる形質は，環境の多様性以上に多様であるといえる．その種や個体群の環境とのかかわりの世代を超えた歴史，個体が生まれてから経験した環境との相互作用など世代内での履歴が影響して形成されるからである．多様性の一方で，同じ選択圧のもとでの適応進化を経験した種群は，系統的な関係が疎遠でも類似の形質の組合せからなる**生活史戦略** life-history strategy を共有するなど，共通の戦略シンドロームも認められる．

4-1 体のつくりと寿命

生活史を構成する戦略（形質）には，個体の体の基本的なつくり（体制），寿命，成長段階の各期の長さとバランス，環境変動への対処，行動，順化・可塑的形態形成などにかかわるものがある．

体制は，動物と植物で大きく異なる（図 4-1）．群体をつくる動物など一部の例外を除き，動物の体は明瞭な**ボディプラン** body plan に基づいて構成されて

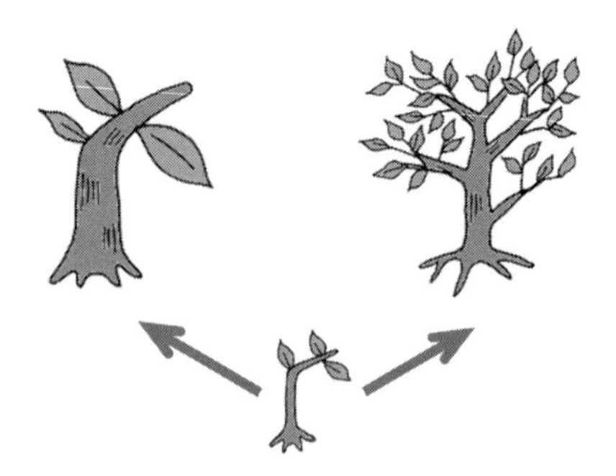

図 4-1 ユニタリー生物とモジュール生物の概念図
もしモジュール生物の植物がユニタリー生物だとすると左のように成長することになる．

おり，個体は，空間的にも機能的にも独立している．身体を構成する**器官** organ の数は決まっており，それとは異なる数の器官をもつ個体は奇形とみなされる．このような体のつくりを**ユニタリー性** unitary という．

それに対して，ごくわずかな例外を除き，植物では，葉，花，芽，**シュート** shoot（茎葉，芽が開いて伸びた枝葉の単位）などの器官の数は，成長に伴って増えていき，個体の間の違いも大きい．葉やシュートや花などの部品（**モジュール** module）が自在に組み合わされて構成されるこのような体の成立ちの生物，すなわちモジュール生物は，環境に合わせてその体の形態を可塑的につくることができる（5章）．

動物の寿命は，誕生から死に至る「個体の一生」の時間的長さであり，臓器移植など人工による一部の例外を除いて，器官の寿命は個体の寿命とあまり変わらない．寿命と体の大きさの間には，体重の大きい動物ほど寿命が長い相関が認められる．野生生物の個体の多くは，病気，捕食，不慮の事故などのため，**生理的寿命** physiological longevity に達する以前に死ぬことが多い（6章）．

植物の「個体」は，**ジェネット** genet（1つの種子から生じた個体で遺伝的に同一なクローン）もしくは**ラメット** ramet（生理的な独立性からみた個体）としてとらえることができる（図 4-2）．ジェネットは複数のラメットからなることがあり，ジェネットの寿命はそれを構成するラメットすべての寿命が尽きたときである．葉，シュート（茎葉），花などの器官，あるいは種子の寿命なども生活史戦略の要素として重要である．

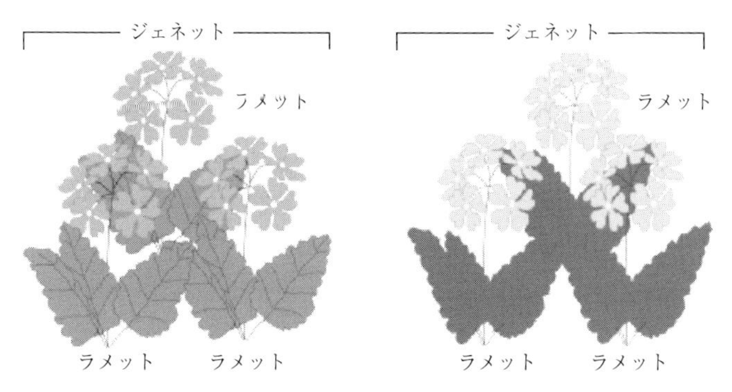

図 4-2　ジェネットとラメット（サクラソウの場合）

戦略としての寿命

モジュール性をもつ植物のジェネットの寿命は，一般に動物とは比べものにならないほど長い．その寿命に関しては，両極端の戦略，すなわち，生理的には環境が許せばいつまでも生きようとする戦略と，繁殖にかけて積極的に個体の命を絶つ戦略，すなわち，ある程度の大きさまで成長できれば花を咲かせ実を実らせて死ぬ**一回繁殖性**の戦略が認められる．多くの樹木や多年草は前者の例で，後者の代表例は，一年生植物の他に，多年生植物でありながら繁殖は1回のみで一斉開花すると，クローン（＝ジェネット）が枯死するタケやササなどである．

ギネスブックに掲載されている世界一大きな樹木のジャイアントセコイヤは，樹齢約2800年と推定されている．年輪の数に基づいて世界一長寿とされている樹木は，シェラネバダ山脈東部に生えているブリッスルコーンパインで，樹齢4700年とされている．記録されている長寿木のほとんどが針葉樹である．

植物によっては，種子の寿命が長いものがある．種子は，1つの幼植物体が栄養物質と種皮に包まれたジェネットである．地上の植物体の寿命と種子の寿命は相反する傾向があり，地上では1年に満たない寿命しかない一年草などが，長い種子の寿命をもち，土壌中で生き続け，永続的土壌シードバンク（11章）を構成する．

葉の寿命は種や環境による違いが大きい．葉の寿命は，ホルモン，アブシジン酸によって誘導される離層の発達によって生理的に制御され（＝近接要因），多様な戦略（＝終局要因）が進化している．1枚の葉の累積光合成生産は，その機能が持続する時間が長いほど大きい．しかし，その機能は老化により時間とともに低下する．呼吸が光合成を上回るようになれば，葉は植物体にとっては寄生者となる．葉によって得られる利益（累積光合成生産）と葉をつくるコスト（バイオマス／エネルギー）から，生育場所の生産性に見合う最適な寿命を推測できる．一般に，資源が限られた環境に生育する植物の生産性の低い葉は寿命が長く，資源の豊かな環境のもとでの光合成能の高い葉の寿命は短い．例えば，光が十分な場所に生育している植物には，成長に伴い上層の葉の陰になる下層の葉を落としていく**枯れ上がり現象**が認められる．

落葉性か**常緑性**かの違いは，植物の生態に応じた生活史上の戦略として重要である．落葉性の植物は，冬や乾期などに葉を落とし，葉の寿命は1年を超えない．常緑性の植物は一年中葉をつけているが，その寿命は種によって大きく異なり，1年から数年の短いものもあれば，数百年に達する長いものもある．後者の例としては，ナミブ砂漠原産のウェルウィッチア科植物，サバクオモトが知られている．この植物は1属1種で，別名を「奇想天外」といい，生涯を通じて同じ2枚の葉だけをつけている．寿命が短い葉の代表は，アサザなどの浮葉植物や明るい立地の植物の葉である（図 4-3）．短いものでは十数日から数十日で入れ替わる．葉の寿命を長く保つには，動物に食べられないように硬くするなどの防御が欠かせない（7章）．

図 4-3　葉の寿命の短い浮葉植物（水草）のアサザ
葉の寿命は長くても1か月程度

4-2　生活史におけるトレードオフ

生活史を構成するさまざまな要素の間には，**トレードオフ** trade-off（一方を追求すると他方を犠牲にしなければならないという関係，「こちらをたてればあちらがたたず」の関係ともいえる）が存在する．そのため，あらゆる点で完璧な生物の進化は期待できない．

エネルギー（バイオマス）などを生活史のどの要素や活動に分配するかは，生涯を通じた適応度に大きく影響する．そのため，繁殖と生存の間にもトレードオフが生じる（図 4-4）．

植物は，**栄養成長** vegetative growth（葉や茎や根の資源獲得機能の向上），**防御** defence（セルロース，リグニン，二次代謝産物などによる防御機能の向上），**貯蔵** storage（根や茎に将来に備えたバイオマス蓄積），**繁殖** reproduction（花や実への投資による繁殖への寄与）という異なる活動へのバイオマスの分配が重要な戦略となる（図 4-5）．種の生態の違いや生育環境に応じてさまざまな戦略が認められる．

環境が大きく変動し，常に死の危険にさらされる場合（適応度が0に終わる

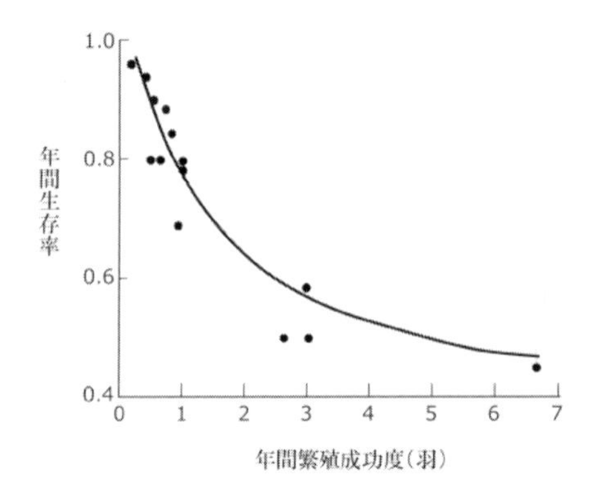

図 4-4 14 種の鳥の繁殖成功度と生存の間のトレードオフ
年間の親の生存率と生まれる子どもの数の間には負の関係がみられる（Ricklefs ら 1977 より改変）

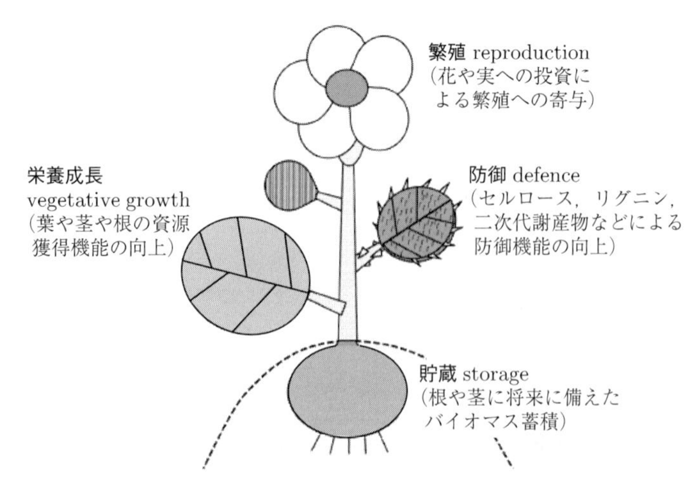

図 4-5 植物の獲得資源（バイオマス/エネルギー）の配分先

確率が高い）には，なるべく早く繁殖活動を始め，子孫を残し，**生涯適応度 lifetime fitness** を大きくするように選択圧がかかる．そこでは，一年草のような短い栄養成長期が選択される．それに対して，安定した環境のもとでは栄養成長を続けてバイオマスを増加させることが，大きな生涯適応度の確保につながる．

草食動物が多い半乾燥地域では，硬い植物体をつくり棘（とげ）をつけるなど，食害

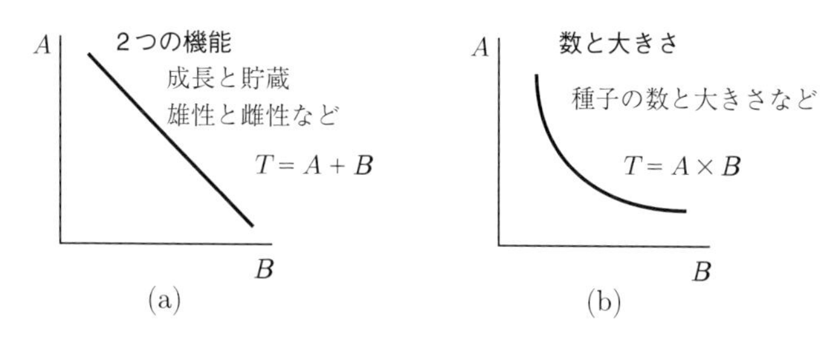

図 4-6　分配トレードオフの2つの様式
(a) 総量 T を2つの機能 A, B に分配する場合, (b) 総量 T を数 A, 大きさ B の機能単位に分配する場合

に対する防御に分配を多くする必要がある. 生産にも成長にも適さない冬季や乾季が定期的に訪れる環境のもとでは, 不適な季節が訪れる前に貯蔵器官への分配を多くしてその季節を遣り過ごし, 季節がよくなってから成長を再開することが有利である. その環境で成功している植物は, 環境の特徴に応じた最適な分配特性を進化させているといえるだろう.

植物, 動物を問わず, 個々の子どもへの投資（バイオマス, エネルギーなどの資源量, 時間など）と子どもの数の間にはトレードオフがみられる. 投資量が少ないと子どもの死亡率が大きくなる. 小さな子どもを多くつくるか, 少数の大きな子どもをつくるかは, 子どもが育つ環境や親が子どもの世話をするかどうかなどの影響を受けて決まる. この分配トレードオフは, 器官への分配のように総和が決まっているものとは異なり, 積が一定となるトレードオフである（図 4-6）. このような**分配トレードオフ** allocation trade-off の他に, 餌を探すことで天敵に襲われる可能性が高まるなど, 資源獲得と死亡の危険の間のトレードオフである**獲得トレードオフ** acquisition trade-off, ある条件や資源に特殊化するとそれ以外の条件や資源が利用できないという**スペシャリスト－ジェネラリストトレードオフ** specialist-generalist trade-off も, 生物界で広く観察されるトレードオフである.

4-3　生活史戦略のシンドローム

同じような選択圧にさらされた種群には, 類似の生活史に関する形質を合わせもつシンドロームとしての**生活史戦略**が認められる. それは, トレードオフの存在により, すべてに優れた万能の戦略は存在しないことを反映したものでもある．生活史全般に関する戦略シンドロームのモデルとしては，動物では ***r–K*** **戦略**（6 章コラム参照），植物では **CSR モデル**がある．

植物の CSR モデル

植物の適応度に負の効果を与える環境作用のおもなものは，① 資源を巡る**競争** competition，② 光合成による物質生産を抑制する物理的作用である**ストレス** stress，③ 植物体破壊作用である**攪乱** disturbance の 3 つである．これら主要な選択圧（＝繰り返し働く自然選択の作用）に応じて，3 つの主要な理想戦略，**競争戦略** competitor，**ストレス耐性戦略** stress tolerator，**攪乱依存戦略** ruderal が進化するとするのが，イギリスの生態学者グライムが提唱した植物の生活史の **CSR モデル**である（図 4–7）．

競争戦略（C）の植物は，資源獲得に適した特性，すなわち，他の植物よりも高い位置に葉を展開したり，地下により広い吸収表面を広げるなどに優れており，速い成長速度をもつ大型の植物．

ストレス耐性戦略（S）の植物は，光が十分になかったり，栄養分が少ないなど成長が制限される条件に耐え，ゆっくりと成長する，常緑の寿命の長い葉をもつ小型の植物．

攪乱依存戦略（R）の植物は，攪乱に遭遇した際の適応度の損失が少ないように，成長期間が短く早期に繁殖し，土壌中に長い寿命の種子を残す植物．

これらのモデル戦略をもたらす選択圧は，相互に独立ではなく，ストレスと攪乱の 2 つの要因として縮約できる．競争が激しくなるのは，それらがともに小さく生育に適した条件に恵まれたときだからである．植物にとっての生育環境はストレスの大きさと攪乱の大きさの 2 次元からなる平面のどこかに位置づけられる（図 4–7）．CSR の 3 つの戦略は，「理想型」であり，現実の植物は，これらの戦略をいろいろな程度に兼ね備えているとみることができる．

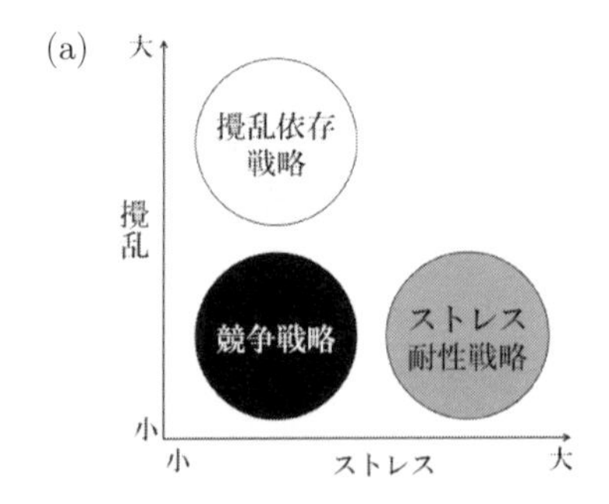

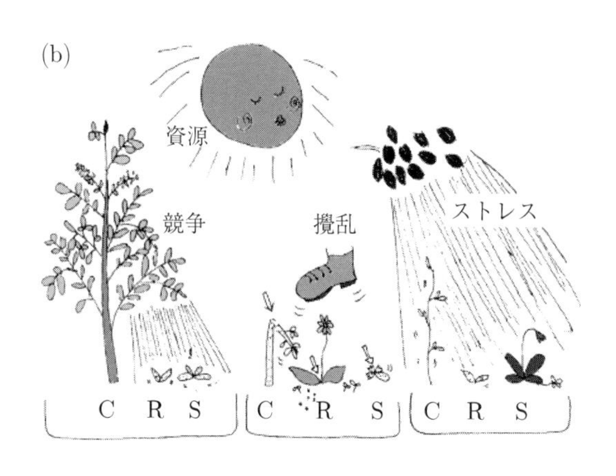

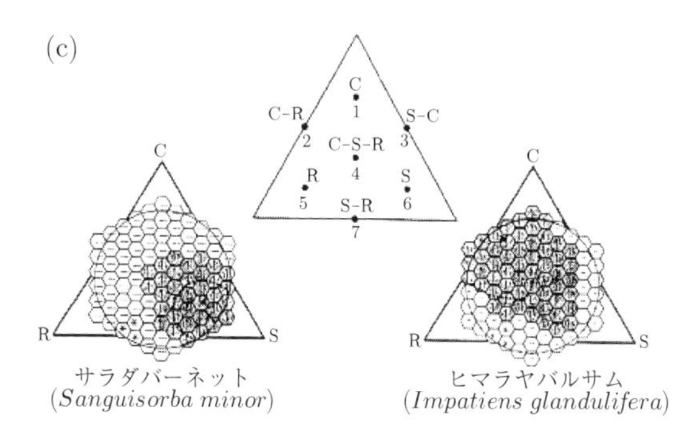

図 4-7　CSR モデル

(a) 撹乱とストレスの大きさと3つの戦略の位置づけ，(b) 3つの戦略：競争戦略 (C)，撹乱依存戦略 (R)，ストレス耐性戦略 (S) のイメージ，(c) 三角ダイヤグラムにおける3つの戦略およびその折衷型の位置づけ (中央) およびイギリス・シェフィールドでのサラダバーネット (左：石灰岩土壌に適応した植物) とヒマラヤバルサム (右：河畔に優占する侵略的外来種) の分布データから作成 (Grime ら 1988 より改変)

5 順化と行動

生物は，空間的にも時間的にも大きく変動する環境のもとで暮らし，繁殖して子孫を残す．環境の変動に対処する戦略としては順化と行動がある．移動能力の限られている植物にとっては，順化が特に重要な戦略となる．それに対して，能動的な運動能力をもつ動物は，環境変動に対する戦略だけでなく，社会的な行動や，営巣や配偶者獲得のための行動など，種内の個体間の関係にかかわる多様な行動を進化させている．

5-1 順化と表現型可塑性

非生物的環境すなわち物理的環境は，空間的に不均一性があり，時間的にも変動する．季節的な変化など，規則的な変動がある一方で，予測不可能な変動もある．生物には，それら性格の異なる環境のさまざまな変動に対処するための戦略が認められる．それには生理的なもの，形態・体制にかかわるもの，認知・心理なども含む行動にかかわるものがある．

生理的な適応の例としては，高地への旅行などで私たちが経験する高度順化がある．標高の低い沿岸地域に住んでいるヒトが標高 3500m 以上の高地に上ると，大気中の低い酸素分圧による低酸素ストレスによって，激しい頭痛やめまいなどの高山病（高度障害）とよばれる症状が表れる．循環系を通じて体の組織に供給される酸素が不足することがその原因である．しかし，そこに数週間滞在すれば，呼吸速度の亢進，赤血球とヘモグロビン含量の増加，肺循環系の血圧上昇などによる生理的な順化がもたらされ，低酸素ストレスに耐えられるようになる．低地に戻ってしばらくたつと，またもとのような生理的状態に戻る．このような適応的な調節機能を**順化** acclimatization という．それに対して，何世代にもわたって高地に住んできた人々は，**適応** adaptation によって低酸素ストレスへの耐性を進化させている．

環境に応じて，個体が形態，行動などを変化させる順化は，動物，植物の別

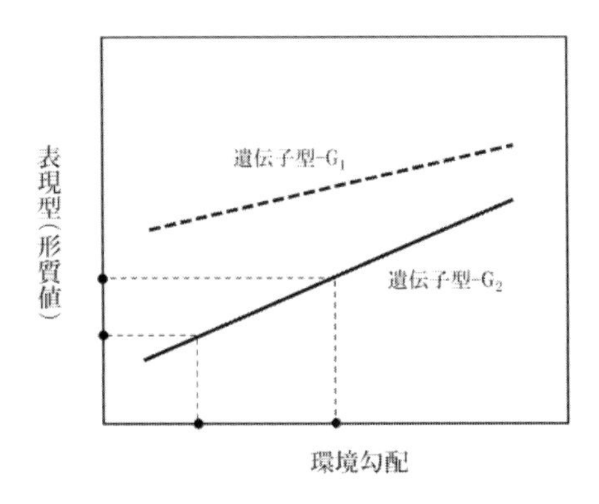

図 5-1　仮想的な遺伝子型 G_1 および G_2 の反応基準の例

を問わず広く認められる．遺伝的な変化を伴うことなく表現形質を環境に応じて変化させる順化は，**表現形質可塑性** phenotypic plasticity ともよばれる．それは同一の**遺伝子型** genotype が環境に合わせて表現型を変化させる現象である．異なる遺伝子型の環境勾配への応答としての形質発現は，図 5-1 のように表すことができる．反応しうる範囲と反応しやすさ（直線の傾き），すなわち，順化によって耐えうる範囲や効率は遺伝子型，すなわち適応によって決まっている．図 5-1 のような表現型発現様式，**反応基準** norm of reaction が適応進化しているとみることができる．

5-2　植物の順化と競争

植物は独立栄養であり，固着性で根を張って動くことができないため，光合成などに関する生理的な性質や受光に関する形態などを環境に合わせて変化させる順化の能力を適応進化させている．光，水，栄養塩などの分布に応じて，モジュール（4 章）の数や配置を調節し，その場で不足している資源をより多く獲得するのに適した形態をつくる可塑的形態形成は，植物特有の環境変動への対処法である．

モジュールの数だけでなく，個々のモジュールの形にも可塑性が認められる．例えば，葉の厚さや茎の長さ・太さなどは，その場の光利用性に応じて大きく変化する．路傍の一年草を観察すると，1 個体だけ孤立して生えている場合と，高密度で生えている場合とでは，まったく異なる形態をとっていることがわかる．後者では，茎が細く長く伸びており枝分かれが少ない（図 5-2）．

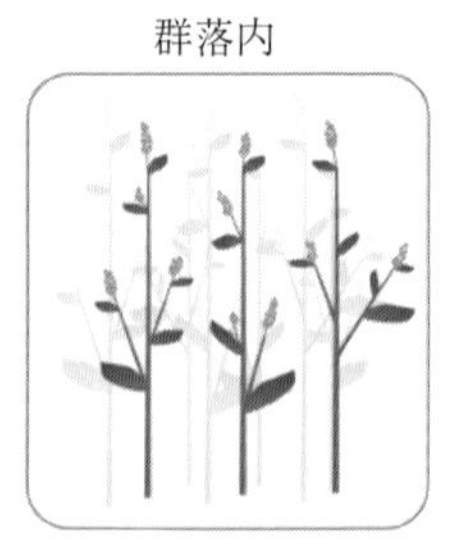

図 5-2　孤立状態と密集状態で生育する一年草の形態

密度に応じて茎の形を変え，混み合えば混み合うほど，光を巡る競争に負けないよう「背伸びする」戦略は，陽地性の植物（明るい立地を好む植物）に広く認められる戦略である．このような形態形成反応は，すでに被陰されてからでは効果が少ない．近い将来に，光を巡る競争が激しくなるかどうかをあらかじめ検知し，被陰される前に草丈を伸張させれば有効である．「予知」によって競争に負けないようにする（終局要因）しくみ（近接要因）は，茎にあたる光の赤色光 660 nm ／近赤外光 730 nm 比（R/FR）を環境指標とした周囲の植物密度を検知する機構であり，フィトクロームという色素が関与している．何にも遮られることのない太陽光の波長スペクトルの R/FR は約 1 であるが，葉は R を

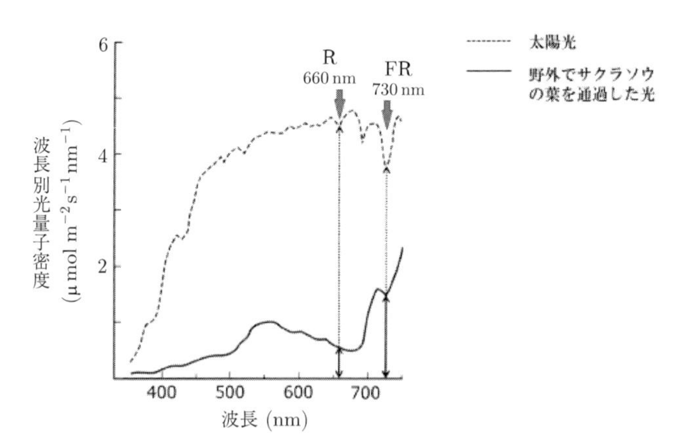

図 5-3　太陽光およびそのもとでサクラソウの葉 1 枚を透過した光の波長スペクトル（Washitani ら 1989 より改変）

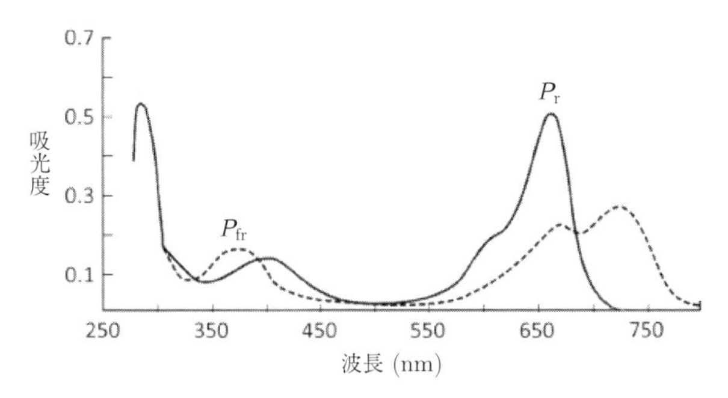

図 5-4　フィトクロームの 2 つの分子型の光吸収スペクトル

FR に比べて高い比率で吸収するため，葉を透過した光や葉で反射された光の R/FR は，葉の量に応じて低下する（図 5-3）．植物の組織内の植物色素**フィトクローム** phytochrome の 2 つの分子型の平衡比は，R/FR に応じて決まる（図 5-4）．近赤外光吸収型分子 P_{fr} がフィトクローム全体に占める比率がシグナルとなって可塑的形態形成が促される．R/FR で表される光質は，このような形態形成のみならず，種子の休眠解除・誘導などのシグナルとしても重要なことが知られている．

混み合う環境での背伸び：オオブタクサの場合

日本の河原や造成地などでよく見かける侵略的な外来植物のオオブタクサは，北アメリカの河川の氾濫原で進化した植物である．撹乱に強い性質と一年草でありながら，時には 5m を越えるほど高く成長する競争に有利な戦略も兼ね備えている．原産地で行われた $1\,m^2$ あたり 4 ～ 500 本の密度でオオブタクサの苗を植え付けて成長をみた実験では，密度が最も低い 4 本m^{-2}のときには，それぞれの植物が平均 212g のバイオマス（乾重量）をもつまでに成長したが，密度が高いと競争（資源の奪い合い）に応じてバイオマスの蓄積は抑制され，500 本m^{-2}の植栽密度の場合には，平均 8g にすぎなかった．しかし，草丈にはそれほど大きな違いがみられなかった．密度が高いと茎の重量あたりの長さが長くなり，最大 20 倍にまで引き延ばされていた（図 5-5）．オオブタクサは他の多くの一年草と同様，可塑的に形態をつくる性質に優れているのである．

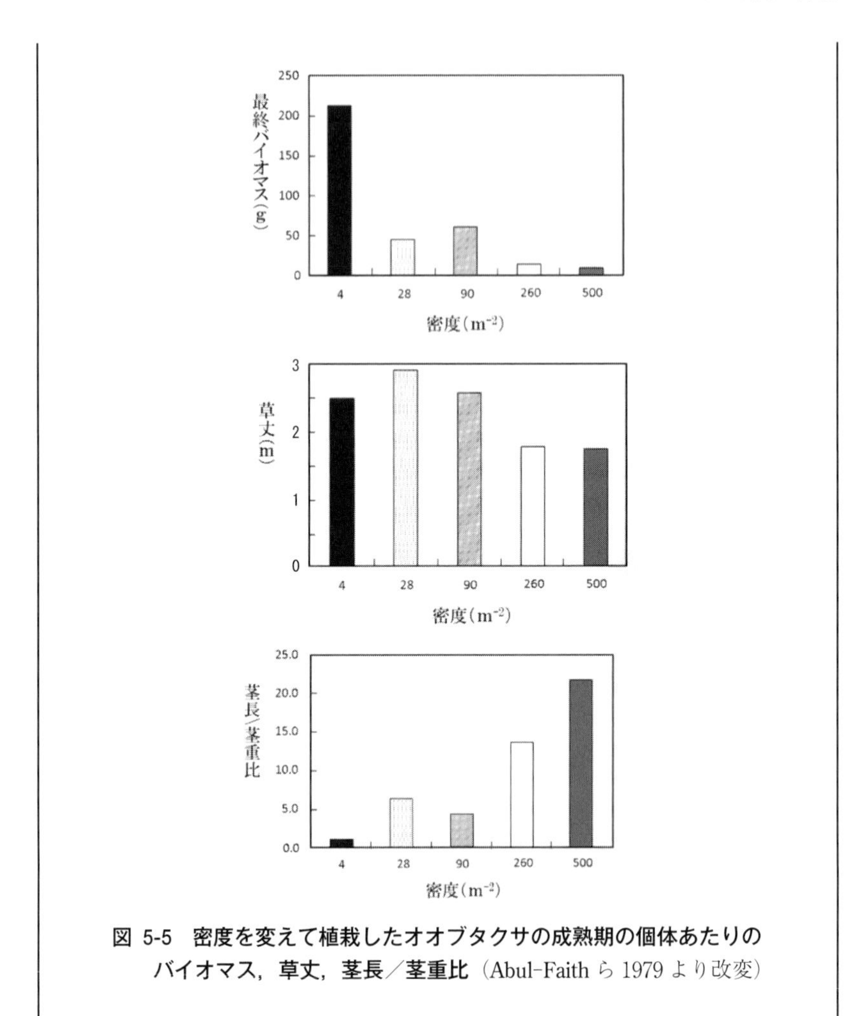

図 5-5 密度を変えて植栽したオオブタクサの成熟期の個体あたりのバイオマス，草丈，茎長／茎重比（Abul-Faith ら 1979 より改変）

光は，光合成にとって重要な資源である一方で，強すぎる光は光合成装置に障害をもたらすこともあるため，「ほどよい量の光」を受けるためにもさまざまな戦略がみられる．受光調整は，植物周囲の光分布に対応するシュート（枝）の配置など，植物体全体の形態形成にかかわるものから個々の葉の形質まで，また，時間スケールも，成長過程にかかわるやや長期的なものもあれば，葉の傾きの調整など短期的なものもある．後者には，太陽の方向を追う，もしくは避ける日周運動が含まれる．

マイヅルテンナンショウの受光戦略

マイヅルテンナンショウは，氾濫原や湿性草地などに生育するサトイモ科の多年草で，地下の塊茎（イモ）から直立する長い葉柄の先に複数の小葉が左右に分かれてつく葉を１枚だけもつ．花序を頭，葉を羽に見立てると，ツルが舞う姿にみえる．地上部は１枚の葉のみであり体制が単純なので，受光戦略の研究材料として優れている．

氾濫原の河畔林の下に生育しているマイヅルテンナンショウは，葉の傾斜や小葉片の傾きを，その場所でどの方向からどれだけ光が入ってくるかに応じてきめ細かく調整する（図 5-6）．

それに対して，明るい伐採跡地に生育する株は，晴天日の昼間の強い直射日光を葉にまともに受けると強光障害を受け，太陽高度が低くなっても回復

落葉広葉樹林の林床に生育する個体

伐採跡地に生育する個体

図 5-6　マイヅルテンナンショウの受光体制

林床では小葉を同じ平面に平らに広げているが，明るい伐採跡地では縁を上に向けてやや丸めた小葉を傾けている．

しない可能性がある．昼間の強い光を避けることに寄与すると解釈される小葉を立てる葉の運動が観察されるが，そのツルの羽ばたきにも似た葉の運動が強光ストレス回避の役割を担っているかどうかを検討した野外実験の結果を図5-7に示す．実験では，細い針金で葉を固定して運動を妨げ，自由に運動できる対照の株と光合成を比較した．仮説の通り，葉の運動ができないようにすると，昼から午後にかけて光合成速度が著しく低下した．

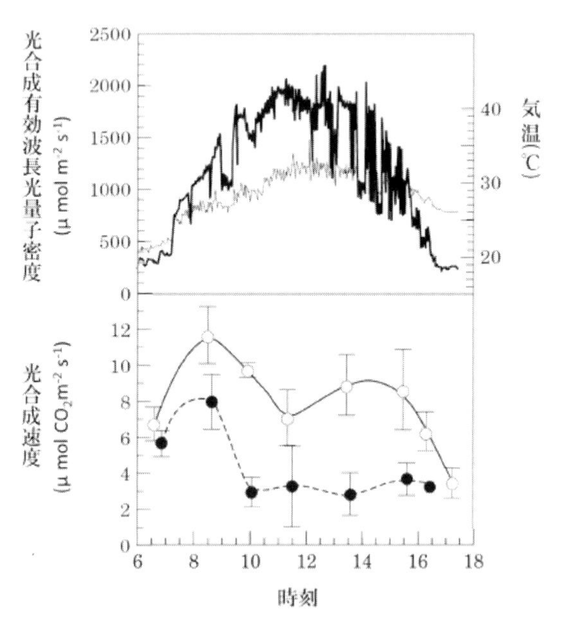

図 5-7　伐採跡地の夏の日の光・温度環境（上）とマイヅルテンナンショウの葉の光合成速度（下）の経時変化

○は自由に葉を動かせる個体，●は葉を水平に固定した個体を示す
（Muraoka ら 1997 より改変）

5-3　動物の行動

多くの動物は運動能力をもち，移動したり体の各部分を動かすことができる．視覚や聴覚などの感覚をもち，他個体の感覚にアピールする表現形質をもつこともある．それらは，天敵から逃れたり，餌を採ったり，環境のストレスに対処したり，配偶して健やかな子を育てるためになくてはならない戦略でもある．すなわち，動物の行動は，**採餌戦略** foraging strategy，捕食者や寄生者などの

天敵から逃れる戦略，配偶者を得て繁殖に成功するための戦略，社会の中で調和して生きる戦略など，さまざまな戦略として解釈される．

餌の選択やその範囲，摂り方など，採餌戦略には動物によって極めて大きな多様性が認められる．餌の選択には，その餌から得られるカロリーや栄養素などの適応度へのプラス効果と，餌を捕り，消化するために費やすカロリーなどによる適応度へのマイナス効果のバランスが影響していると考えられる．

繁殖にかかわる戦略としては，昆虫，鳥などにみられる，安全な子育ての場として適した巣をつくるものがある．巣をもつ動物は，親やその近縁個体がそこで子どもの世話をする．魚類は脊椎動物の中で最も進化の歴史が長く，多様な戦略がみられる．タラやサケなどのように大量の卵を産んで親は世話をせず，子のごく一部が生き残るものに対して，少数の卵を産んで子の世話をするものもある．例えば，トゲウオ類は，水草などでつくった巣の中で子を育てる．酸素不足にならないように鰭（ひれ）で酸素を送るなどの保育行動もみられる．

世界に2400種ほどが知られているシロアリは，大きな巣をつくって，その中で時には数百万もの個体が社会をつくって暮らす．多くは落葉・落枝や腐朽した倒木などの植物由来のものを餌にするが，巣の中で菌を栽培してそれを餌にするという，農業に似た営みをするものもいる．

配偶者を選ぶためにもさまざまな行動戦略が進化している．

配偶のための戦略の中には，**性選択** sexial selection，すなわち，異性に配偶者として選ばれることによって進化すると解釈されるものもある．雄の鳥は，

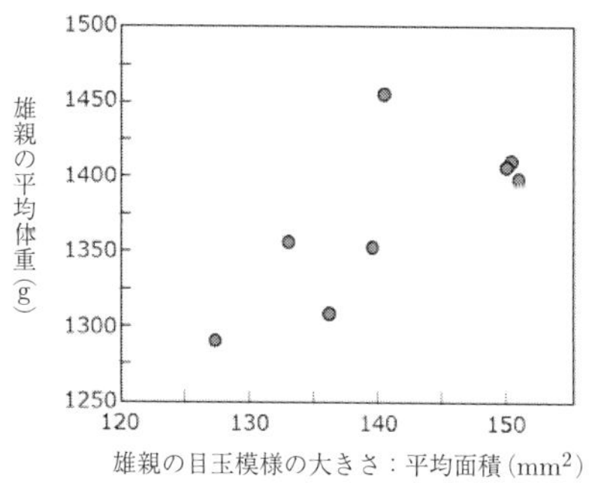

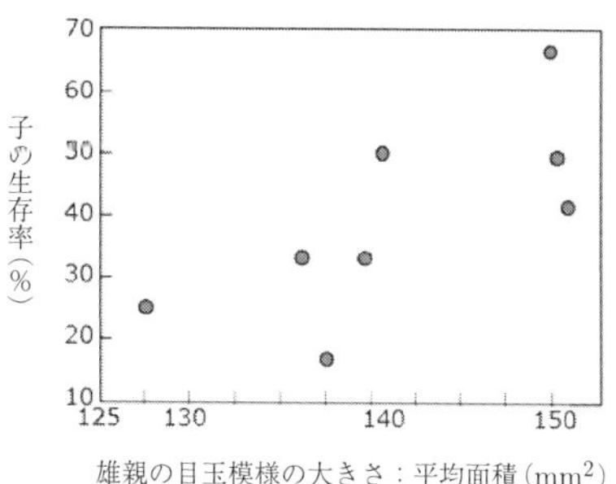

図 5-8 クジャクの羽の目玉模様の大きさと雄の体重（左）および父親としてもうけた子の生存率（右）との関係（Petrie 1994 より改変）

視覚に訴える派手な羽や聴覚に訴える複雑なさえずりなど雌にはない形質をもつものがある．それは雄の活力の指標でもあり，そのような配偶者を得ることは質（生存力や繁殖力）の高い子をもうけることを通じて，雌の繁殖成功にも寄与すると考えられている．例えば，クジャクの雄の華やかな羽も性選択によって進化したと解釈されるが，その華やかさの決め手である目玉模様の大きさ（面積）と雄の体重の間には相関関係があり，さらに，父親としてもうけた子の野生環境下での生存率も，目玉模様の大きい雄を父親とするほど高いことが明らかにされている（図 5-8）．

6 個体群の動態

生物の個体群は時間や場所に応じて量的・質的に変動する．**個体群動態** population dynamics は，ヒトの場合は**人口動態**とよばれ，地域によっては多くのデータが蓄積している．本章では，ヒトの人口動態を例として取り上げて，個体群動態のとらえ方を学んだ後，個体群動態を記述する基本的なモデルを学ぶ．

6-1 個体群動態の記述：ヒトを例として

ヒトの人口は，過去にさかのぼって推定が可能な 12000 年前頃から増加してきた．その頃に始まった農業は，食料の安定的な確保を通じて人口増加に寄与したとされるが，その効果は，推定人口曲線に明瞭に表れるほど顕著なものではない（図 6-1）．人口の増加速度が顕著に増大したのは，産業革命以降である．1825 年頃に 1 億人程度であった人口は，その後 13 年ごとに 1 億人ずつ増加し，2013 年には 71 億人に達した．このペースで人口増加が続くと仮定すると，2080 年までには 260 億人に達すると予測される．しかし，地球環境には厳然

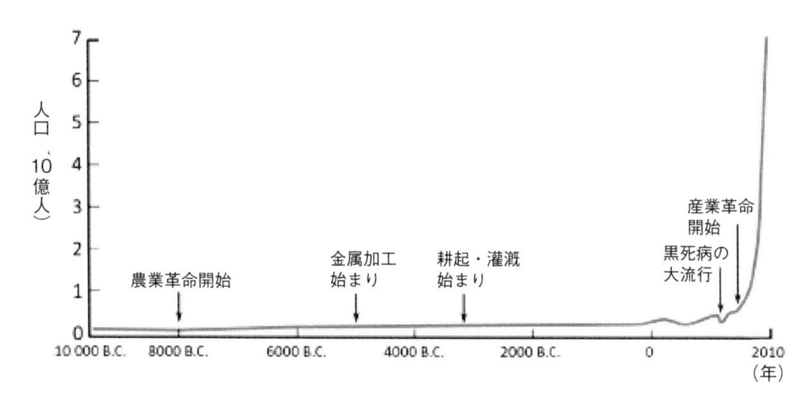

図 6-1 過去 1 万年の推定人口の推移（Cain ら 2014 より改変）

とした限界がある．人類はすでにいくつもの深刻な地球環境問題に直面しており（15 章），人口増加が続くことはありえない．個体群成長に環境が課す限界を，一般に**環境容量**もしくは**環境収容力** carrying capacity という．

人口動態（＝個体群動態）は，誕生と死亡に関するデータによって把握できる．特定の空間範囲の動態を記述する場合には，移出・移入も考慮する必要がある．ある地域の 1 年間の変化は次のように表される．

$$N(t+1) = N(t) + B - D + I - E$$

$N(t+1)$：ある年 $t+1$ 年の人口（個体の総数）

$N(t)$：ある年 t 年の人口（個体の総数）

B：t 年から 1 年の間に誕生した個体の数

D：t 年から 1 年の間に死亡した個体の数

I：t 年から 1 年の間に移入した個体の数

E：t 年から 1 年の間に移出した個体の数

移入・移出が無視できる場合には

$$N(t+1) = N(t) + B - D$$

となる．

同時期に誕生した個体の集団である**コホート** cohort について，年齢に応じて生き残る個体の率を示す図が**生存曲線** survivorship curve である（図 6-2）．ヒトや家畜などにみられる，大多数の個体が生理的寿命に近い老齢期まで生存する I 型，年齢にかかわらず一定の死亡リスクを負い続ける II 型，多くの子どもが生まれるが幼少期に大多数が死亡する III 型（L 型）の 3 タイプに分類される．

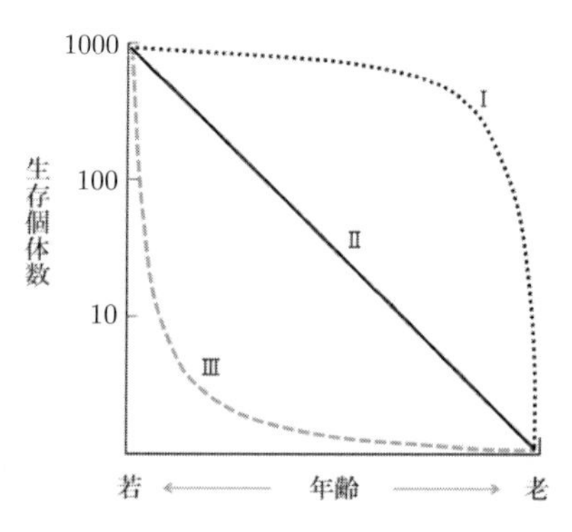

図 6-2　コホート生存曲線の 3 タイプ

年齢や生活史のステージによって，死亡率 (D/N) や繁殖率 (B/N)，およびそれらの人口成長への寄与が異なる．年齢に応じた生存率と繁殖率を記述する**生命表** life table は，人口に関するさまざまな計算や予測の基礎となる．生命保険会社は，国勢調査などの人口調査データから生命表を作成し，それに基づいて，異なる年齢の加入者の保険金を決める．生命表は，社会・経済的な予測にも広く用いられている．

現在の日本は，人口動態における転換点にある．人口が減少しており，著しい高齢化も懸念されている．比較対象としたナイジェリアは，現在でも屈指の人口成長率を示し出生率 (**合計特殊出生率**：女性が生涯に生む子どもの数) と人口の年齢構成が日本とは大きく異なる (図 6-3)．ナイジェリアは，出生率が日本の 4 倍であるが，幼児死亡率は 40 倍にも及び，誕生時の平均余命は 47 年しかない．それにもかかわらず，2050 年までに人口が 2 倍以上に増えることが予測される (日本は 3 割減少)．日本の人口減少は，出生率が低いことによる．人口が維持されるか増加するためには，合計特殊出生率が，2 を繁殖齢に到達するまでの生存率で除した値 (人口置換水準) 以上でなければならない．

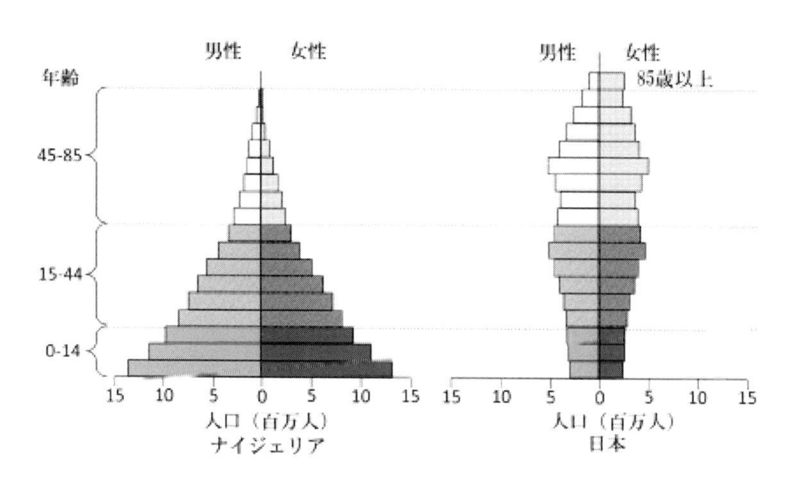

図 6-3　日本とナイジェリアにおける人口の年齢構成

ヒトの生存曲線 ── 過去から現在へ

遺跡から大量に発掘された遺骨の年齢推定によって考古学的に構成された，農業開始前のモロッコ（地中海沿岸）の生存曲線，過去帳から推定された1860年頃のイギリス・リバプールの生存曲線，1960年頃の開発途上国の典型的な生存曲線，2010年頃の先進国の典型的な生存曲線を図6-4に示す．

農業開始前のモロッコでは，出生後数年のうちに半分近くの子どもが死亡していた．その年齢を過ぎるとやや安定して20歳過ぎまで40%ぐらいが生き残った．しかし，20歳を超えると死亡率が高まり35歳まで生き残るのはわずか20%程度であった．この年齢層における高い死亡率は，生殖に伴うリスクを反映していると考えられる．この時代に人口が維持されるためには女性は平均して5人（人口置換水準2/0.4）子どもを産んで育てる必要があった．生存曲線の形は図6-2のⅢ型に近く，同等の産子数の野生動物ともほぼ共通する．産業革命期（1860年頃）のリバプールでも，10歳まで生き残る子どもは半数にすぎなかった．40%ほどは35歳まで生き残るものの，70歳まで生き残るのは数%にすぎなかった．2010年頃の先進国では90%以上が60歳ま

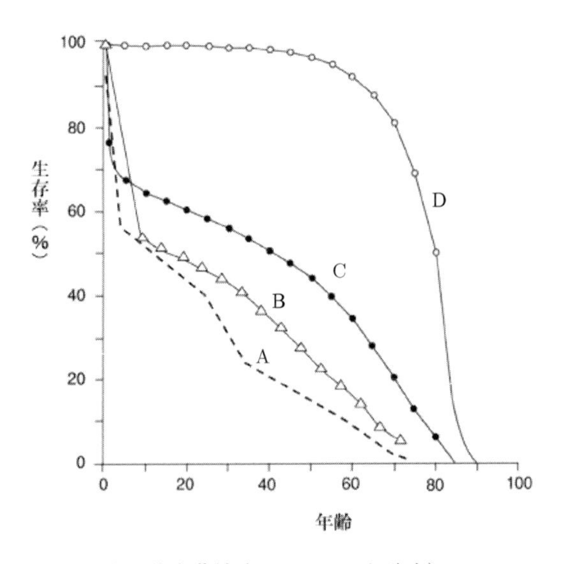

図 6-4　ヒトの生存曲線（May 2007より改変）

A：農業開始前のモロッコにおける推定生存曲線
B：1860年頃のリバプールにおける推定生存曲線
C：1960年頃の開発途上国における典型的な生存曲線
D：2010年頃の先進国における典型的な生存曲線

で生き残り，生存曲線の形はI型である（図 6-2）．1960 年頃の開発途上国の生存曲線は，1860 年頃のリバプールにおける生存曲線に似ているが，10 歳以上まで生き残る子どもは 60％程度で，工業化初期のリバプールに比べて子どもの生存率は改善されていることがわかる．2010 年頃の先進国の典型的な生存曲線は，天寿をまっとうするヒトが大半を占めることを示しているが，それは生物の世界では極めてまれなことである．

6-2　個体群の成長モデルと密度効果

あらゆる個体群において，ある時点 t から Δt 後の個体数 $N(t+\Delta t)$ は，個体数 $N(t)$ と増殖力 r（**内的自然増加率** intrinsic rate of natural increase）を用いて

$$N(t+\Delta t) = N(t) + r\,N(t)\,\Delta t$$

と表すことができる．Δt の平均的な個体数変化は

$$\frac{N(t+\Delta t) - N(t)}{\Delta t} = r\,N(t)$$

となる．Δt を無限に小さくすると微分方程式

$$\frac{dN(t)}{dt} = r\,N(t)$$

が得られる．左辺は，無限に小さい時間間隔における個体数の変化率を表す．

初期（時間 0）の個体数を $N(0)$ として積分すると

$$N(t) = N(0)\,e^{rt} \qquad (e \text{ は自然対数の底で } 2.718)$$

が得られる．ただし，r は 1 個体あたりの増加率（個体群成長率）であり，出生率 b と死亡率 d の差 $r = b - d$ で表される．

$r > 0$ であれば，個体数は指数関数的に増加する．

しかし，現実にはこのような増加は，新しい生息・生育場所で個体群が成長を始めた初期にみられるだけである．密度が高くなると，餌や営巣場所などが不足したり，それら資源を巡る競争が激しくなる．また，環境の浄化能力や空間が不足する．出生率の低下や死亡率の増加（図 6-5）によって個体群成長率は r よりも小さくなる．

このような密度がもたらす負の効果を，その環境における最大の個体数を表す環境収容力 K として取り入れたモデルが次の**ロジスティック式**

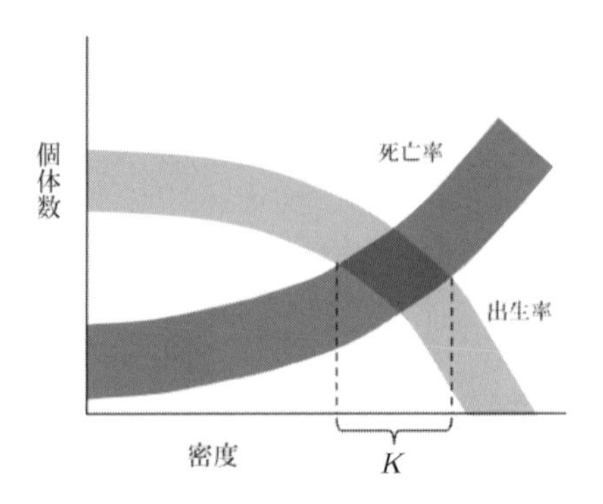

図 6-5 出生率および死亡率の密度依存性の例

一般に，密度が高まると死亡率が上昇し，出生率は低下する．
図は実測した場合の変動を含めて表現している．

$$\frac{dN}{dt} = r\,N\,\frac{K-N}{K}$$

である．ただし，dN は $dN(t)$ を表す．N が十分に小さいときには $(K-N)/K$ がほぼ1となるため，指数関数で表すのとほぼ同じになる．N が大きくなって K に近づくと $(K-N)/K$ は1より小さい値をとり，ロジスティック曲線は N に応じて指数関数の曲線とは下方に離れ，N が K になれば0となって個体数の増加は止まる（図6-6）．

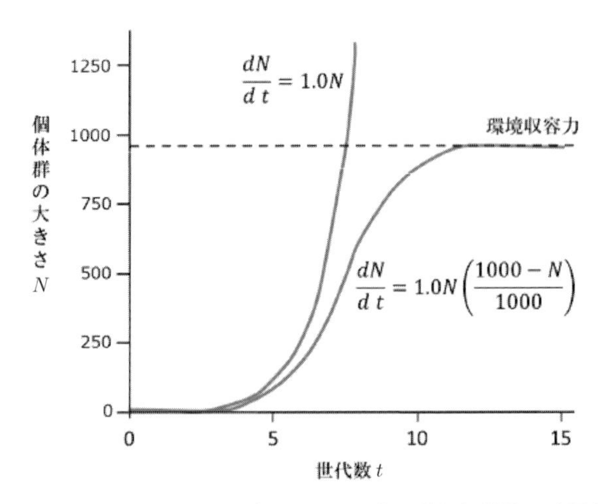

図 6-6 指数関数およびロジスティック式に従う個体数の時間変化

r–K 戦略

環境の変動が大きく，新たな生息場所で個体数が増加しても，環境収容力に達するまでもなく環境が変化して生息できなくなるような状況のもとでは，個体数は K よりも r の影響を受けて決まる．このような条件のもとにおける自然選択は，r を大きくする方向に働く．それに対して，安定した環境のもとでは，個体数は K に近いところで安定するため，自然選択は K を大きくする方向に働く．

ピアンカは，それぞれの条件，すなわち，不安定で予測不可能な環境および安定していて予測可能な環境のもとにおいて，自然選択によって進化しやすい生活史に関する形質を表 6-1 のようにまとめた．

表 6-1　r– 戦略と K– 戦略の特徴

	r– 戦略	K– 戦略
環境	不安定かつ予測不可能	安定かつ予測可能
死亡率	密度非依存的	密度依存的
生存曲線	初期死亡率が高い	初期死亡率が低い
個体数	時間的変動大きい K に比べて小さい	時間的変動小さい K に近い
種間・種内の競争	弱い	激しい
生活史特性(戦略)	成長が速い r が大きい 成熟が早い 体が小さい 一回繁殖性 多数の小さい子どもをつくる 寿命が短い	成長が遅い 競争力が強い 成熟が遅い 体が大きい 多回繁殖性 少数の大きい子どもをつくる 寿命が長い

個体群の密度が極めて低い場合には，交配相手を見つけることが難しくなるなどの理由によって増殖率が低下したり，群れをつくる動物では生存率が低下するなどの**アリー効果** Alee effect が生じやすい（19 章）．その効果を取り入れた個体群動態モデルは

$$\frac{dN}{dt} = rN\left(\frac{N}{A} - 1\right)\ \frac{K - N}{K}$$

となる．ただし，A はアリー閾値（$0 < A < K$）で，アリー効果の大きさを表す．

6-3　メタ個体群

個体群は，時間的に変動するだけではなく，空間的に不均一な個体の分布を示す．

その**空間的不均一性** spatial heterogeneity は，その生物種の生息可能なハビタットの**パッチ** patch が生息できない空間，**マトリックス** matrics の中に点在することなどによってもたらされる．それらのパッチにみられる空間的に独立したいくつもの**局所個体群** local population の集合が**メタ個体群** metapopulation である．局所個体群を結ぶプロセスは，**移動分散** dispersal（11 章，14 章）であるが，種ごとに極めて大きな違いがあり，このことはメタ個体群の構造や動態に大きな影響を与える．絶滅危惧種の保全にとっても，侵略的外来生物の対策にあたっても，メタ個体群動態を考慮することが欠かせない（20 章）．

7 生物間相互作用と植物

生物間相互作用は，適応進化による生物多様性創出の駆動力である一方で，生物群集の動態を介して生態系の機能にも大きな効果をもつ．生態系における一次生産者である植物の光合成による生産にも，繁殖による個体群維持にも，菌類，昆虫，脊椎動物などとの共生的な生物間相互作用が重要な役割を果たす．

7-1　多様性を生み出す駆動力：生物間相互作用

イギリスの生態学者タンスレーが**生態系** ecosystem の概念（2章）を提案した20世紀初期は，科学全般が物理学を模範として再編成された時代であった．生態系に関する科学も，時代の雰囲気を反映し，物質の循環，エネルギーの流れ，生物生産などを物理的にとらえる課題が中心となった．今日では，それらを深く理解するうえでも，生態系に複雑に張り巡らされたネットワークを構成する生物間相互作用に目が向けられている．

一般に，システムでは要素間の関係がその動態を支配する．生態系における「関係」の数は，要素の数に比べて桁違いに多い．それぞれの生物種の生活にも適応進化にも，環境が影響を与えるが，種間の**生物間相互作用**（**種間相互作用**）は，生死や繁殖の成否などへの影響を介して，形態，生理，行動など，生物が示すあらゆる形質（＝戦略）の選択圧となる．

例えば，花は，形，色，香り，咲き方など驚くほど多様であるが，それは送粉を担う昆虫などの動物（＝ポリネータ）との相互作用を選択圧とする進化の結果である（13章）．色も形も実る季節も多様な果実も，種子分散を媒介する動物や水や風などの物理的媒体との関係が，その多様性を生み出したものである．

生物間相互作用が選択圧となる進化により形質の変化が起これば，それはその関係自体に変化が生じるため，選択圧が変化する．変化した選択圧に基づきさらなる進化が起こる．しかも，その変化は，複雑に張り巡らされた生物間相互作用網を通じて影響を波及させる．生物間相互作用は，生物多様性を作り出す原動力であるともいえる．

7-2　植物の暮らしを支える共生関係

一般に，生物間相互作用は，かかわり合う種双方の適応度への効果に基づき表 7-1 に示すように分類される．

草食動物とその消化管内でセルロースなど難分解物質の分解を担う微生物群との関係のように，双方が利益（**適応度** fitness にプラス効果）を受ける関係を**共生** mutualism とよぶ．植物が動物と結ぶ共生関係に関しては，花粉を運ぶ昆虫と花の関係（**送粉共生**），果実を食べて種子を運ぶ動物と植物の関係（**種子分散共生**），樹木が住居と餌をアリに与えアリが植物を防衛する**防衛共生**などがある．さらに，植物が菌類と結ぶ共生関係，菌根をつくる樹木と菌根菌の互いに足りない栄養を補い合う**栄養共生**は，陸上植物のバイオマス生産にとって，重要な意味をもつ共生関係である（図 7-1）．

一方が利益を受ける**片利共生** commensalism は，いろいろな分類群で認められるが，生態系の機能への寄与が大きいのは，ストレスの大きい環境のもとで特定の植物が生育すると他の植物（複数の種）の生育の条件が向上する関係，**ファシリテーション** facilitation である．ファシリテーションの例としては，栄養が乏しい土壌に共生微生物の根粒細菌が窒素固定するマメ科の樹木が生育す

表 7-1　かかわり合う種双方の適応度に及ぼす効果に基づく生物間相互作用の分類

	関係	かかわり合う種	
		A	B
共生	相利共生	+	+
	片利共生	+	0
拮抗	捕食・被食	+	−
	寄生 （体のサイズ：捕食者＜被食者）	+	−
	競争	−	−

+：適応度が増加
−：適応度が減少
0：適応度への影響なし

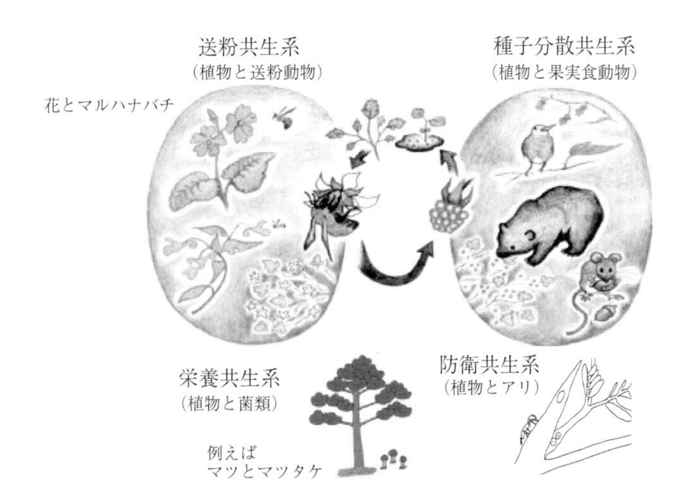

図 7-1　植物を巡る 4 タイプの共生（イラスト 松村千鶴）

ると，その落ち葉が土壌に栄養を供給し，窒素不足に弱い植物も生育できるようになることがあげられる．

一方で，**食べる－食べられるの関係** consumer-resource relationship/predator-prey relationship，**寄生** parasitism，**競争** competition のように，かかわり合う双方あるいは一方が不利益を受ける拮抗的な関係にも，生物群集・生態系の動態に大きな影響を及ぼすものがある（8 章）．

拮抗的な関係では，不利益を受ける側に防衛機構が進化する．適応度に負の影響を受ける種が絶滅しないのは，その関係が時間的空間的に限定されていることに加え，そのような防衛機構が適応進化していることによる．

例えば，後に述べるように，一次生産者である植物は消費者に食べられることから身を守るためのさまざまな手段を進化させている．

スペシャリスト v.s. ジェネラリスト

生物間相互作用をもたらす関係において，特定の相手に特化した形質群を進化させた**スペシャリスト**は，その対象との生物間相互作用が保障されていれば大きな適応度を確保できるが，何らかの理由でそれを失うと，適応度が大きく低下する．それは，特殊化トレードオフの一種でもある（3章）．

植物とその花粉を運ぶポリネータとの共生関係（11章）にも，スペシャリストの戦略とジェネラリストの戦略を認めることができる．

ジェネラリストの植物は，蜜や花粉を露出させた花をつけ，甲虫やハナアブだけでなく，ハナバチや蝶を含めたさまざまな昆虫に餌を提供して送粉を委ねる．送粉効率は，必ずしもよいとはかぎらないが，送粉者をまったく得られなくなるリスクは避けられる．

それに対して，**スペシャリスト**の植物は，複雑な形の花の奥に蜜を隠すなどにより，特定の昆虫だけに吸蜜を許す．温帯や寒帯の野生の多くの植物の花をスペシャリストとして進化させている送粉者はマルハナバチである（図7-2）．複雑な形，深い筒状の花，下向きに花を吊り下げる咲き方などで他の昆虫を排除する．一方，夜活動する口吻の長いスズメガなどをポリネータとするスペシャリストの花は，細長い筒状の花筒をもち，スズメガが活動する夜に薄暗くても目立つ淡い色の花を咲かせる．

1対1の関係に近い特殊化したスペシャリストどうしの関係もまれではあるが観察される．イチジク属の植物とイチジクコバチ類，ユッカとユッカガの絶対送粉共生系の例が古くから知られている（図7-3）．さらに，第3の絶対送粉共生系として，コミカンソウ科とハナホソガ属の系が日本で発見された．

図 7-2 マルハナバチとマルハナバチ媒花

右図の矢印は，吸蜜と花粉を集めるためにノハナショウブにもぐり込むマルハナバチ

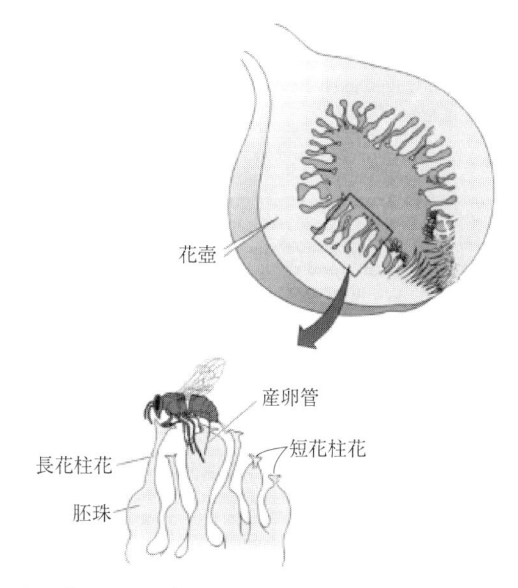

図 7-3 イチジクのイチジクコバチによる受粉

コバチは別の株の雄花からもらってきた花粉を柱頭に受粉する．胚珠(はいしゅ)に産卵管が届く短花柱の雌花に産卵する．幼虫が胚珠(はいしゅ)や未熟な種子を食べて成長する．長花柱の雌花の胚珠(はいしゅ)には産卵管が届かないため産卵されず種子ができる．イチジクは一部の未熟な種子を報酬にすることでコバチの受粉サービスを受ける．

共進化による特殊化が進むとランナウェイ進化（性選択などで相互に選択圧を及ぼすことで生存に不利な形質が進化すること）に至る可能性がある．極端に距の長い花をつける植物と極端に長い口吻をもつ昆虫の組合せなど，極端な形質をもつペアの共進化は，進化の袋小路ともいうことができる．

菌類との共生で実現した植物の陸上生活

シルル紀からデボン紀にかけて陸上に進出した植物は，水中生活では体の全表面から吸収できた水や栄養塩（肥料分）を，主として根だけで吸収しなければならなくなった．根の表面だけでは水や栄養塩の吸収は十分でなかったが，菌類，すなわち菌根菌と共生することで地下の吸収表面を広げることができた．菌根菌の中でも最も古い起源をもつと考えられているアーバスキ

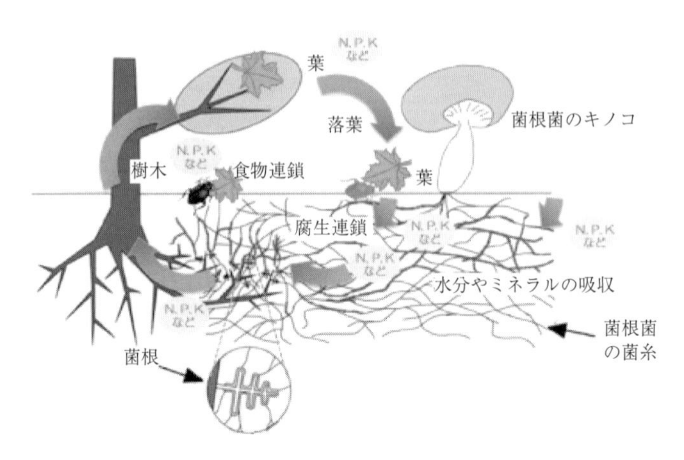

図 7-4 菌根と植物の間の栄養のやりとり

ュラー菌根菌は，菌糸が根に侵入して嚢状や樹状の構造をつくる．コケ植物，シダ植物，種子植物など陸上植物の9割以上がアーバスキュラー菌根菌と共生していることがわかっている．

菌根には，アーバスキュラー菌根の他に，根の周囲に菌層を発達させる外生菌根や根の内部で菌類が生活する内生菌根もある．樹木などの植物は，糖分などの光合成産物を供給して水や栄養塩の吸収を菌類に任せる栄養共生により，水や栄養塩の乏しい環境でも生育できる．そのため，裸地への植林では，樹木だけを植えてもうまく育たず，菌根菌を根につけて植えることが必要となる．

森林では，樹木と菌根菌の間の栄養のやりとりに加えて，菌根菌を通じて樹木どうしが栄養をやりとりをする栄養共生のネットワークがつくられている．日陰で十分に光合成ができず菌に糖分を与えることのできない稚樹も，成長した樹木が菌根菌に糖分を提供することで，菌から成長に必要なリン酸塩などの栄養を受け取ることができる（図 7-4）．

日本の温帯林，ブナ林においても，ベニタケ類，イグチ類，テングタケ類，タマゴタケなど多くの外生菌根菌が樹木と共生している．北海道黒松内町の北限のブナ林には70種ほどの外生菌根菌のキノコがみられるという．さらに，ブナの外生菌根から栄養をとる菌寄生のギンリョウソウモドキのような植物も生育している．地下にも，共生・寄生を含めて複雑な生物間相互作用のネットワークが張り巡らされているのである．

7-3　植物の被食適応

生態系における一次生産者の植物は，葉や茎や根を食べたり汁を吸う多様な動物に餌を提供する．食べ尽くされてしまえば植物は絶滅し，生態系は成り立たない．そうならないのは，植物が多様な防御の手段を進化させており，食べ尽くされることは特殊な状況のもとでしか起こらないからである．消費者への植物の適応は，食べられることを防ぐだけではない．草食動物と共進化したと考えられるイネ科植物などは，草食動物に食べられること（被食）が成長や繁殖を促して適応度を高める．花や果実の一部を餌として提供して送粉や種子分散のサービスを消費者から引き出すことも，広い意味での被食適応であるといえる．

被食に対する植物の防御としては，第一に，動物が消化しにくいセルロースやリグニンを多く含む細胞壁で栄養のある細胞を包んでいることをあげることができる．さらに，毛，腺毛，棘(とげ)を生やしたり，粘液を出すなど，食害を防ぐ

表 7-2　植物のさまざまな被食適応

	防御物質	化学構造	防御作用
難消化物質	セルロース	多糖	微生物の助けなしには消化不能
	ヘミセルロース	多糖	微生物の助けなしには消化不能
	リグニン	フェノール重合体	タンパク質・糖と結合
	タンニン	フェノール重合体	タンパク質と結合
	ケイ酸	無機化合物結晶	消化不能
毒性物質	アルカロイド(20,000 種類)	含窒素異型環化合物	多様:DNA・RNA 合成の阻害(カフェイン)，細胞分裂の阻害(コルヒチン)，リボゾーム分解の促進(メスカリン)，膜など細胞機能の破壊
	有毒アミノ酸(260 種類)	タンパク質アミノ酸類似体	酵素の拮抗阻害による代謝攪乱
	シアン産生配糖体(23 種類以上)	HCN 放出配糖体	強力な呼吸阻害
	グルコシノール酸(80 種類)	含窒素有機物	多様:内分泌系攪乱など
	プロテイナーゼインヒビター	タンパク質ポリペプチド	タンパク質分解の阻害
	テルペノイド(100,000 種類以上)	イソプレノイド重合体	多様:呼吸阻害など

多様な物理的手段をもっている.

動物や微生物に対して毒作用のある化学物質（二次代謝物質）による防御も多くの植物にみられる（表7-2）.

物理的，化学的な防御手段に加えて，アリとの共生による生物的な防御もセクロピア（クワ科），アカシア（マメ科），マカランガ（トウダイグサ科）など，熱帯に生育する多くの植物にみられる．アリ防御植物はアリに中空の棘（とげ）や茎などすみかとなるドマチア（住居）と花外蜜腺からの蜜やグリコーゲンに富んだ固形の餌を提供する（図7-5）．アリはコロニー（家族）にとって重要な資源としてそれらを防衛する．植物を食べる昆虫を追い払うだけでなく，競争者となりうる蔓植物なども積極的に排除する．西アフリカのサバンナに生育するトケイソウ科の植物（*Barteria fistulosa*）を防御するアリ *Tetraponera aethiops* は攻撃性が強く，近くにやってくる大型哺乳動物まで追い払う．アリは，ドマチアで育つ菌類も餌として利用していることがわかってきた.

一方，消費者はこのような防御に抗して植物を食べることなしには命をつなぐことができない．植物食の動物に植物の防御を打ち破るための適応がみられる．草食動物は，セルロースなどの難分解物質を分解するためには特殊な微生物群集の生態系サービスを利用する特殊な消化管を進化させている．昆虫は，毒のある化学物質を解毒するための生理的機構をもつことで植物の毒に対する抵抗性を獲得する．植物の毒を積極的に利用するものもいる．北アメリカの毒

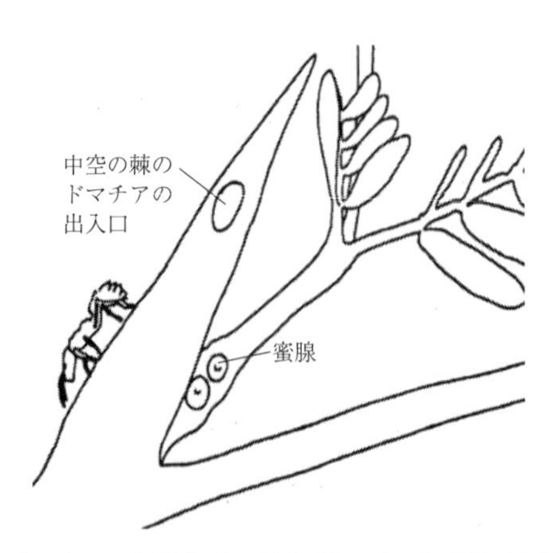

図 7-5 サバンナのアリ植物はアリにドマチアと食物（β型糖類・蜜）を提供して防御を任せる

蝶オオカバマダラ（3章）は，食草のガガイモ科の有毒植物からカルデノライドを幼虫期に摂取して天敵に対する防御に利用する．昼行性で花で吸蜜することもある蛾のヒョウモンエダシャクも，幼虫が食草のアセビに含まれるアセボトキシンなどの毒に抵抗性をもつだけでなく，それを体内に選択的に蓄積して天敵に対する防御に役立てる．

なお，光など，植物にとっての資源が豊富な場所では，消費者に食べられることは，適応度にほとんどマイナス効果をもたらすことはない．光合成速度は有機物の利用によって制約されており（**シンク制限** sink limitation），新たな葉やシュートを形成する再生によるシンクの拡大が光合成を促進するからである．

被食に対する**補償作用** compensation が，形態形成を介して植物体の受光体制を改善することにより適応度に大きなプラス効果をもたらすこともある．図 7-6 には，リンドウ属の植物への草食動物による食害を模した刈り取りの果実生産（適応度の指標）への影響が示されている．初夏に刈り取りを行うと，刈り取りを行わなかった対照の 2 倍以上の果実をつけ，適応度にプラス効果があった．頂芽が除かれることで側芽からシュートが出て，より多くの光を吸収できたからである．しかし，刈り取り時期が遅くなると補償が間に合わず，果実生産は対照よりも低下する．

大型哺乳類の草食動物による採食に適応しているシバなどの多くのイネ科植物にとっては，食べられることが成長や繁殖にとって必要であり，シバと草食動物は共生関係にある．シバの成長点は地際にあり，次々に新しい葉が湧き出

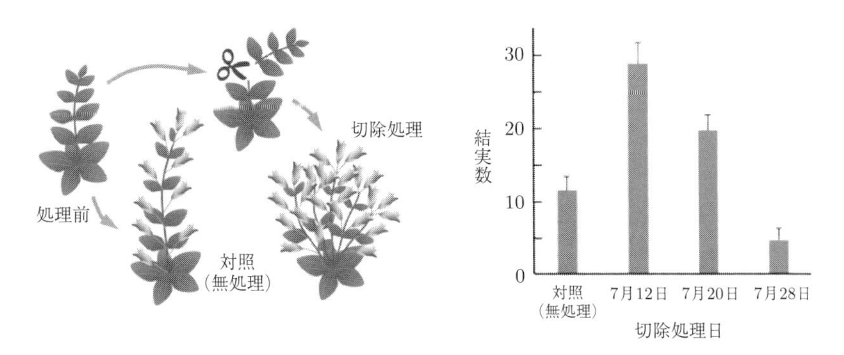

図 7-6　リンドウ属の植物への食害を模した刈り取り実験と結実への影響
（Lennartsson ら 1998 より改変）

図 7-7 シバの草食動物への被食適応

すように出てくる．光合成活性の落ちた古い葉が食べられて除かれると，新しい葉によく光があたり，植物体全体としての高い生産性を維持できる．また，種子をつけた穂は葉にまざって形成され，葉とともに動物に食べられて，糞とともに分散される（図 7-7）．牧草地での家畜の生産はこの共生関係を利用したものである．

8 拮抗的生物間相互作用と群集

本章では，食べる－食べられるの関係（消費者と餌生物の関係）や競争関係など，生物群集の構造やダイナミズムにとって一般的で重要な拮抗的な関係を扱う．それはバイオマスや生命活動に必須な元素の種間への配分や物質循環を構成する関係でもあり，そのネットワークは生態系の機能にとって重要な意義をもつ．

8-1 食べる－食べられるの関係モデル

食べる－食べられるの関係は，最も一般的な拮抗的生物間相互作用である．生態系の機能のうち物質循環やエネルギーの流れと関連する生物間相互作用のネットワークである食物連鎖と食物網（12 章）をつくる最も基本的な関係でもある（図 8-1）．

消費者 consumer（**捕食者** predater を含む）は，餌が豊富にあれば（密度が高ければ），十分な摂食による良好な成長・繁殖を通じて個体群成長を実現する．それに対して餌生物は，消費者の密度が高ければ餌として利用される可能性が大きく，死亡率が高まり個体数が減少する（負の成長）．このような消費者と餌生物の関係（1 対 1 の関係）を介した個体群動態を記述する最も単純なモデルが**ロトカ－ヴォルテラのモデル**である．

餌生物（個体数 N）は消費者（個体数 P）がいなければ内的成長率 r で指数関数的に成長し，消費者は餌生物の密度に応じて一定の率 a でそれを消費すると仮定すると，餌生物の個体群動態は

$$\frac{dN}{dt} = rN - aNP$$

と表せる．餌生物がない場合に，消費者は負の内的成長率 q で指数関数的に減少するとし，消費した餌に応じて一定の率 f で個体数が増加すると仮定すると，消費者の個体群動態は

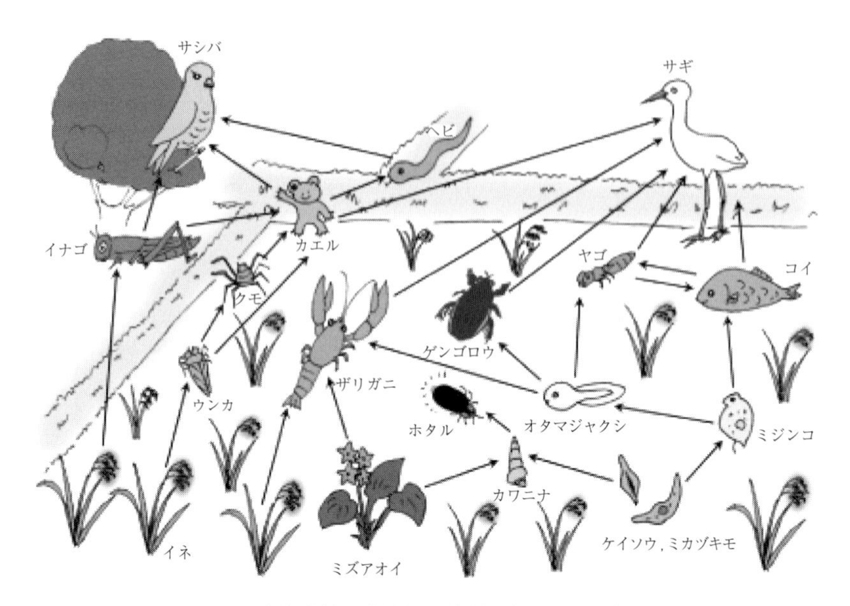

図 8-1 食物連鎖と食物網の単純な例：田んぼの場合
（イラスト 後藤章）

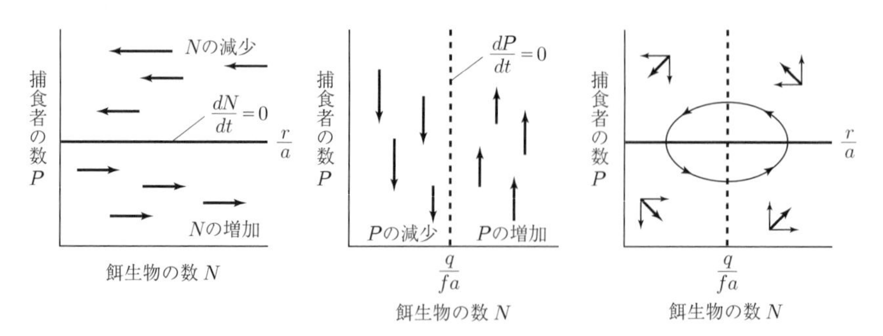

図 8-2 ロトカ－ヴォルテラ式によって記述される消費者と餌生物の関係に予想される個体数の変動傾向

$$\frac{dP}{dt} = faNP - qP$$

と表せる．この2つの式が**ロトカ－ヴォルテラ式**である．

消費者と餌生物それぞれの個体群が平衡状態（成長も減少もしない状態，すなわち $dN/dt = 0$，$dP/dt = 0$）にあるときの個体数は

$$P = \frac{r}{a}, \qquad N = \frac{q}{fa}$$

となる．これらの平衡値よりも個体数が多いときは個体数は減少し，少ないときには増加するため，図8-2に示すような，それぞれの個体数の変化が期待される．

実際には，消費者と餌生物の個体群動態には他の要因も影響を与える．環境容量をモデルに組み込むなどして現実に近づけたモデルも提案されている．現実の世界では，消費者は多種の餌生物を利用する．その場合には，消費者による餌生物の選択が餌生物群の組成に影響を及ぼす．消費者による餌の選好性や餌密度に依存する選択は，消費者と餌生物の個体群動態に大きな影響を与えることになる．一般的には，捕食者は，他の条件が同一であれば，採餌時間あたり最もエネルギー獲得量の大きい餌を選ぶ．また，利用していた餌の密度が低

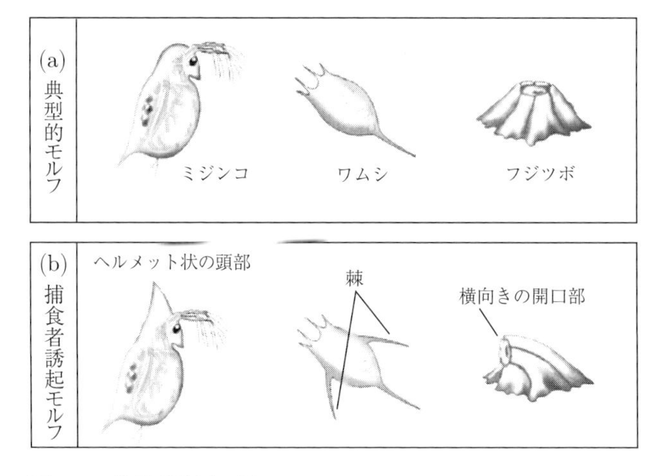

図 8-3　非消費効果の例

ミジンコ，ワムシ，フジツボの捕食者に誘導される形態変化

くなると餌の種類を増やす．一方で，密度の高い餌生物が存在すると捕食者の餌選択の幅は狭くなる．餌から栄養をとるのに費やされるエネルギーと餌から栄養として得られるエネルギーを比較した効率性によって，餌の選択を解釈するのが**最適採餌戦略説** optimal foraging theory である．

消費者は，餌として消費することで餌生物に与える**消費効果** consumptive effect 以外にも，餌生物に多様な生態的影響である**非消費効果** nonconsumptive effect を与える．例えば，ミジンコやフジツボでみられる捕食者の存在に応じて食べられにくい形態に変化すること（図 8-3），多くの餌動物にみられるのは，ハビタットの変更や，活動を控えて捕食者に見つからないようにすることなどである．いずれも，食べられることを逃れるための餌生物の行動として解釈できるものである．進化的な反応として，生活史の戦略へ選択圧を及ぼすことも非消費効果である．

8-2　競争が群集に及ぼす影響

2 章では，競争を資源の奪い合いと定義した．動物の競争には，闘争などの「干渉型の競争」も認められるが，共通の資源を巡る競争「消費型の競争」が一般的である．

あらゆるタイプの競争にあてはまる古典的な見方として，競争関係にある 2 種の個体群動態を記述する単純なモデルがロトカ－ヴォルテラの競争モデルである．N_1，N_2 をそれぞれの種の個体群，r_1，r_2 をそれぞれの内的増加率，K_1，K_2 をそれぞれの環境収容力とすると，競争のない場合のそれぞれの種の個体群成長はロジスティック式で

$$\frac{dN_1}{dt} = r_1 N_1 \frac{K_1 - N_1}{K_1}$$

$$\frac{dN_2}{dt} = r_2 N_2 \frac{K_2 - N_2}{K_2}$$

と表せる．これに競争相手の種が個体数に応じて成長に及ぼす負の影響（競争係数）α_{12}，α_{21} を代入すると

$$\frac{dN_1}{dt} = r_1 N_1 \frac{K_1 - N_1 - \alpha_{12} N_2}{K_1}$$

$$\frac{dN_2}{dt} = r_2 N_2 \frac{K_2 - N_2 - \alpha_{21} N_1}{K_2}$$

と表せる．しかし，実際には，ニッチが類似した種が共存していることも少なくない．競争排除に抗して多種共存を可能にする原理としては，異なる資源の利用において，逆の優劣関係が認められることや時間的空間的に環境が変動することなどがある．

生物群集においては，多くの種が共通の資源を巡って競争を展開している．競争は資源分配，例えば，エネルギーやバイオマスの分配としても把握できる．その場合，競争の大きさは，ローレンツ曲線とジニ係数によって把握できる．これらは，人間社会における所得や資産の配分の「公平さ／不公平さ」の指標として使われているものであるが，種間，種内競争の大きさやその結果としての資源占有度合いを表す指標としても有効である．

また，ローレンツ曲線とジニ係数は，種内の競争を分析・評価するツールとしても利用できる（図 8-4）．

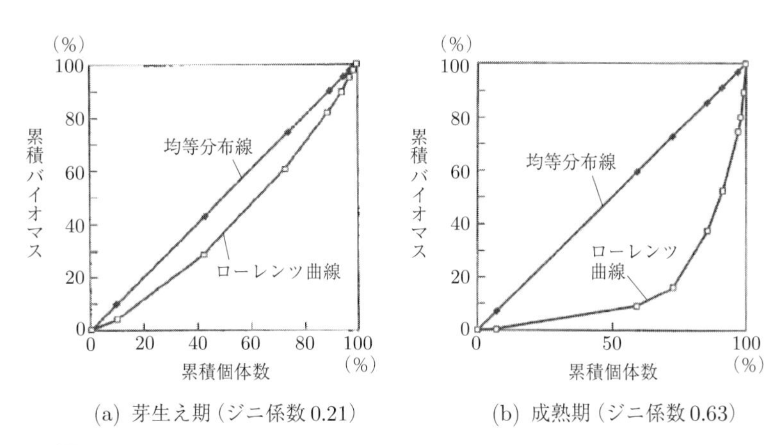

図 8-4　オオブタクサの芽生え期および成熟期の個体のバイオマスに関するローレンツ曲線

ローレンツ曲線はバイオマスの小さい個体からより大きい個体への順位（横軸）に対して累積バイオマス（その順位までの合計値）をプロットしたもの，ジニ係数は均等分布線の下の三角形の面積に占める均等分布線とローレンツ曲線で囲まれる図形の面積の比率であり，大きい値ほど不均等であることを表す（鷲谷 1996 より改変）

8-3 絶滅・侵入が群集に及ぼす影響

群集の構成要素の生物種が絶滅，もしくは個体群の大幅な縮小などが起こると，その種と相互作用をもっていた種（捕食者，餌生物，共生者，寄生者，宿主など）への影響を介して，群集に広く影響が及ぶこともある．一方，生態系に新たな種が侵入した場合にも，群集の構造や機能が大きく変化することがある（21 章）．

例えば，生産者の植物の優占種（合計バイオマスの大きい種など量的に優っている種）が変わった場合には，それを直接消費するスペシャリスト・ジェネラリストの動物の種類や季節性などが変化し，その影響はさらにそれらの捕食者にも及ぶ．このように生産者が変わることで，消費者や捕食者などの群集の組成が変化する効果を**ボトムアップ効果** bottom-up effect という．例えば，エノコログサなどイネ科の雑草が生えていた明るい立地がセイタカアワダチソウに占有されると，イネ科植物の実を食べていたスズメなどの鳥が暮らせなくなる．

逆に，生態系の高次の捕食者や消費者が失われ，その下の栄養段階に大きな変化を起こすこともある．これを**トップダウン効果** top-down effect という．

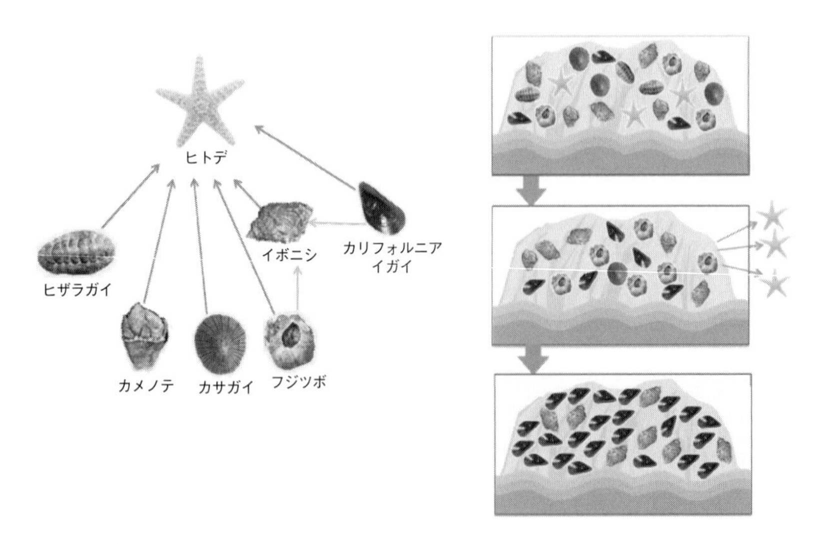

図 8-5 岩礁潮間帯の捕食－被食関係（左）とペインの実験（右）
ヒトデを除去するとカリフォルニアイガイが増えて空間を占有し，フジツボが消えた（Paine 1966 より改変）

高次の捕食者が失われ，その下の栄養段階にカスケード的な（特定の種から何種へも影響が及ぶことで連鎖とともに影響が拡大していくことを滝にたとえる）絶滅の連鎖が起こることがある．このカスケード絶滅連鎖は，失われた捕食者による**トップダウン制御** top-down control が効かなくなることにより生じる．

群集から特定の種が失われたとき，あるいは侵入した際に種間関係の連鎖を介した変化をもたらす効果をもつ種を**キーストーン種** keystone species という．

ペインは，北アメリカ岩礁潮間帯における長期間にわたる野外実験により，ヒトデが潮間帯群集におけるキーストーン種であることを明らかにした．そこに生息する固着性生物のフジツボとカリフォルニアイガイは，生息空間である

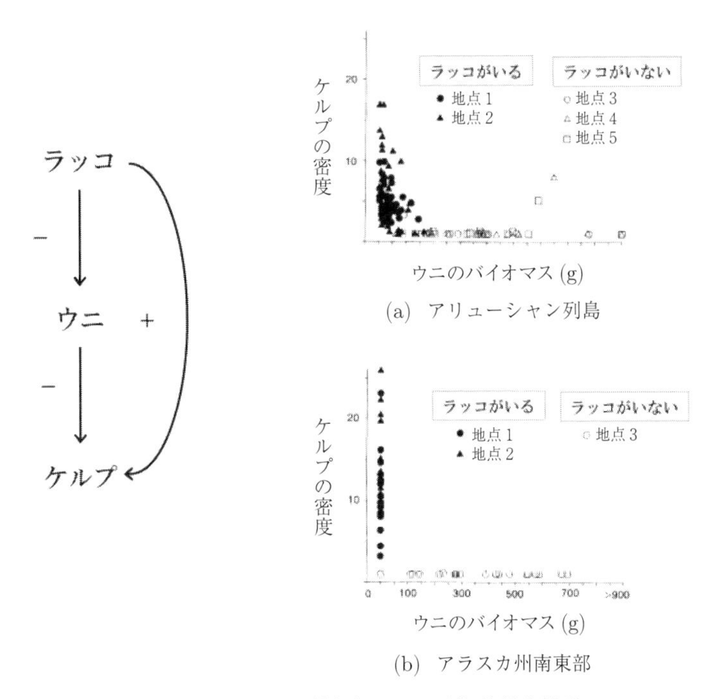

図 8-6　ラッコがキーストーン種となっている海藻林生態系

ラッコ，ウニ，ケルプの種間関係を矢印で表す（左）．ラッコの生息の有無によって影響される調査区（$0.5 \times 0.5\,m^2$）あたりのケルプの密度とウニのバイオマスの関係を示している（右）．ラッコがいなくなるとウニが増え海藻林が壊滅する（Estes ら 2010 より改変）

岩の表面を巡って競争関係にあるが，強力な捕食者であるヒトデが存在する場合には，競争排除は起こらない．しかし，ヒトデを実験的に排除すると，イガイによる競争的排除が起こり岩礁を覆い尽くした．これにより，生産者の藻類を含め，生物種が減少した (図 8-5)．

高次の捕食者の喪失に伴う群集の変化は，時として群集崩壊ともいうべき激変をもたらす．北太平洋沿岸のジャイアントケルプの**海藻林** kelp forest では，1990 年代に，乱獲や野生の捕食者の影響によってラッコが減少すると，その餌となっていたウニが急激に増加し，ジャイアントケルプの仮根を食い荒らした．海藻林は破壊され，そこを生息場所としていた多くの魚や無脊椎動物の種が生息できなくなり，生物群集が大きく変化した．アリューシャン列島の沿海でも同様の現象が観察されており，ラッコがキーストーン種であることが明らかにされている (図 8-6)．

9　物理的環境と生理的適応

太陽放射とその変動がもたらす気候などによってつくられる物理的環境は，植物による生産をはじめ，生物の活動に大きな影響を与え，さまざまな形質の選択圧となる．本章では，温度，水環境，土壌の環境要因としての特性とそれに対する適応・順化について学ぶ．

9-1　太陽放射と気候

気候は，ある場所での天候・気象を長期的な視点でとらえたものである．大気と海洋の熱循環によってつくりだされる地域特有の気候は，生物にとっていくつもの物理的環境要因の源泉である．

地球の気候システムを駆動するエネルギーの源は，太陽の放射であり，その地域的な違いは，地球の自転と公転によってもたらされる．地球の大気上層は，平均すると年間 342 $W\ m^{-2}$ の太陽放射エネルギーを受け取り，そのうちの 1/3 程度は，雲，エアロゾル（大気中の微粒子），および地表面で反射され，1/5 程度は，オゾン，雲，水蒸気などに吸収される．その残りの約半分が陸の地表面および海洋の水面にまで到達する（図 9-1）．

地球の温度に変化がないとすれば，太陽放射からのエネルギー入射と地球からのエネルギー放射はバランスがとれており，エネルギー収支は差し引き 0 となる．その放射は，長波放射として知られている赤外放射および水の蒸発に伴うエネルギー消失（**潜熱フラックス**），対流，伝導による熱放射（**顕熱フラックス**）による．

地球表面および雲から放射された赤外放射のかなりの部分は，大気に吸収され地表に赤外放射として戻される．大気には，温室効果ガス（水蒸気，二酸化炭素，メタン，一酸化二窒素）が含まれており，地表面への再放射を担う．温室効果ガスのうち二酸化炭素，メタン，一酸化二窒素は生物の活動によって生成し，生物圏と気候システムを結びつけている．現在，人間活動がもたらす大

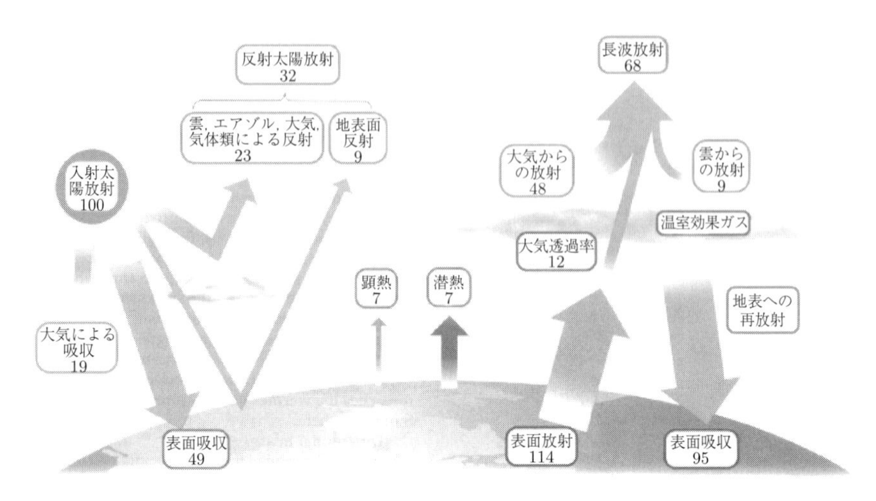

図 9-1　太陽放射からのエネルギー入射と地球からのエネルギー放射
数字は入射太陽放射 ($342\,\mathrm{W\,m^{-2}}$) を 100 とした場合の相対値

気中の温室効果ガス増加により地球温暖化が進んでいる (28 章).

海洋が放射により暖められると水が蒸発して雲ができる. それに伴い, 風, 海流など, 生物の生活に関係の深い物理的環境要因が形成される.

気候は, そこにどのような生物が生活できるかを決める一方で, 植生は気候に影響を及ぼす. 熱帯林の伐採などで植生が失われると地域の気候が変化する. 図 9-2 に示すように, 地表面の**アルベド** albedo (**反射率**) の増加, 顕熱フロー

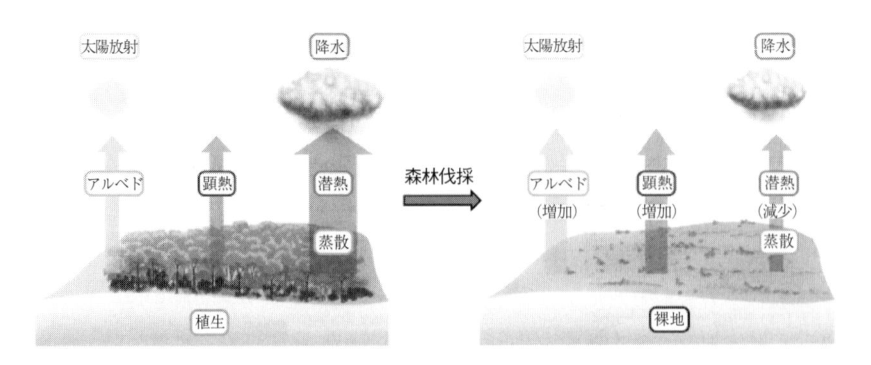

図 9-2　熱帯林の伐採などで植生が失われると地域の気候も変化
降水量が減少し, 砂漠化が起こる可能性もある.

の増加が冷却効果をもたらすが，蒸散作用が失われて潜熱フローが減少することでそれを打ち消す温暖化がもたらされる．さらに，雲ができにくくなるために降水量が減少する．

植生・生態系は，二酸化炭素などの温室効果ガスの吸収・放出を介して地球規模の気候に大きな影響を与える．急速に地球温暖化が進行しつつある現状において，気候を生物と環境の相互作用という生態学の視点でとらえることは，ますます必要性を増している．

9-2　温度に対する適応・順化

生物が活動できる温度範囲は適応により生物のグループごとに決まっている（図 9-3）．種，個体群，個体は，さらに限定された温度のもとでのみ活動が可能である．

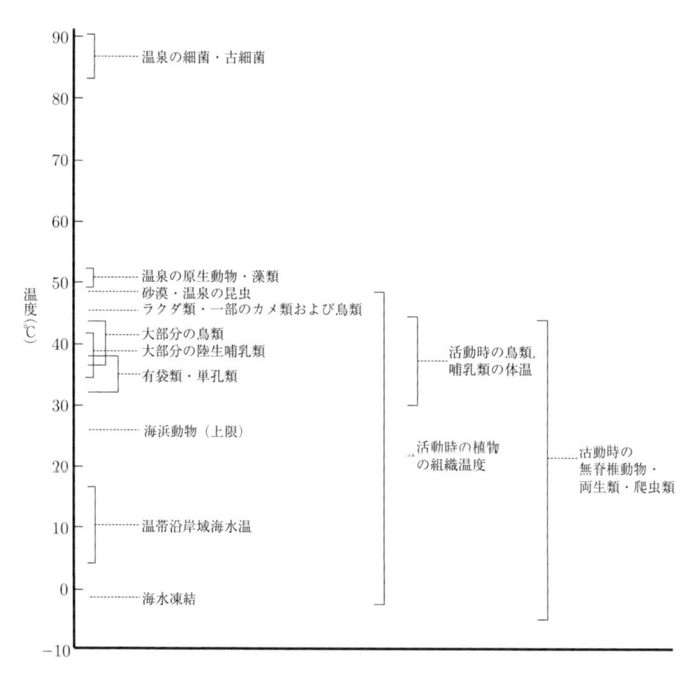

図 9-3　生物グループ別の温度許容性
種により変異があるので，そのグループの許容範囲や恒温動物の体温を示す．

生物の温度環境への適応には，体の大きさが大きな意味をもつ．生物体と環境との間の熱の交換は，体の表面で行われる．それに対して，代謝による熱の生産は，体重に応じた筋肉量などと関連している．生物の体の大きさ（体長など1次元の尺度）が大きくなると，体積に比例する体重は3乗，表面積は2乗の指数関数に従って増加し（図9-4），体重あたりの表面積は減少する．恒温動物の体の大きさが寒冷な地域ほど大きい傾向（ベルクマンの法則）は，体が大きいほど体表から熱が失われにくいことによって説明できる．

表面積は，体の形が複雑であればあるほど増加する．寒冷地の動物の寒冷適応の1つは体表面から伝導や対流で熱を失うことを抑制することである．それには大きな体に加えて，突出部の少ない球に近い丸い体が有利である（アレンの法則）．

水生生物の中には，熱だけでなく，呼吸に必要な酸素を含めた物質交換を体の表面で行うものもある．その速度は代謝の速度や効率に大きく影響するため，体の大きさや形はそれに適応している．それは酸素の交換のための器官の大きさや形にもあてはまる．

このように，物理的な制約のもとにある体の大きさ・形と代謝・行動などの生物活動との関係を**アロメトリー** allometry という．

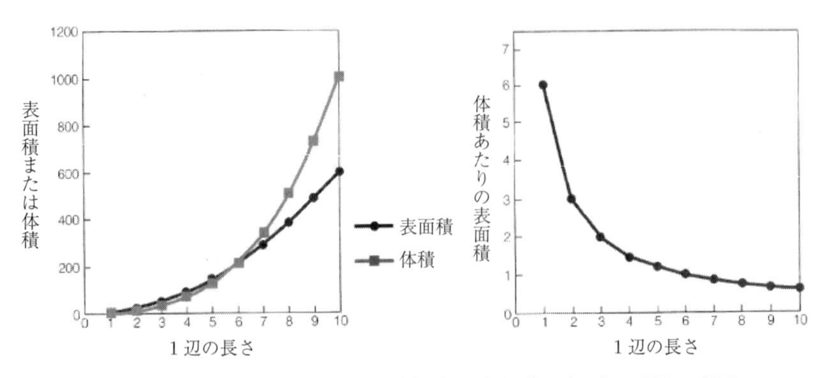

図 9-4　体が立方体であるとした場合の半径（1次元）の増加に伴う表面積（2次元）と体積（3次元）の増加

生命と水循環

生物の細胞の重量の 75〜95％は水で占められている．生命は海洋の水の中で生まれ，生命史の時間の 9/10 は海洋で展開された．陸上が生物の生活の場となったのは，ようやく 4 億年前になってからである．生命のふるさととともいえる水環境は，大きく分けて海水をたたえた海洋，おもに淡水の陸水環境に分けられるが，海洋と陸水は，**水循環** water cycle, hydrologic cycle で結ばれている．水循環を駆動するのは太陽放射である．太陽光によって熱せられた水は蒸発して大気中の水蒸気になり，やがて地上に降水がもたらされる．降水の一部は，植生もしく地表面から蒸発するが，その多くは地表を流れたり地下に浸透して地下水となり，川となって海に注ぐ．地球規模での水循環は図 9-5 のように表される．

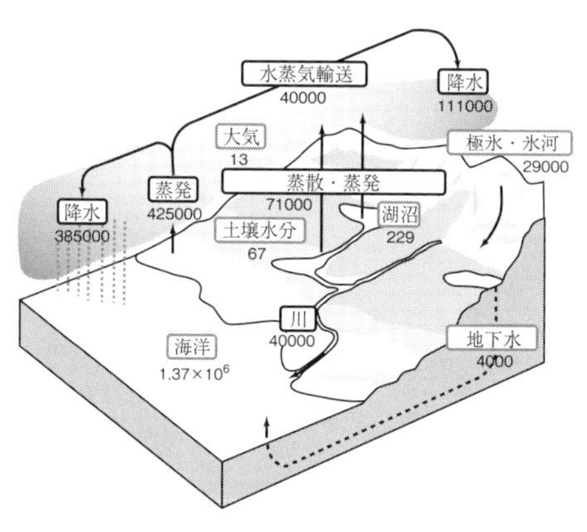

図 9-5　地球規模での水循環の模式図

名称を黒色の枠で囲った貯蔵体の単位は 10^8 km^3,
灰色の枠で囲ったフローの単位は km^3/ 年

9-3　土壌と植物

陸上の植物の多くが根を下ろして水と栄養塩を吸収する土壌は，いくつもの物理的要因と生物との複雑な相互作用により形成されたものである．土壌は，無機物，有機物，生物，水，空気などからなる複雑なシステムであり，多様な生物の相互作用の場ともなっている．土壌動物や微生物にとっては，mm 規模の微小なスケールのミクロハビタットが複合する不均一性の高い空間でもある．植物は，光合成に必要な資源である水と栄養塩を土壌から吸収する．

土壌が形成されるにあたっては，母岩が物理的な風化を受けて粒子化し，水，酸素，生物活動に由来する酸などによって化学的な変化を受ける．土壌は，その上に成立している地上の生態系から植物や動物の遺体などの有機物の供給を受けるが，それを餌や基質として土壌動物や微生物が生活し，その代謝によって有機物の分解が進む．土壌には，植物体をつくる物質のうち，分解されにくいリグニンなどに他の物質が化合してできた黒褐色の有機物（腐植質）が含まれる．土壌が黒っぽい色をしている理由の1つはこの腐植質である．土壌には，遠くの地域で風などで風化された母岩由来の埃や火山灰も含まれている．土壌は，このように，地質と気候，植生などの影響を受けて生成され，常に変化している．

一般に，土壌には，図 9-6 に模式的に示したような層状構造が認められる．

熱帯や亜熱帯（日本では沖縄など）の森林では，温度が高く雨量も多いため

図 9-6　土壌の層状構造

微生物による落ち葉の分解が活発で，O 層はほとんどなく，A 層も薄い．B 層は黄色っぽい色をしている．暖温帯の照葉樹林（13 章）では，落ち葉の分解速度がやや遅いため O 層や A 層がよく発達している．落葉広葉樹林では，落ち葉の分解速度はさらに遅いので，O 層や A 層はいっそう厚く発達する．農地は，耕されているため O 層を欠く．水はけの悪い水田の土壌は水の影響で鉄が還元されることにより青灰色の層（グライ層）がある（コラム参照）．畑などに利用されている場所の黒ぼく土（微粒炭がまざる）は火山灰を母体とするものであるが，ススキ草原の火入れなども成因の 1 つと考えられており，O 層が薄く A 層が厚い．マツやスギなどの針葉樹林では針葉が分解されにくいため，O 層が厚く，腐植物質の量が少なく A 層も薄い．

根を張り水や栄養塩を吸収する土壌層は，植物の種類によって大きく異なる．

土壌粒子の大きさは土壌空隙の大きさを決め，そこに保持される水の量や重力に応じた水の動きを決める．土壌空隙が保持できる以上の水を含んでいる場合には，水が重力で下方に排水される．すべての空隙が水で満たされているとき，土壌は**圃場容水量** field capacity に達しているという．

毛管現象によって土壌粒子に保持されている水は毛管水であるが，植物の吸水や土壌表面からの蒸発により，毛管水が失われ，植物がもはや水を吸収することができないまでになった水分を**しおれ点** wilting point という．圃場容水量としおれ点の差が植物が利用可能な水の容量となる（図 9-7）．

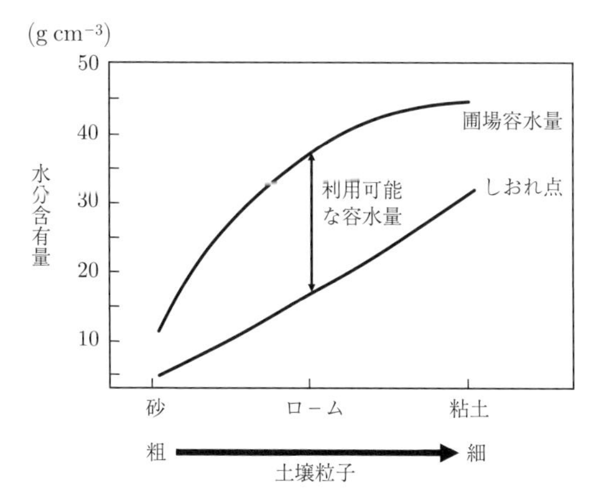

図 9-7　砂，ローム土，粘土の圃場容水量としおれ点

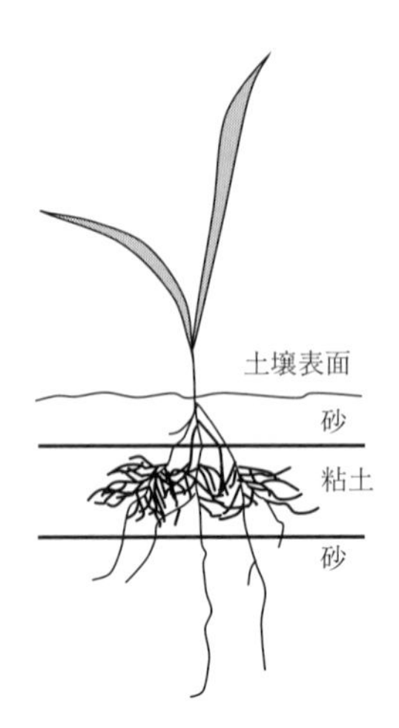

図 9-8　粒子サイズの異なる土壌が層になっている根圏における根の密度

土壌水に溶けた栄養塩は，プラスに帯電したカチオン（Ca^{2+}，NH_4^+など）やマイナスに帯電したアニオン（NO_3^-，SO_4^{2-}，PO_3^{4-}など）のイオンとなっており，イオンはその電荷に応じて土壌粒子に結合している．土壌粒子のイオン吸着は，土壌粒子の**イオン交換能** ion exchange capacity（土壌容積あたりの土壌粒子の帯電部位の数）によって異なり，プラスに帯電しアニオンを吸着する部位が少ない土壌では，NO_3^-やPO_3^{4-}が保持されにくく，これらのイオンは溶脱する．

土壌粒子が細かいほど表面積が大きく，水や栄養塩を保持する力が大きい．水や栄養塩の乏しい場所では，土壌中で細粒土壌が分布しているところに根の密度を高くする順化が認められる（図 9-8）．

特殊な土壌の形成

土壌は，気候条件や特別の環境条件によってさまざまな形態をとる．

石灰化 calcification：土壌中の水分が降水量以上に蒸発もしくは植物に吸収されると，土壌水に溶解していたアルカリ塩，特に炭酸カルシウムが地下水から土壌表面に移行する．

塩類集積 salinization：さらに乾燥した条件のもとでは，塩類が土壌表面に集積する．

ポドゾル化 podozolization：冷涼で多湿な気候帯の針葉樹林では，針葉由来の有機物の強い酸性の土壌溶液が，カチオンや鉄やアルミニウム化合物を溶脱して，灰白色の砂質のA層を形成する．

グライ化 gleization：降水量が多い気候のもと，排水が悪いと，有機物が分解されず土壌の上層に蓄積する．形成された有機酸が土壌のイオンと反応して土壌が黒～青灰色に着色する．

10 光合成と生産のための戦略

植物の光合成は，生態系に太陽放射のエネルギーを取り入れる機能を担っている．生産されたバイオマスの化学エネルギーは，生態系のすべての生物の生活を支える．光合成生産は，1枚の葉から植生まで，異なる生物学的階層でとらえられる．これに関する個体の戦略も，生理的なものから形態形成まで多様である．

10-1　光合成と呼吸と一次生産

光合成では，太陽の光エネルギーは，クロロフィルなどの色素に吸収され，**光化学系** photosystem によって **ATP** と **NADPH** の**化学エネルギー** chemical energy と**還元力** reducing power に変換され，代謝系が駆動されて有機物が生産される．

水中では，植物プランクトン，陸上では地衣類，コケ，維管束植物などが生産者となる．それに対して呼吸は，あらゆる生物細胞で営まれる代謝であり，有機物の化学エネルギーが ATP の化学エネルギーや還元力となり，生物の活動にエネルギーを提供する．

光合成では，二酸化炭素，水，硝酸塩，アンモニウム塩，リン酸塩などの無機化合物から，炭水化物，脂質，タンパク質，核酸など，生体高分子の**構成成分** building block であるアミノ酸，糖，ヌクレオチドなどが合成される．光合成の代謝を担う光化学系や酵素・補酵素などからなる代謝経路を含む光合成装置自体も光合成によって生み出される．

光合成生産物 photosynthetic product および**呼吸基質** respiratory substance を糖・炭水化物として，光合成および呼吸を概括して反応式で表すと図 10-1 のようになる．

陸上植物の葉の光合成は，おもに葉肉細胞の中の葉緑体が担う．植物や多くの動物の好気呼吸を担うのはミトコンドリアである．ミトコンドリアと葉緑体

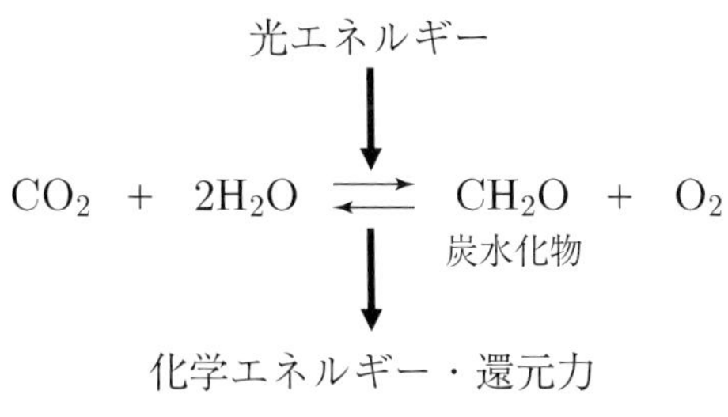

図 10-1　光合成と呼吸
光合成反応を→，呼吸を←で示す．

は，独立生活を営む原核生物が，真核生物の進化の過程で細胞内に共生して細胞内器官となったものである．すなわち，**太古の生物間相互作用**が，細胞内のみならず現代の生態系における**エネルギー変換** energy conversion においても重要な役割を果たしているといえる．

生態系のレベルでは，**独立栄養生物** autotroph が生産者の役割を担い，光合成，もしくは化学合成で有機物としての**バイオマス** biomass（生物量ともいい，一般的には乾重量で表す）を生産する．このバイオマス生産の過程を生態系における**物質生産**，あるいは**一次生産** primary production という．消費者，分解者は**従属栄養生物** heterotroph として，それらを呼吸で分解することで生活に必要なエネルギーを得る．

光合成の代謝反応を担う下位階層のしくみ（葉緑体レベル）は，生態の異なる植物にも広く共通している．それに対して，光合成に必要とされる資源である光，水，二酸化炭素，および，窒素（N）・リン（P）などの栄養塩を獲得する戦略に関しては，それぞれの植物がおかれた環境へのさまざまな適応が認められる．その適応は，生理的，形態的，季節的，生態的なものなど，さまざまである．

光合成のための主要な資源である光，水，栄養塩の利用に関しては，特に多様な適応がみられる．

10-2　光合成における光利用

光合成色素の光吸収スペクトルに応じて，光合成に有効なのは 400〜700 nm の波長帯（光合成有効波長）の太陽光（短波放射），**光合成有効放射** photosynthetically active radiation：PAR である（図 10-2）．そのため，植物にとっての

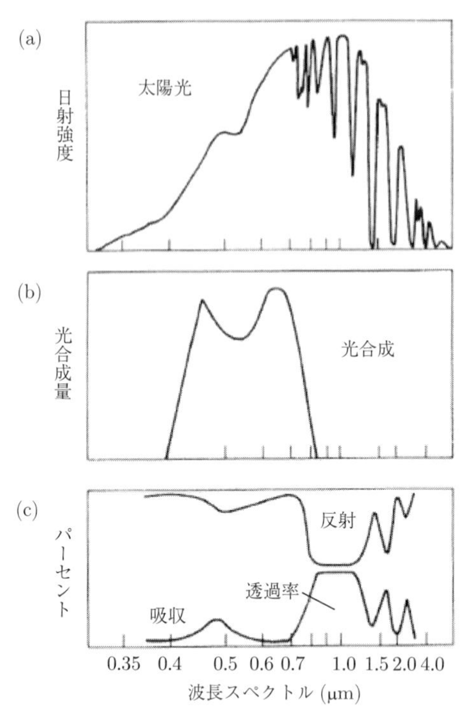

図 10-2　太陽光の波長スペクトル (a)，葉による光合成量 (b)，光の吸収と反射 (c) からみた光合成に有効な波長域

光環境（光合成における光利用の可能性，以下，光利用性）を把握するには，人間の目の感度に合わせた測度である照度は必ずしも最適ではない．その把握には，**光合成有効光量子束密度** photosynthetic photon flux density：PPFD を測定できる光量子センサーが用いられる．

光合成にとって光は重要な資源であり，光が十分利用できなければ光合成速度が低下する．しかし，晴れた日の昼間の強い光が直接葉にあたると，光合成装置に有害な作用（**強光阻害**）が生じる．強い光に適応・順化した葉（**陽葉**）は，柵状組織が発達して厚く，光合成色素を多く含む．それに対して，弱い光に適応・順化した葉（**陰葉**）は，葉面積に比して薄く光合成色素が少ない．

植物の枝振りや葉の配置は，効率よく光を受ける体制となっている．一方で，昼間に強すぎる光があたる開放地では，強すぎる光を避けるための葉やシュートの運動がみられることもある（5章）.

10-3　光合成と光呼吸のバランスに関する生理的戦略

光合成における**炭酸固定** carbonation を担う **RuBisCO**（ルビスコ）（**リブロース 2 リン酸カルボキシラーゼ・オキシゲナーゼ**）は，光呼吸のオキシゲナーゼ反応も触媒する．CO_2 を固定して糖をつくる**カルビン回路**は，炭素を化学的に還元する代謝回路であり，光呼吸は逆に炭素を酸化する代謝経路である．RuBisCO は，その両方の鍵となる酵素であり（図 10-3），両活性のバランスは，酸素分圧と二酸化炭素分圧の比によって決まる．空気中に現在では約 400 ppm の CO_2 が含まれている．CO_2 は気孔から葉内に取り入れられて光合成に使われる．光合成が盛んになり，葉の内部にまで空気中から十分に CO_2 が取り入れられなくなると（例えば，水分の喪失を抑制するために気孔が閉じられたときなど），CO_2 濃度の低下からオキシゲナーゼ活性にバランスが偏り，光合成よりも光呼吸が優勢となる．温度が高い場合も同様である．

熱帯地域や温暖な乾燥地域のイネ科植物などにみられる **C_4 植物** C_4 plant は，二酸化炭素分圧が低くても炭素固定を触媒できる **PEP カルボキシラーゼ** phosphoenolpyruvate calboxylase で CO_2 を固定してリンゴ酸などの C_4 有機酸を生産し，それを**維管束鞘** vascular bandle に輸送して CO_2 を発生させる．CO_2 濃度が RuBisCO のまわりで高くなるため，カルボキシラーゼ活性を高く維持できる（図 10-4）．高温で乾燥した条件のもとでも高い光合成速度を維持できるのは，このような CO_2 濃縮機構が働くからである．

乾燥地域では，水を失わないよう，気温の高い昼間は気孔を閉じて気温の下がる夜にだけ気孔を開く多肉植物がみられる．それら **CAM 植物** crassulacean acid metabolism plant の炭酸固定のシステムは，C_4 植物と基本的に同じであり，夜に気孔を開いて二酸化炭素を PEP カルボキシラーゼで C_4 有機酸に合成して

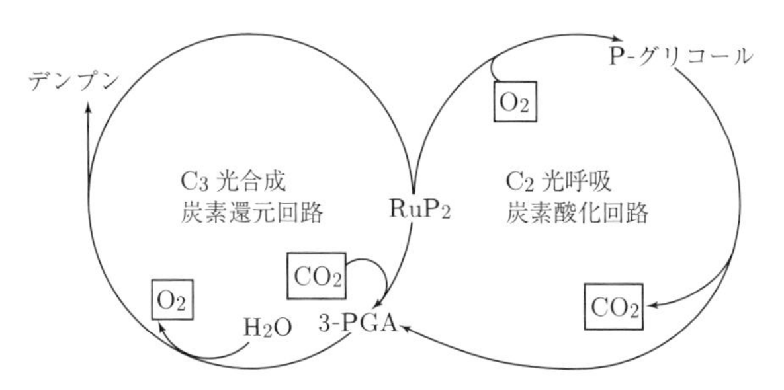

図 10-3　RuBisCO がつなぐ光合成と光呼吸の代謝回路

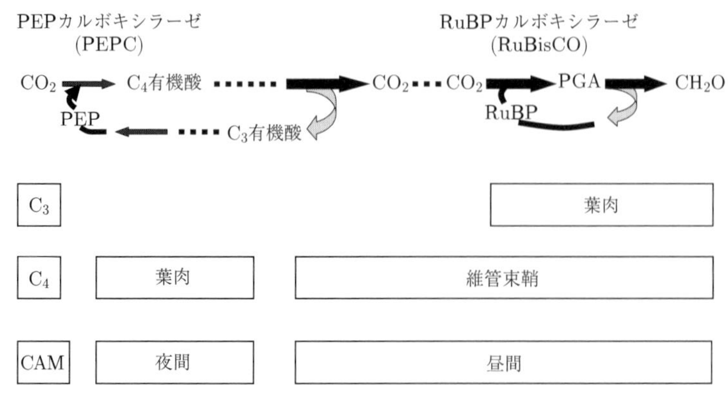

図 10-4　C_3 植物，C_4 植物，CAM 植物の炭酸固定系の空間的時間的な機能分化

液胞にためておき，昼間，脱炭酸させて葉内の二酸化炭素濃度を高く維持し，RuBisCO のカルボキシラーゼ活性を促進して光合成を行う（図 10-4）.

このような二酸化炭素濃縮のしくみをもたない温帯や寒帯の植物は，最初の RuBisCO による炭酸固定で C_3 有機酸である**ホスホグリセリン酸** phosphoglyceric acid：PGA が生じることから **C_3 植物** C_3 plant という.

10-4　光合成能力の生態的特性

図 10-6 には，多様な光環境のもとで生育する生態的な特性の異なる植物の光に対する光合成速度の反応，光－光合成曲線を示す．１枚の葉の**光合成能力** photosynthetic capacity，すなわち光飽和した条件のもとでの光合成速度には，種や生育環境，植物体における葉の位置などにより大きな違いがみられる.

光合成能力には，植物の種や生態の異なる種群の間で大きな差異がある．C_4 植物は C_3 植物よりも大きく，また傾向として，木本植物よりは草本植物で，陰地植物（遷移の後期に出現する植物や林床植物など）よりは陽地植物（遷移の先駆植物など）で，大きな光合成能力が認められる.

レイヒらは，多数の文献データをもとに，葉の寿命と生産性にかかわる諸特性との関係に関する分析を行った．葉の寿命と純光合成速度，窒素濃度，比葉面積，生育場所の資源利用性などとの間には，明瞭で有意な関係が認められた．資源が豊かな生産性の高い立地で光合成を盛んに行う植物の葉は，窒素分が多く，薄くて寿命が短い（図 10-6）．それに対して，生産性の低いストレス環境

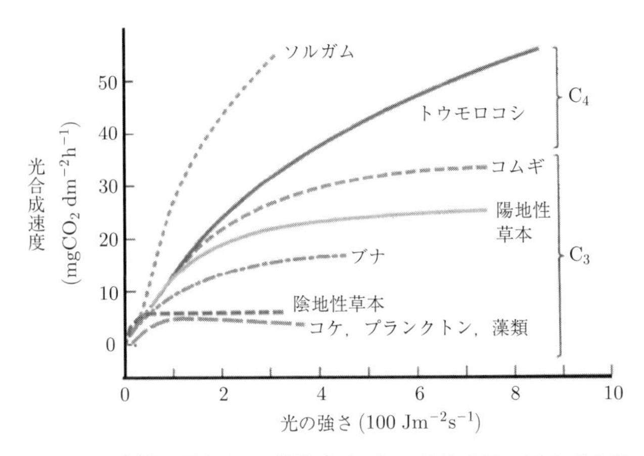

図 10-5　生態の異なる C_3 植物および C_4 植物の光－光合成曲線
(Larcher 1980 より改変)

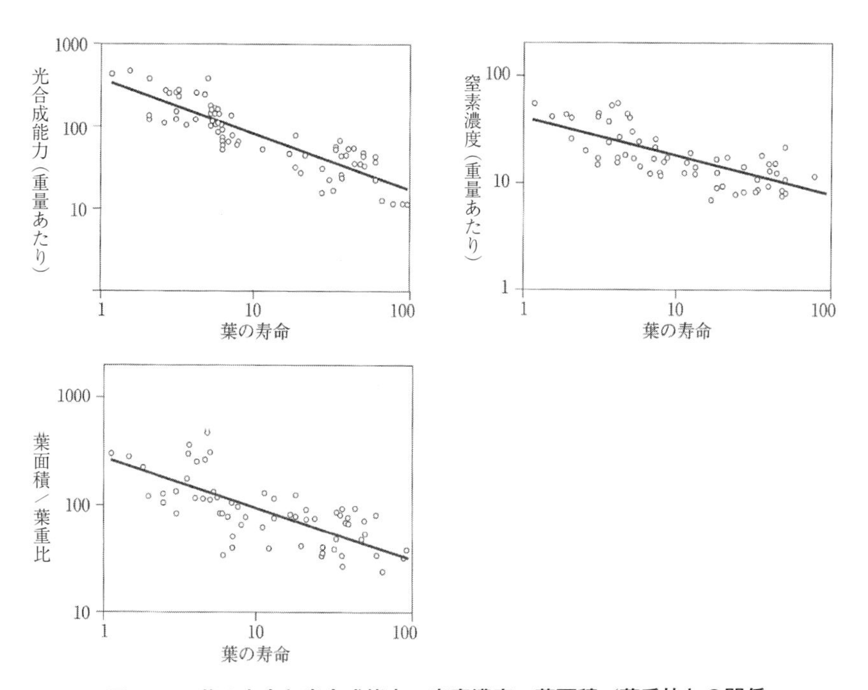

図 10-6　葉の寿命と光合成能力，窒素濃度，葉面積／葉重比との関係
(Reich ら 1997 より改変)

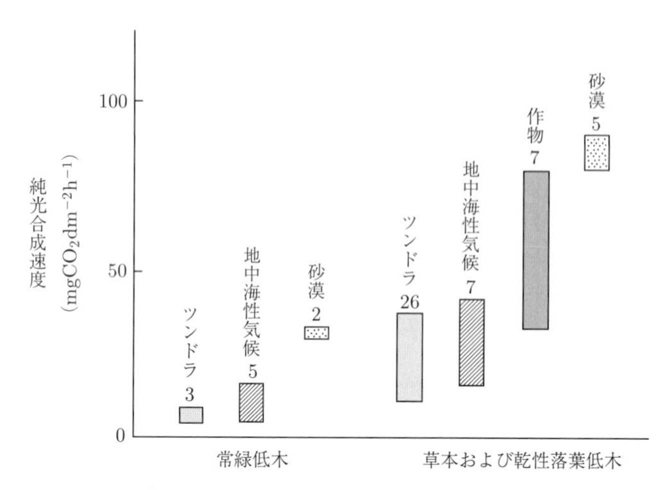

図 10-7　4 つのバイオームの生活型の異なる植物の陽葉の光合成能力の範囲
数字は種数 (Mooney & Gulmon 1982 より改変)

に生きる植物の葉は，窒素分が少なく，純光合成速度が小さく，厚くて寿命が長いという相関である．これは，コストとベネフィットに関する理論的な推測 (4 章) にもよく合う．

これら相互の相関は，RuBisCO が葉のタンパク質含量のうちの高い比率を占めていることなど，窒素含量が光合成に関与する酵素系や光合成装置の大きさを反映していることで説明できる．光合成能力が大きいと光合成装置の維持に大きなコスト (呼吸速度など) を要することから，生産性の高い環境以外では不利になる．ストレスの大きい環境では光合成能力をむしろ低く保つ戦略が一般的である (図 10-7)．

10-5　水・栄養塩の吸収と運搬・保持

生物の体は大部分が水でできている．植物が約 4 億年前に水中から陸上に生活の場を広げるにあたって，水分を保つための戦略は最も重要であったと考えられる．陸上では，水は空間的時間的な変動が極めて大きい資源だからである．植物は，その生理活性を維持するために，水を保つさまざまな形質を進化させた．例えば，蒸発を防ぐクチクラ層，蒸散をコントロールする気孔，リグニンを含む細胞壁や導管，葉で合成された有機物を反対方向に運ぶ篩管(しかん)とともに構成された維管束などである．

水は，根で吸収されて葉に送られる．水や栄養塩を吸収する根の吸収表面の広がり方には，種の生態や生育環境によって極めて大きな違いが認められる．例えば，水が不足しがちな乾燥地域では，ネズミムギのように大きく広がった根系をもつ（図 10-8）．

根の吸収表面は根毛によって拡張されているが，それでも十分とはいえず，菌類と共生して菌根をつくって吸収表面を広げている（7 章コラム参照）．

水は，葉における光合成の材料として使われるだけでない．根から葉へ重力に逆らって栄養塩などを運搬するには，根毛から導管や仮導管を介して，葉の気孔まで連続する水の流れである**蒸散流** transpiration stream を維持するために大量の水が必要である．一般には，光合成に使われる水の量よりも，気孔から蒸散される水の量の方が桁違いに多い．

蒸散量の調節は気孔の開閉によって行われる．気孔は同時に二酸化炭素を取り入れる機能も担っている．そのため，植物体から蒸散で水が失われるのを避けようとすると二酸化炭素の取り入れが制限され，葉内の二酸化炭素濃度が低くなる．二酸化炭素濃度が低いと炭素固定よりも光呼吸が勝るようになる．C_4 植物と CAM 植物にみられる二酸化炭素濃縮機構は，このジレンマの解消法である．光合成で固定される二酸化炭素のモル数と蒸散で使われる水のモル数の

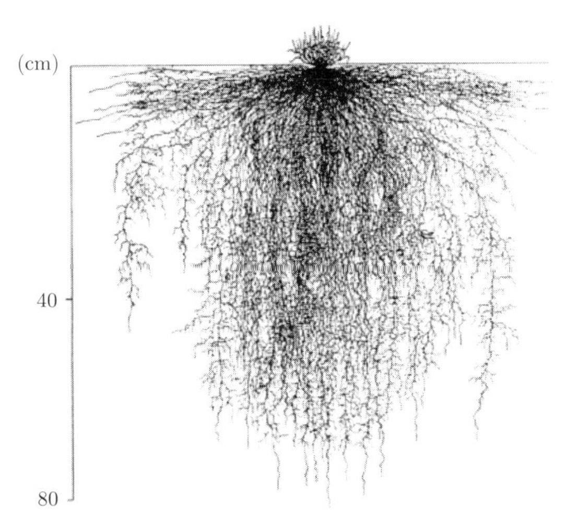

図 10-8　乾燥地域のネズミムギの根の広がり方

比を**水利用効率** water use efficiency とよぶが，C_3 植物に比べて C_4 植物の利用効率は高い．CAM 植物はいっそう効率がよく，乾燥地域での生育に適応している．

光合成も呼吸も温度に依存し，温度上昇に応じて，最適な温度域までは速度が上昇し，それ以上の温度では低下する．一般に，光合成の最適温度は呼吸の最適温度よりも低いため，光合成に最適な温度よりも高い温度のもとでは，光呼吸や暗呼吸の増大による生産の低下が顕著となる．

貧栄養土壌の植生の地下部

植物は，その環境のもとで光合成を制限している資源の獲得を向上させるようにバイオマスの分配を行う．栄養塩が制限要因になっていれば，地上部よりも地下部への投資が多くなる．花崗岩地帯など貧栄養な土壌に自然に発達する森林は，貧栄養な条件を反映して樹木の地上部の発達は貧弱であるが，地下部へのバイオマスの配分はむしろ肥沃で湿潤な環境のもとで大きな地上部をもっている森林に比して大きい．しかも，競争排除が起こりにくいため多様な樹種がみられ，根を張る土壌層の深さにも種の違いによる多様性がある．単一な樹種のみからなる地上部の見栄えのよい森林に比べて，地上部の貧弱な森林の方が土壌や水分の保持力が大きいことが期待できる．

11 植物の繁殖戦略

植物の開花から種子の発芽までの生活史ステージには，自ら動くことのできない植物が相性のよい配偶相手を得て種子を結び，その時空間分散を経て，生存・成長に適した場所に子孫を芽生えさせることを終局要因とする，多様な戦略がみられる．そのプロセスにおいては，動物との共生的な生物間相互作用が重要な役割を果たす．

11-1 花の戦略

顕花植物は，花を咲かせることを顕著な特性とする．ランや高山植物など，育種（人為選択）でつくりだされた園芸植物の花にも引けをとらない目立つ花がある一方で，針葉樹などの裸子植物の花は地味で目立たない．葉に由来する花弁や花冠を発達させた被子植物の花は，色，形，咲き方などの多様性が大きい．このような多様性の多くは，送粉者（ポリネータ）との生物間相互作用（植物にとっては送粉）に関する戦略として説明できる（4章）．

花のおもな役割である送粉は，**雄しべ**（雄蘂(ゆうずい)）の葯(やく)から出た花粉が**雌しべ**（雌蘂(しずい)）の柱頭にまで運ばれて受粉する過程であり，受粉した花粉からは花粉管が伸びて胚珠と接合して精核の受精に至る，有性生殖のための重要なプロセスである．他の花との間での送粉には，花粉の運搬を担う媒体が必要である（図11-1）．

風や水のような物理的媒体によって花粉が運ばれる風媒花・水媒花には，その物理的特性に合わせた花や花序（花の集まり）の構造がみられる．風媒花は，風に乗りやすい微小な花粉を大量に生産する．例えば，人工林の代表的な樹種であるスギは，風媒花をつけ大量の花粉を生産する．風で遠くまで花粉が飛ぶことに加え，スギの人工林が国土面積に占める割合が大きいことが災いして，スギ花粉アレルギーは今や日本人の国民病となっている．

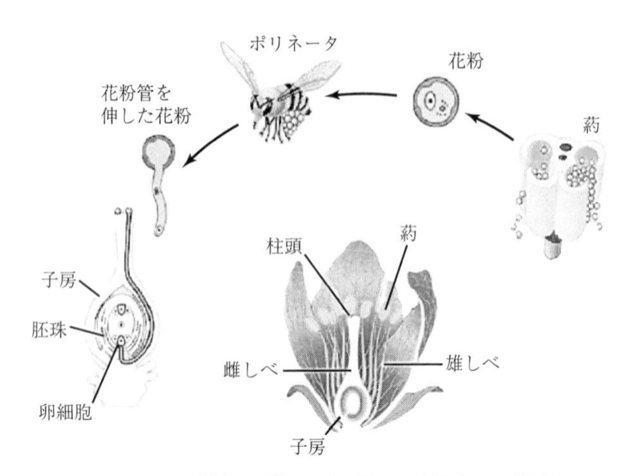

図 11-1　虫媒花の送粉から受粉・受精までの過程

11-2　ポリネータとの生物間相互作用

送粉を媒介する動物を**送粉者**，または**ポリネータ** pollinator という．日本では，ハチ，ハエ，アブ，チョウ，ガの仲間などの昆虫がおもなポリネータとなっている．熱帯地域では鳥類やコウモリなども重要なポリネータである．

ポリネータは餌などの資源（報酬）を得るために花を訪れる．花は，蜜などの報酬以外にも，ポリネータを誘引するための色，香り，蜜標，など，さまざまな形質を進化させている．誘引されたポリネータは，花蜜や花粉を集めるうちに葯に触れて体に花粉を付着させ，他の花から体に付けて運んできた花粉を柱頭に受粉する．花の中の雄しべと雌しべの配置は，送粉を制御する重要な形質である．

ポリネータとなる動物のタイプに応じて，花には共通の形質の組合せ（シンドローム）が認められる（表 11-1）．しかし，雄性・雌性の繁殖器官が露出しているのか（ジェネラリスト），花の奥に隠されており特定のポリネータのみが接触しうるのか（スペシャリスト）は，花の送粉戦略を読み解くのに欠かせない基本的な視点である（7 章）．

11-3　植 物 の 性

有性生殖には，雌雄の配偶子の合体，すなわち受精が必要である．カタツムリなど一部の例外を除き，動物は雌雄が個体ごとに分かれていて，雄個体と雌

表 11-1 送粉シンドローム

送粉者	代表的な分類群	代表的な花の形	色	香り	報酬
甲虫	モクレン科 バラ科 キンポウゲ科	露出花	多様	果実臭	花粉
ハナアブ	セリ科 キク科 ウコギ科	露出花	多様 白・黄	多様	花粉 濃い花蜜
ハエ	ウマノスズクサ科 サトイモ科 ラフレシア科	罠状花	紫褐色	腐臭 キノコ臭	なし （組織）
ハナバチ	シソ科 ゴマノハグサ科 マメ科	唇状花 筒状花	多様	多様	花粉 濃い花蜜
ガ	ツレサギソウ属 マツヨイグサ属	細い 筒状花	白 淡色	甘い香り	薄い花蜜
チョウ	ツツジ類，ユリ科	筒状花	黄 紅紫色	甘い香り	やや薄い 花蜜
鳥	ゴクラクチョウカ科 ツバキ科	深く太い 筒状花	鮮紅色	なし	薄い花蜜 （多量）
コウモリ	バショウ科	ブラシ状花 ／椀状花	白，緑 黒紫	強い 発酵臭	薄い花蜜 （多量）

個体の配偶によって有性生殖が行われる．それに対して，多くの植物は，個体が両性具有（雄でもあり雌でもある）であり，自分自身（同じジェネット）の花粉を雌しべの柱頭で受粉（自家受粉）して受精することもある．このような受精を許す生理的性質が**自家和合性** self compatibility であり，自身を配偶相手とする有性生殖は**自殖** self breeding とよばれる．それに対して，自家受粉では結実しない生理的性質が**自家不和合性** self incompatibility である．自殖は強い**近親交配** inbreeding であり，子孫が胚の段階で死亡したり，生まれても虚弱であるなど，**近交弱勢** inbreeding depression により適応度が低下することが

図 11-2 雌雄同株のクリの花 (a)，雄性先熟のヤナギランの花 (b)
(a) 細長く先端に多くの葯が飛び出しているのが雄花，手前の太く短いのが雌花の柱頭．(b) 花序の下から上に向かって咲いていく．中央にみえる花は雌しべが成熟して柱頭が開いているが，雄しべの葯はすでに花粉の放出を終えている．

ある (19 章)．また，子孫の遺伝的な多様性を確保するためにも，他個体との配偶による**他殖** outbreeding を促すさまざまな戦略が進化している．送粉戦略も多くは他殖への選択圧によって進化したと考えられる．また，自家不和合性は，自殖を避けて他殖を促すための生理的な適応である．

一方で，固着性の植物には，同種の他個体が近隣に存在しないリスクがある．そのため，積極的に自殖することへの選択圧も存在する．その 1 つが自家受粉しやすい両性花をつけることである．サクラの花のように，雌しべと雄しべの両方をもつ両性花は，被子植物の花の 9 割ほどを占めているとの推算もある．

雄しべを退化させた雌花や雌しべを退化させた雄花など，**単性花**をつける植物のうち，シラカンバやクリ (図 11-2 (a))，スゲ類など，個体 (株) が雌花と雄花の両方を着けるものを**雌雄同株**という．アオキなど，動物のように個体が雌花か雄花のどちらかだけを咲かせる**雌雄異株**も低木などにまれにみられる．それ以外に，個体が両性花と単性花をつけるものもあり，花には極めて多様な性表現がある (図 11-3)．また，有性生殖をせずにクローンの種子をつくるセイヨウタンポポのような無性の花もある．

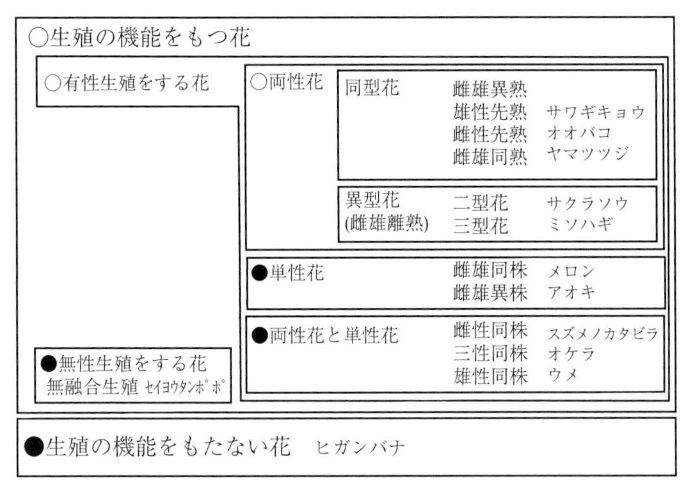

図 11-3　花の性表現の多様性
植物名は例示

両性花にも，他殖を促すしくみとして，雌雄の機能を時間的に分離する**異熟性**や空間的に分離する**離熟性**がある．雄しべと雌しべの成熟時期をずらす**雌雄異熟**には，キキョウやヤナギラン（図 11-2 (b)）のように，雄しべが先に成熟し，雌しべが後から成熟する**雄性先熟**，ホオノキやオオバコのように雌しべが雄しべよりも先に成熟する**雌性先熟**がみられる．サトイモ科テンナンショウ属の植物のように，成長に伴い個体が無性→雄→両性→雌というように性転換する植物もみられる．

両性花の中には積極的に自殖する自動自家受粉のしくみをもつものもある．また，ツリフネソウやスミレのように花を開かず，つぼみの中で自家受粉する**閉鎖花**をつけるものもある．その場合，花粉が雌しべに確実に受粉するので，生産される花粉は少なくてすむ．それに対して，雌雄異株などの絶対的他殖植物では大量の花粉が生産される．花粉と胚珠の生産比率 P/O 比は，閉鎖花では5程度であるのに対して，他殖をもっぱらにする絶対的他殖植物では6000にものぼる．この桁違いの数字は，他殖がいかにコストがかかるものであるかを示しているが，裏を返せば，近交弱勢の回避が健全な子孫の確保にとっていかに重要であるかを示しているともいえる．

異型花柱性

サクラソウなどにみられる異型花柱性は，相互に雄しべと雌しべの位置が対応する離熟性の多型と生理的な同型不和合性を合わせもつ他殖を促す戦略の1つである．花のタイプが2つあるサクラソウやソバなどの二型花柱性とミソハギなど3タイプの花がある三型花柱性が知られている．二型花柱性のサクラソウには，長い花筒の上端付近まで花柱（雌しべ）が伸び，雄しべの葯（やく）は花筒の中程にある長花柱花，およびそれとはちょうど逆の位置に柱頭と葯をもつ短花柱花が認められる．長花柱花の柱頭と短花柱花の葯，長花柱花の葯と短花柱花の柱頭の高さは一致しており，有効なポリネータのトラマルハナバチの女王バチが花を訪れると，口吻に付着した花粉の同じ高さの和合性のある葯から柱頭への送粉が起こりやすい（図11-4）．

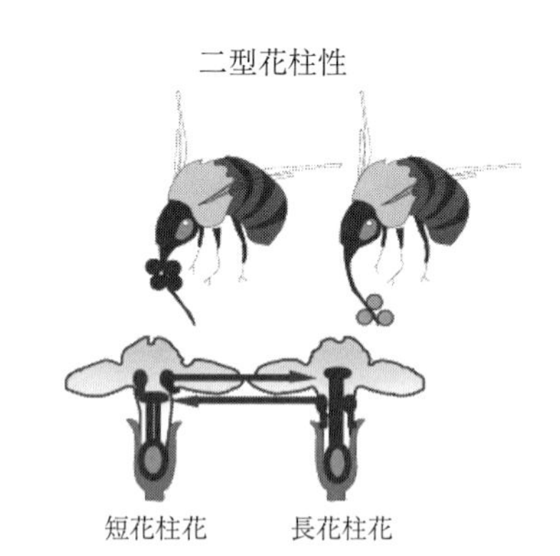

図 11-4　サクラソウの異型花柱性
同じ高さの葯から柱頭へ花粉が受粉されると結実する．マルハナバチの口吻へのつき分けによって，和合性のある送粉が促進される．

11-4　種子の分散

種子期は，受動的にせよ植物が個体として動くことのできる唯一の時期である．種子を分散させることを**種子散布** seed dispersal ともいう．**種子分散**の終局要因は，① 親から離れること，② 広く分散すること，③ セーフサイト（芽生えの生存に適した場所）に到達することにより，芽生え（次世代）が死亡リスクの高い時期を乗り切り，健やかに成長できるようにすることである．

親植物体のまわりには，その植物特有の病害生物や天敵の密度が高い．その

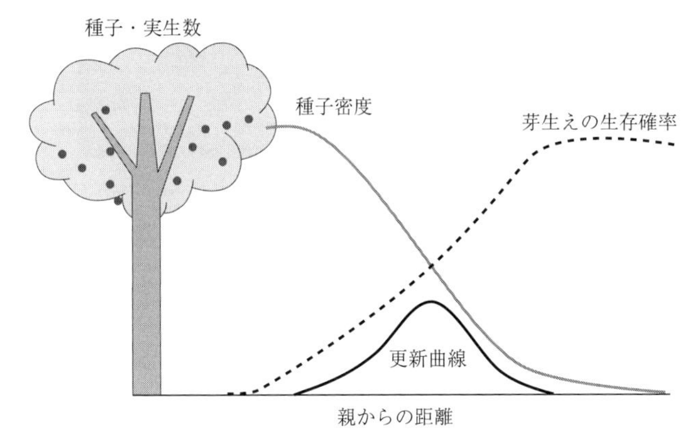

図 11-5　樹木の種子分散曲線と更新サイト
種子密度と芽生えの生存確率の積によって更新の可能性のある場所（更新サイト）を評価できる.

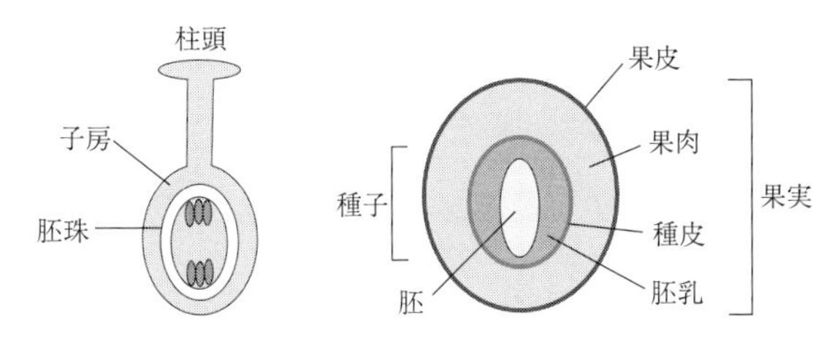

図 11-6　花における子房と胚珠（左）および種子と果実（右）の解剖学的構造
胚珠が種子に発達する.

ため，一般に，親から離れることは，芽生えの生存を保障するうえで重要性が高い（図 11-5）．種子が親の下に集中して分散されることを回避するために，分散距離を大きくする戦略がさまざまな種子分散のための適応であるといえる．

種子の分散には，おもに種子のまわりの果実（図 11-6）の構造や付属体が重要な役割を果たす．

風で少しでも遠くに飛ぶためには，① 空気抵抗を大きくして重力による落下時間を長くすること，② より高いところから風に乗ること，③ 強い風が吹いたときのみ親植物から離れること，などが戦略となる．タンポポ類やカエデ類などのように，風で運ばれる種子には空気抵抗を大きくするための綿毛や翼が発達している（図 11-7）．タンポポやオキナグサなどは，花が咲いた後に花

ヤナギタンポポ

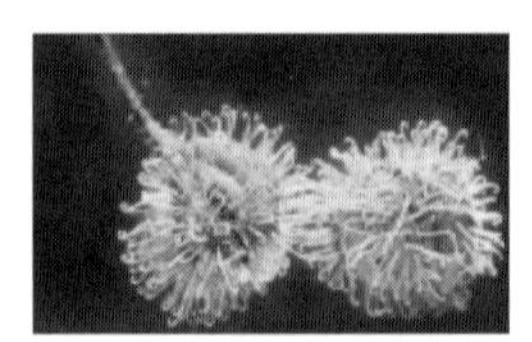

ミズタマソウ

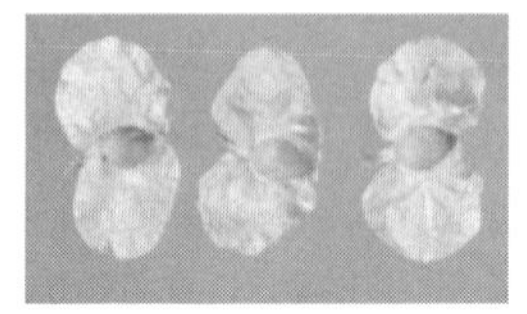

ウダイカンバ

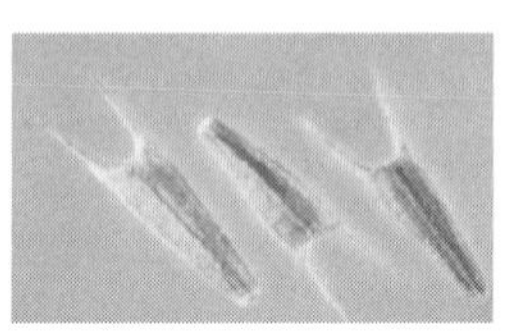

アメリカセンダングサ

図 11-7　風分散型種子（左），付着型動物分散種子（右）

表 11-2　種子分散のシンドローム

区分		特徴	代表的な種
風分散型種子		種子に冠毛がある	タンポポ，ヤナギ，ヤナギラン
		種子に翼がある	ハルニレ，シラカンバ，イタドリ
		花序または果実に翼がある	アオギリ，シナノキ
動物分散型種子	被食分散型	果実が液果（漿果）	ムラサキシキブ，ガマズミ，モミジイチゴ
	付着分散型	果実･種子に鉤針などがある	アメリカセンダングサ，オオオナモミ
		果実･種子に粘着物質がある	チヂミザサ，ヤドリギ
	貯食分散型	でんぷんや脂肪に富む貯蔵物がある（堅果）	ブナ，コナラ，アラカシ
機械的分散型種子		果実が成熟後に裂開する	スミレ，ムラサキケマン，ツリフネソウ
アリ分散型種子		2次的な分散	カタクリ，スミレ，タケニグサ

茎を長く伸ばし，熟した痩果（そうか）はより高い位置から飛ぶ．風分散種子を包む冠毛をもつ痩果は，強い風が吹くまでは親植物から離れない．

ドングリなどのナッツ類（堅果）は，ネズミやカケスのように貯食行動をする動物に分散を委ねる（表 11-2）．液果や漿果などフルーツ類は，鳥類や哺乳類などが食べて消化管に収まって種子が分散される．また，果実の表面に鉤針や粘着物質をもつような種子は，動物の羽毛や体毛などに付着して分散される．

スミレ，ムラサキケマン，ツリフネソウなどの種子は，莢が乾いてねじれる力などで勢いよく飛ぶ．スミレの種子は，アリの餌となるエライオソームをつけており，自動分散された後にアリによって運ばれる（図 11-8）．アリは巣穴に種子を運び込み，エライオソームを餌とし，種子を巣の近くに廃棄する．分散距離は自動分散には及ばないが，森林の中でも明るいギャップにあるアリの巣の近くのセーフサイトへの分散が実現する．

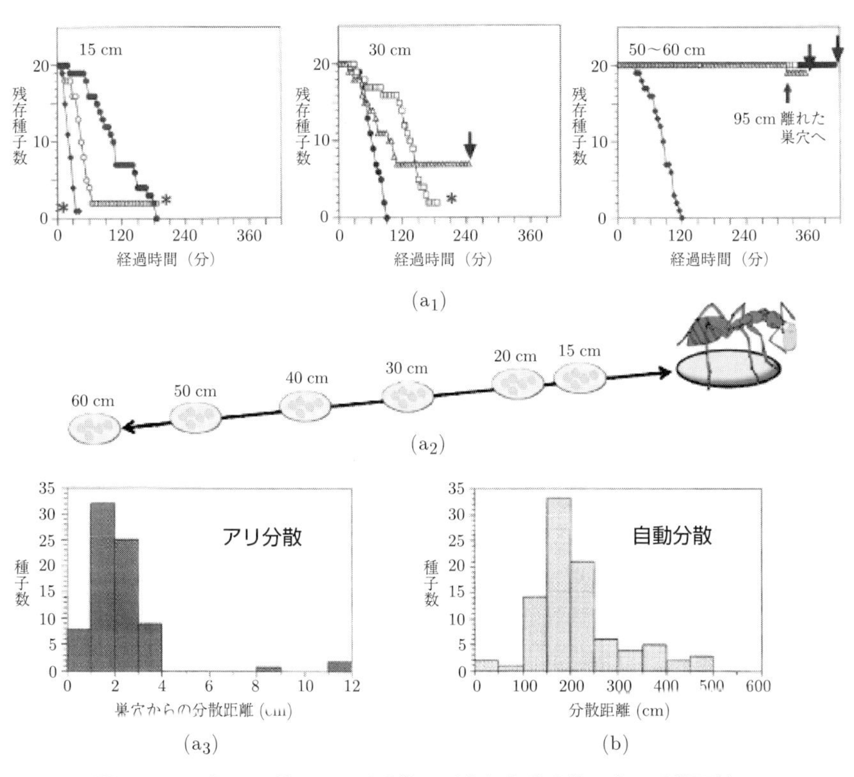

図 11-8　スミレの種子のアリ分散の測定と自動分散による分散距離

上の列のグラフ (a_1) はイラスト (a_2) のように，アリの巣から 15〜60 cm 離れた地点に種子を 20 個ずつ置いた後の残存種子（持ち去られなかった種子）の数の変化．(a_3) はアリの巣に一旦持ち込まれてエライオソームが外された後に種子が捨てられた地点の巣からの距離の頻度分布，(b) は自動分散した種子の分散距離の頻度分布（菅沼ら 1999 より改変）

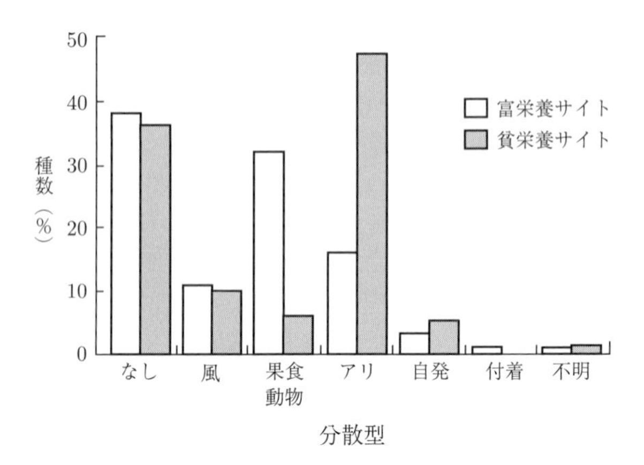

図 11-9　土壌栄養条件の異なる乾燥地域における種子の分散型構成
「なし」は特別な分散のしくみをもたないことを意味する．富栄養サイトと貧栄養サイトを比べると，前者では果実食動物による被食分散が，後者ではアリ分散が優勢（Howe & Westley 1988 より改変）

乾燥地域の植物では，アリ分散の比率が高い（図 11-9）．栄養の乏しい土壌の広がる土地においては，アリのゴミ溜めという多少なりとも栄養豊富なセーフサイトへの分散の戦略として解釈されるものもある．

イチョウの種子分散を担う動物

イチョウは，中生代に繁栄していた古い植物グループの末裔で，現在残されているのはイチョウ 1 種のみである．果実，すなわち銀杏は雌株（イチョウは雌雄異株）の下に落ちて独特の異臭を放つ．イチョウは園芸植物として多く植えられているが原産地が不明であり，本来どのような動物が分散を担っていたのかはよくわからない．しかし，日本では，「溜め糞」の中で銀杏が見つかるなど，タヌキによる分散が観察される．

アメリカ大陸には，メガフルーツフロラとよばれる大きな果実をつける樹木類がみられるが，その果実を食べて種子分散者となる動物が現在では見つからない．マストドンなどの超大型哺乳類（メガファウナ）の絶滅（15 章）によって，種子分散者が失われたものと解釈されている．このように，過去の生物間相互作用によって進化したと解釈できる性質を残している果実もみられる．

11-5　休眠・発芽特性

種子の発芽に適した環境のもとでも発芽しない種子を**休眠種子** dormant seed という．休眠種子は，**休眠** dormancy を解除する環境条件（環境シグナル）を経験することで休眠が解除されると発芽できる状態になる．その生理的なメカニズムは，芽生えの生育に適した場所と時期を選んで発芽するための戦略であるといえる．

温暖多湿の日本では，植物の生育が盛んで，たとえ**ギャップ** gap（植生の隙間）が形成されてもすぐに植物で覆われる．そのため，光環境の良好なギャップを生育適地とする植物が成長できる機会は一時的に生じるのみである．植生が発達している間は休眠を続け，ギャップができたときに発芽するような生理的な性質をもつことは，ギャップ依存植物の戦略として重要である．土壌中や土壌表面には生きた休眠種子が大量に蓄えられており，**土壌シードバンク** soil seed bank（埋土種子集団）とよばれる．

日本では森林が攪乱されてできたギャップでは，ヌルデ，アカメガシワなどの**先駆樹種** pioneer tree や陽地性の多くの植物の種子がいち早く発芽する．種子は，ギャップが形成されたことを検知する「ギャップ検出機構」ともいうべき生理的機構をもっている．ギャップが形成されると地表面の温度環境が変化する．晴天日の昼間には50℃を越える高温になることがある．山火事跡によくみられるハギ類，クズ，ヌルデ，ツユクサ，ヒヨドリジョウゴ，ノブドウなどの種子は，高温にさらされると休眠が解除されて発芽する生理特性をもっている．山火事や草原の火入れ（野焼き，山焼き）の際に発生する熱も，これらの種子の発芽を誘起する．サクラソウ，シロザ，ワルナスビ，ドクゼリ，ネナシカズラなどは，裸地特有の地表面温度の日較差が休眠解除のシグナルとなる．これもギャップ検出の生理的メカニズムである．

温帯地域の植物にとっては，発芽の季節を選ぶための生理的な休眠発芽特性「季節選択機構」も重要である．

種子発芽に関する生理的な特性を実験室で調べることにより，ギャップ検出機構や季節選択機構などの種子の戦略を明らかにすることができる．

日本では多くの植物の種子が春に発芽する．種子は，冬の低温で休眠が解除される性質をもっており，0℃近くの温度で低温処理（冷湿処理）をすると発芽しやすくなる．また，秋に発芽する植物は夏の高温を経験することで休眠が解除される．

発芽は，乾燥を含む環境ストレスに強い種子から，植物の生活史の中でストレスに最も脆弱な芽生えへの移行プロセスである．そのため，その戦略には強い選択圧がかかっており，同じ種の中でも異なる戦略をもつエコタイプが進化しやすい．一年草の雑草ヤエムグラにおいては，冬に野焼きされる草原には春発芽タイプ，隣接する冬の間の攪乱のない草原には秋発芽タイプの異なるエコタイプがみられる例も知られている．

12 食物網と生態系の物質循環

生物群集には，生物間相互作用で結ばれた複雑なネットワークが張り巡らされている．とりわけ，食べる－食べられるの関係で結ばれた種のネットワークである食物網は，生態系の中でのエネルギーの流れや物質循環，すなわち炭素，窒素，リンなどの元素の循環など，生態系機能を担う生物群集の特性として重要である．

12-1　食物連鎖と栄養段階

生物群集は多くの生物種から構成されており，生物間相互作用によって種と種が関係している．その中の**食べる－食べられるの関係**は，餌生物の体をつくっていた物質が消費者（捕食者）に取り込まれることで，エネルギーや物質の受け渡しがされるという意味で，生物群集，生態系における重要な関係である．食べる－食べられるの関係をたどってみると，特徴的な構造が浮かび上がってくる．例えば，湖や池の生物群集では，植物プランクトンが光合成により有機物を生産し，動物プランクトンが植物プランクトンを餌として食べ，小さい魚が動物プランクトンを食べ，大きな魚が小さい魚を食べるという関係がつながっている．陸上の草地生態系では，草本植物が有機物を生産し，植食性の昆虫が草を食べ，肉食性のクモや鳥が植食性の昆虫を食べる．

このように，鎖，もしくは，はしごにたとえられる直線的な構造を**食物連鎖** food chain という．また，同じ餌を食べ同じ消費者に食べられる生物種の集まりを**栄養段階** trophic level という．すなわち，栄養段階が何段階もはしご状につながっている構造が食物連鎖である（図 12-1）．

食物連鎖を構成する具体的な生物は，それぞれの生態系によって異なるが，それぞれの栄養段階は生態系におけるエネルギーの流れや物質循環に関して同じ働きをもっているといえる．食物連鎖を支える最下部には光合成で有機物を生産する植物や藻類が位置し**生産者** producer という．生産者の栄養段階の上

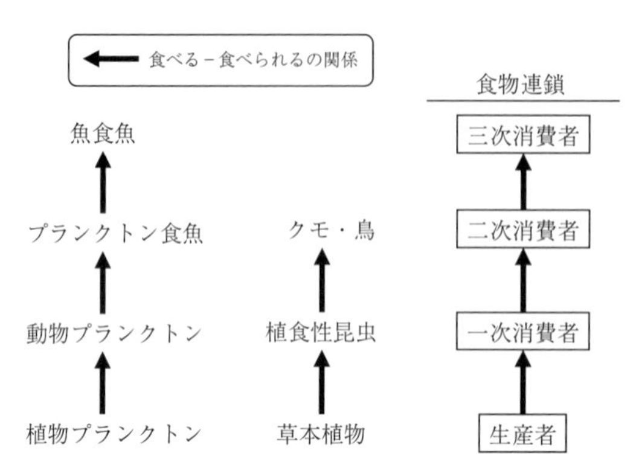

図 12-1　栄養段階（右）が連なっている食物連鎖

には**消費者** consumer の栄養段階があり，上に行くに従って，**一次消費者** first consumer，**二次消費者** second consumer とよぶ．食物連鎖における栄養段階の数を**食物連鎖長** food chain length といい，食物連鎖長が長いほど，多くの栄養段階がその生物群集に存在することを意味する．

12-2　食 物 網

食物連鎖の構造は，栄養段階が連なった単純なものである．しかし，実際の生物群集において，食べる－食べられるの関係を詳しくみてみると，ある生物は何種類もの餌を食べたり，何種類もの高次消費者の餌となることで，複雑な構造をつくっていることがわかる．この網のような構造を**食物網** food web という（図 12-2）．食物網を図に表すには，ある生物が別の生物を食べるときに，その 2 種間を線で結ぶ．ある 1 種類の生物は，一般に多くの異なる生物を餌とし，また，多くの異なる生物によって食べられる．このような，食べる－食べられるの関係を点と線で描くと，非常に複雑なネットワーク構造となる（図 12-3）．

12-3　食物網解析

図 12-2，図 12-3 のような複雑な食物網を描くには，ある生物群集に属する代表的な多くの種について，その種が他のどの種によって食べられ，また，その種が他のどの種を餌としているかを詳細に調べる膨大な調査が必要となる．食べる－食べられるの関係の調べ方は，従来は，食べる行動の観察や，消化管

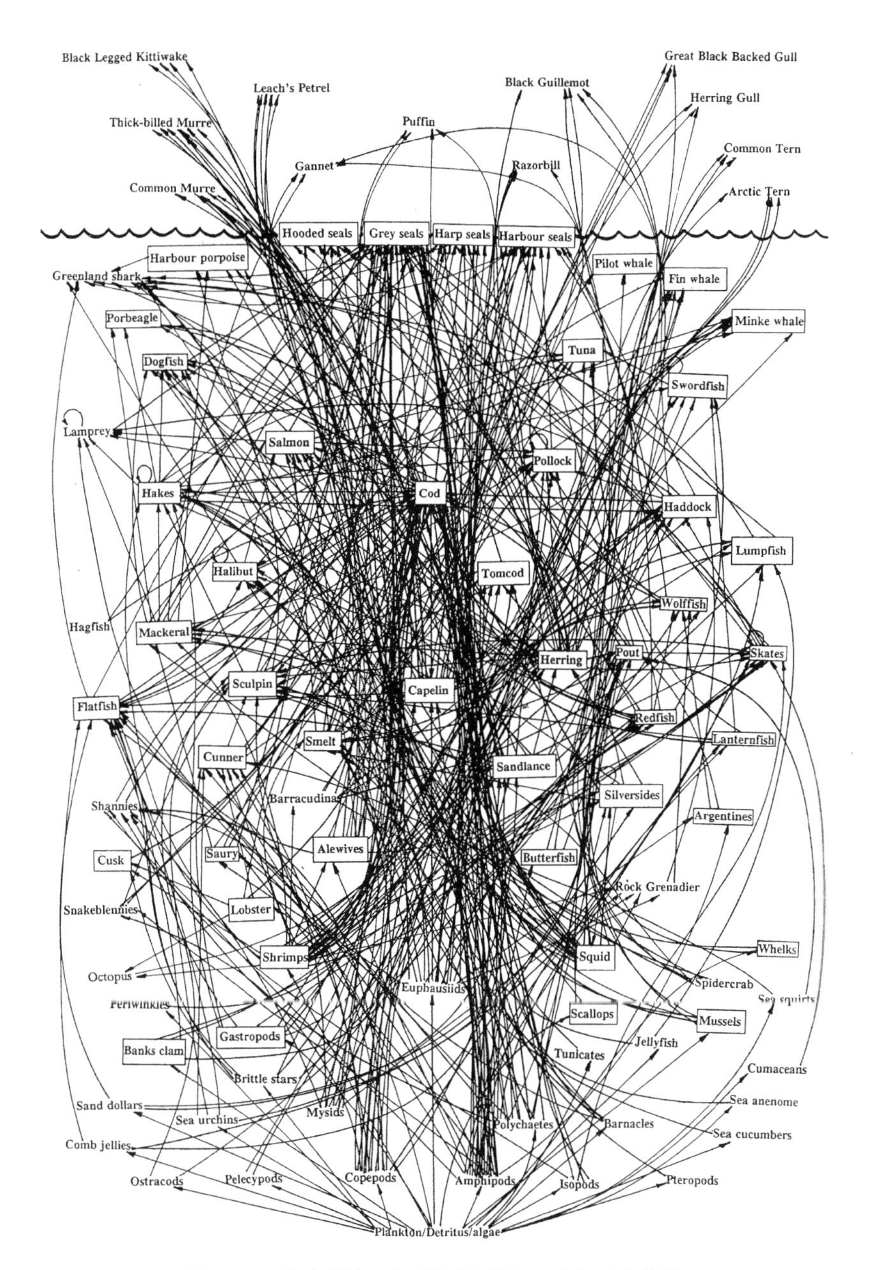

図 12-2 カナダ沖の大西洋北西部にみられる食物網
(Lavigne 1996 より改変)

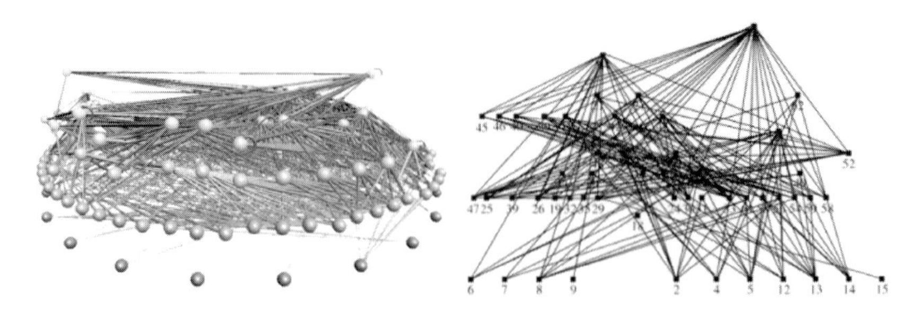

図 12-3　アメリカ・リトルロック湖（左）とベネズエラの河川（右）にみられる食物網（Yoon ら 2004, Winemiller 1990 より改変）

内容物や未消化排泄物からの餌の特定が一般的であった.

食物網は，ある生物群集における食べる－食べられるの関係の総体を表すが，量的な情報は含まない．一般に，ある生物は餌となる生物を均等に食べるのではなく，ある餌は特に多く食べるが別の餌はまれにしか食べないことが通常である．また，季節や一日の中の時間によって，生物が食べる餌が変化することもあり，調査時期によって，得られる食物網の図が異なるなどの問題もある．一方で，ある生物が食べた餌が実際にどの程度成長に使われたか，あるいは，特定の期間中にどの餌をよく食べたのかは，群集レベルで食べる－食べられるの関係を把握するうえで重要な点であるが，従来の食物網の解析ではその評価も難しい.

これらの問題を解決する手法として，炭素と窒素の**安定同位体** stable isotope を用いた食物網解析が開発され，現在では標準的な分析法になりつつある．炭素（原子番号 6）の原子の多くは質量数が 12 であるが，安定な同位体として質量数が 13 の炭素が少量存在する．窒素（原子番号 7）は，質量数が 14 の窒素原子がほとんどであるが，質量数が 15 の安定同位体が存在する．生物体の安定同位体の比率（^{12}C と ^{13}C，^{14}N と ^{15}N）を調べてみると，生物による大きな違いが認められる．ある生物とその餌の安定同位体の比率について，食べる者の安定同位体の比率が，餌の安定同位体の比率に依存するという法則が認められる．炭素でも窒素でも，食べる者の安定同位体の比率は，食べられる者の比率より重い方の元素（^{13}C と ^{15}N）がより多くなり，その傾向は窒素でより顕著である．生物が餌を食べて消化し，代謝や成長に有機物を利用する過程で，質量数が異なる原子の選別が起こるためである．このことを手がかりにして，生物

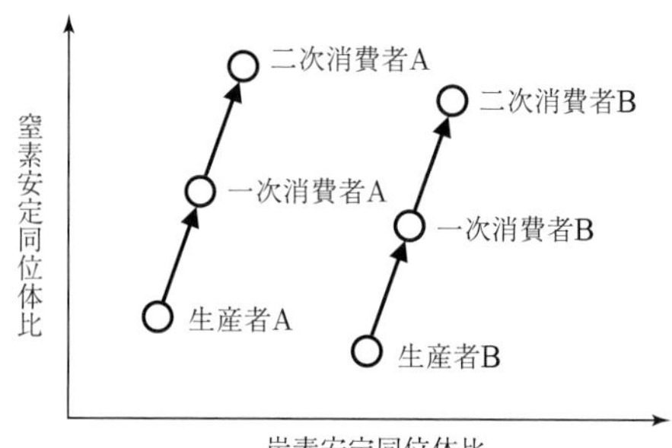

図 12-4　安定同位体を用いた食物網解析
窒素の安定同位体比は栄養段階を，炭素の安定同位体比は起源の異なる物質生産を示すことを利用して分析する．

群集の食べる－食べられるの関係に関する情報が得られる．

安定同位体を用いた食物網解析では（図 12-4），群集を構成する生物種の炭素と窒素の安定同位体の比率に基づいて，下位の栄養段階から上位の栄養段階に至る物質の流れを推定する．食物連鎖長の評価が正確にできることも，この方法の利点である．しかし，ある生物が多くの種類の餌を食べる場合や，安定同位体の分析試料に多くの異なる生物が混じる場合などには分析が難しく，食物網構造の解像度で従来法に劣る．

12-4　物質循環とエネルギー流

陸上の生態系でも水域の生態系でも，太陽光のエネルギーを利用した光合成や，無機物のエネルギーを利用した化学合成により，有機物がつくられる．消費者（捕食者を含む）が直接・間接にその有機物を利用して，多くの生物が生きている．システムとしての生態系を構成するさまざまな関係のうち，食べる－食べられるの関係を通して，エネルギー・物質が生物間で受け渡されている．

光合成をする植物や藻類，化学合成をする古細菌や細菌（原核生物）は有機物をつくりだす**生産者** producer であり，食物連鎖全体を支える重要な役割を果たしている．これら生産者は，自身が必要とする有機物を自らつくりだすので**独立栄養生物** autotrophic organism といい，動物や菌類などの消費者は，独立栄養生物がつくりだした有機物に依存するので**従属栄養生物** heterotrophic organism という．生産者が有機物の化学エネルギーとして生態系に取り込ん

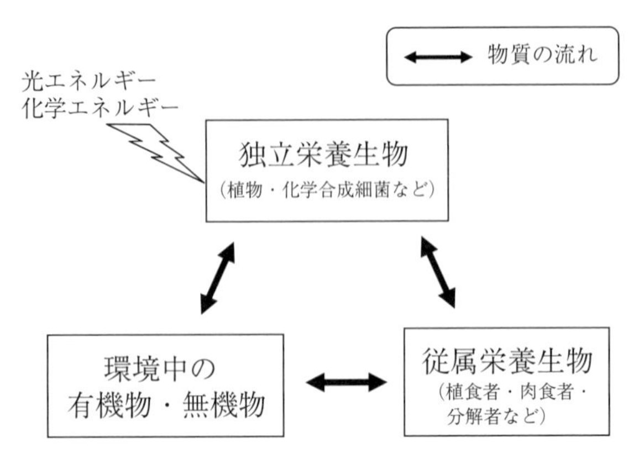

図 12-5　独立栄養生物と従属栄養生物

だエネルギーは，生産者，消費者がそれを利用して生活するが，最終的には熱エネルギーとして生態系の外に放出される．一方で，炭素，窒素，リンなどの元素は，生産者により無機物から有機物に取り入れられ，分解によって無機物に戻されるプロセスを介して生態系の中を循環する（図 12-5）．

生物群集におけるエネルギー流や物質循環をみてみると，2つの異なるタイプの食物連鎖を区別できる．1つは，有機物をつくりだす生産者から出発する食物連鎖である．

陸上の生態系では，おもに草や木などの植物が生産し，それを動物が順次消費して高次の栄養段階へとエネルギーや物質が受け渡される．水域の生態系では，おもに植物プランクトンや海藻などの藻類が生産し，動物が消費して高次栄養段階につながっていく．このように，生きている生物体もしくはその一部が食べられることでつながる食物連鎖を，**生食連鎖** grazing food chain という．他方，生物の枯死体などの有機物，すなわち**デトリタス** detritus から始まる食物連鎖は，**腐食連鎖** detritus food chain とよばれる（図 12-6）．

陸上では，落ち葉や枯れ草などの有機物が土壌動物や微生物などの土壌生物によって連鎖的に利用される．水域では，植物プランクトンの死骸などが微生物によって利用され，その微生物を動物が食べる．陸上では，生食連鎖はおもに地上で，腐食連鎖はおもに地表面および地下で営まれる．それに対して，水域の生態系では，生食連鎖と腐食連鎖は同じ水中で混在しているため，生食連鎖と腐食連鎖を個別に調べることが難しい．

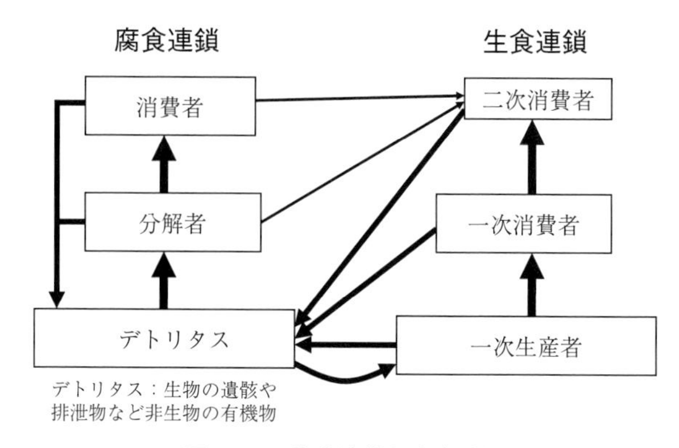

図 12-6　生食連鎖と腐食連鎖

12-5　物質循環：炭素

生態系の中で循環する元素のうち炭素は，生物を構成する最も重要な元素である．地球全体での炭素の循環には大きくわけて3つの作用，すなわち，生物作用，物理化学作用，人間活動作用がかかわっている．

生物作用としては，光合成と呼吸が最も重要なプロセスである．大気中の二酸化炭素（CO_2）の炭素は，陸域の植物や水域の植物プランクトンなどの生産者の光合成によって有機物に取り込まれる．生産者によってつくられた有機物は，生産者自身やさまざまな消費者の呼吸によってエネルギー源として利用され再び大気中に CO_2 として戻る，その一部は，生物体やデトリタス，泥炭などの形で陸域や水域の生態系の中に貯留される．物理化学作用としては，陸域で生産された有機物の一部が河川によって下流の湖や海に流されたり，大気と水（おもに海洋）の間で CO_2 が交換されたり，野火などで CO_2 として大気に放出されたりする．また，一部は海洋の底に沈み，堆積物となる（図 12-7）．

近年，地球上での炭素循環を考えるうえで，ますます重要性を増しているのが人間活動作用である（29 章）．人間活動の炭素循環への干渉のあり方にはおもに2つのプロセスがある．1つは，石油・石炭・天然ガスなどの化石燃料の燃焼によって，大気中に CO_2 が放出されるものである．もう1つは，森林の伐採や湿地の農地化など土地利用の変化によるもので，土壌中に蓄積されていた有機物が呼吸によって CO_2 となり大気中に放出される．これらの人間活動作用により大気中に放出された CO_2 は，陸域の植物による光合成の生物作用

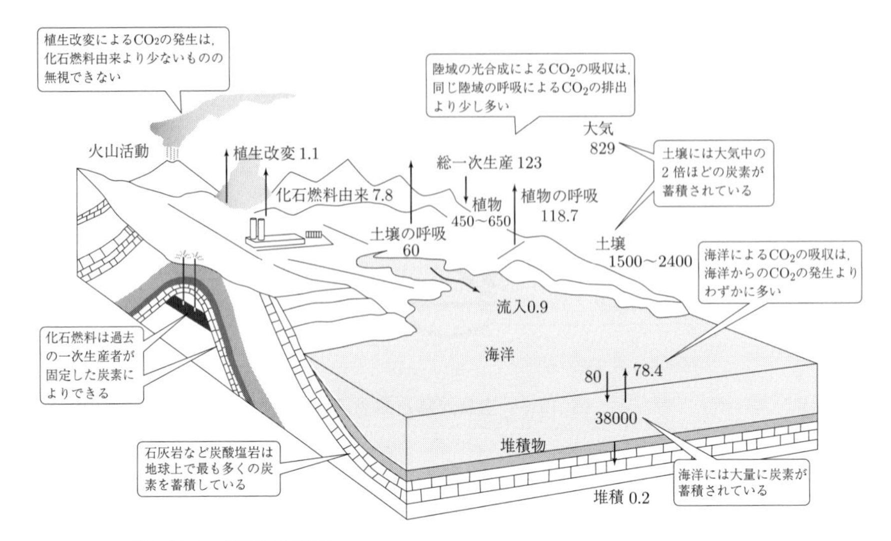

図 12-7　炭素の循環

単位は，蓄積（プール）については PgC，流れ（フラックス）については $\mathrm{PgCyr^{-1}}$（Molles 2005，IPCC 2013 より改変）

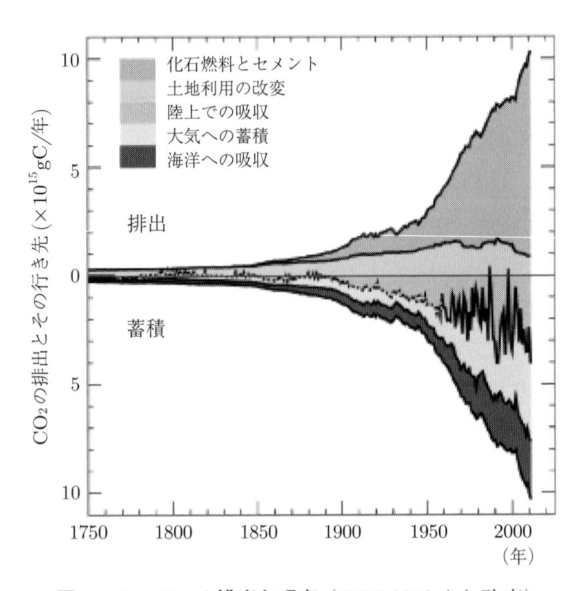

図 12-8　CO_2 の排出と吸収（IPCC 2013 より改変）

や海への吸収という物理化学作用により陸域や水域に一部取り込まれるが，取り込まれなかった分の CO_2 は大気中にとどまる．そのため，大気中の CO_2 濃度は，産業革命以降，上昇の一途をたどっている．大気中の CO_2 は，温室効果をもつため地球温暖化の原因となり，20 世紀半ば以降の温暖化は人間活動による影響が大きい（29 章）．また，海に吸収された CO_2 は，海洋の酸性化をもたらすことが懸念されている（図 12-8）．

12-6　物質循環：窒素・リン

生物の体を構成する元素のうち，炭素の他に重要なものとして，窒素とリンがある．窒素はアミノ酸に多く含まれており，おもにタンパク質として生物の体に存在する．また，リンは，核酸やリン脂質などに含まれている．窒素とリンは，炭素と同様に，生物作用，物理化学作用，人間活動作用によって循環している．

窒素は，N_2 として大気を構成する最も多い成分となっているが，多くの生産者は N_2 ガスをそのまま利用することはできない．根粒菌や一部のシアノバクテリアのみが，N_2 ガスを生物が利用できる化合物（アンモニウム態など）にエネルギーコストをかけて変換することができる．このように，不活性な窒素を生物が利用できる窒素化合物に変換することを，**窒素固定** nitrogen fixation という．自然界では，大気中の N_2 が雷によって酸化される物理化学的な窒素固定も少なからず存在する．それに対して，近年では，人為的な窒素固定が生物作用と物理化学作用を合わせた窒素固定を大きく上回るほど増大している（15 章）．ハーバー－ボッシュ法で N_2 を H_2 と直接化合させてアンモニアを合成して，化学肥料として農地に投入しているからである．さらに，化石燃料の燃焼による窒素酸化物の排出，マメ科植物を利用した農業による窒素固定も加わる．これらの作用により窒素固定された窒素は，陸域の植物や水域の植物プランクトンなどの生産者に利用され高次の消費者に流れていく．肥料として農地に大量に投入された窒素は作物の生産に寄与するが，余剰な窒素は生態系に残って循環する（図 12-9）．

陸域や水域に存在する窒素は，有機物が微生物によって無機の窒素化合物に無機化されることによっても循環している．一部の無機窒素化合物は，微生物の働きにより再び大気中の N_2 ガスに戻るが，この働きを**脱窒** denitrification という．

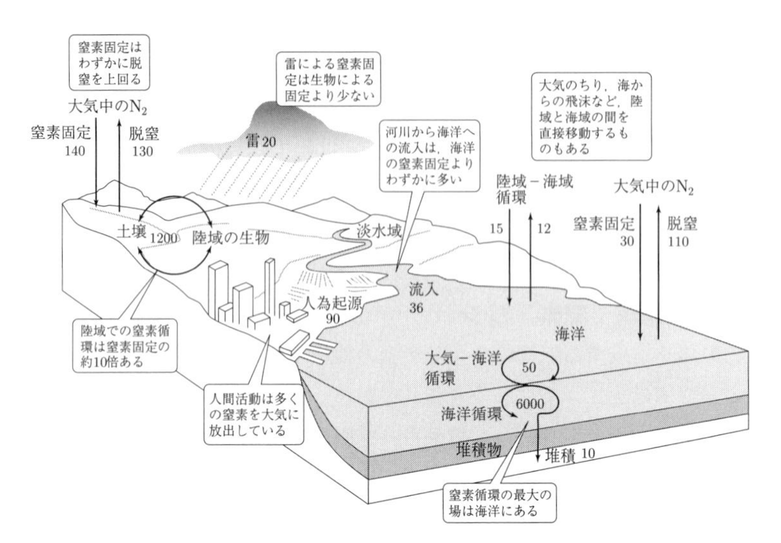

図 12-9　窒素の循環
数字は流れ（フラックス）を表す．単位は10^{12}gNyr^{-1}（Molles 2005, IPCC 2013 より改変）

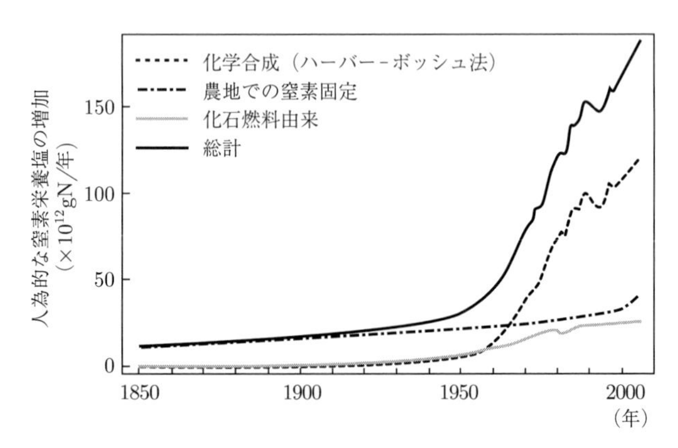

図 12-10　窒素の排出（IPCC 2013 より改変）

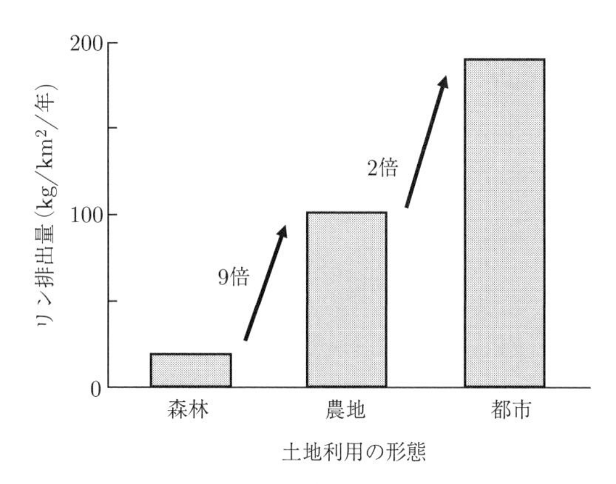

図 12-11　リンの排出（Molles 2005 より改変）

大気中に排出された窒素化合物は，排出源から遠く離れた陸域や水域まで運ばれることがある．また，農業生産に過度に利用され農作物に取り込まれなかった肥料や畜産や家庭などから排出された窒素化合物は，陸域から，河川を通して下流の湖や海の水域に運ばれる（図 12-10）．一般に，水域は，窒素やリンなどの栄養塩によって一次生産が制限されているので，過剰に供給された窒素は富栄養化の問題を引き起こす（25 章）．

リンの循環についても，炭素や窒素と同様に，生物作用や物理化学作用と並んで，現在では人間活動作用が大きな影響力をもっている（15 章）．植物や植物プランクトンなどの生産者は，無機態のリン酸イオンを取り込み物質生産に利用し，有機物を利用する消費者にリンが流れていく．また，有機物が微生物により分解されると無機のリン化合物になり，再び生産者に利用され，生態系の中を循環している．一方，人間活動作用により，堆積岩やグアノ（鳥の糞由来の化石）などを原料とした肥料として農地に供給され，余剰分や排出されたリンは，河川を通して下流の湖や海に流れ込む（図 12-11）．窒素の場合と同様に，水域に過剰に供給されたリンは，富栄養化の問題を引き起こす．

13 植生とバイオーム

植生は，任意の空間的なスケールでとらえた生物群集の構成要素のうち，植物の集合（**植物群集** plant community，植物群落ともよばれる）を広くさす用語である．植生の範囲は，見た目の特徴である**相観** physiognomy によってとらえられる．そこにみられる植物の種の組合せは，気候，地質，地形，土壌，動物との生物間相互作用，人間活動，さらには偶然の出来事の影響も受けて動的に変化する．その場の植生タイプの違いは，動物にとっては生息環境の違いを意味する．

13-1 植生とその時空間変動

クレメンツの「遷移説」は，決められたプロセス（段階）を経て**遷移** succession が進行し，最終的には**極相** climax とよばれる「決まった種の組合せ」に行き着くというもので，人間の一生のように発達の順序や発達段階が決まっているという見方である（1章）．その後，花粉分析によって，長期にわたる北アメリカの植生の変遷が解明されると，クレメンツの遷移説は支持を失った．花粉は堅い殻をもち，水中で長期間分解されることなく残存する．また，形や殻の模様から種や属を同定できる．北アメリカの過去数万年間の植生の変遷が明らかになると，現在は同じ植物群集を構成している種であっても，氷河の後退に伴って森林植生が回復される過程において，それぞれの種は独立に振る舞ったことが明らかにされた．すなわち，遷移は，その場の諸条件により個別的に起こるとするグレアソンの「個別説」の方が現実をよく説明できることが明らかにされた．

「極相」すなわち遷移の後期の安定相は，究極の「あるべき植生の姿」というべきものではなく，環境の変化に応じた個別の種の挙動と種間の相互作用，さらに，偶然の影響も加わって成立した種の組合せにすぎない．また，「極相林」といわれる一見安定した植生の中にも，物理的要因や生物的要因に由来する自然の攪乱や樹木が老齢化して倒れることでできる**ギャップ** gap（11 章）が存在する．新たにできたギャップは，光などの資源に恵まれ，芽生えや稚樹が育ちやすい．時折ギャップができる森林には，いろいろな段階にまで進んだ遷移の途中相がパッチ状に分布し，それぞれが時間とともに変化することで植生はその姿を変えていく．ギャップ形成がきっかけとなるこのような森林の動的な変動を**ギャップダイナミクス** gap dynamics といい，それに応じて異なるパッチが集まって植生をつくり，時間とともに姿を変えていくありさまを**シフティングモザイク** shifting mosaic という．おもに草本植物が植生を構成する一見均一にみえる草原や湿原にも，森林に比べればスケールが小さいが，空間的な植生の**不均一性** heterogeneity がみられ，シフティングモザイクであることには変わりがない．

近年のヒトによる森林伐採は，自然にできるギャップよりも大規模なギャップをつくりだす．その影響を受ける森林は，規模の大きいパッチが集まったシフティングモザイクをなし，その動態のおもな駆動因は，人間活動である．

植生は，**優占種** dominant（その場でバイオマスや被度の大きい種），種組成，規模（空間的範囲），垂直的構造などの特徴で記述されるが，それらは環境条件の影響により時間的・空間的に変動する．それには，環境に対する植物の多様な戦略も反映している．すなわち，それぞれの植物種の物理的環境要因への適応や種間の競争やファシリテーション（7 章）などが植生の構成に大きな影響を及ぼす．

気候に由来する特定の事象と，それに適応した種の戦略が植生ダイナミズムの重要な要因になっている地域もある．北アメリカの北部の乾燥しがちで高頻度に自然発火の山火事が起こる地域では，火事が生態的にも進化的にも最も重要な環境要因になっている．この地域のバイオームであるタイガ（針葉樹林）の植生タイプの 1 つであるジャックパイン林は（図 13-1），人による失火がなくても数十年に 1 回程度の山火事により焼失する．優占種のジャックパインの生活史は，このような山火事に適応している．その球果（松ぼっくり）は成熟しても固く閉じており，またその状態で何年間も親木に着いたままである．しかし，山火事の火にあぶられると開いて種子を分散する．種子は山火事後の明るくミネラルに富んだ裸地で発芽し，芽生えが好適な環境で成長することにより，速やかに世代更新が起こる．

図 13-1 カナダのジャックパイン林（左）とその球果（右）
地平線まで続くジャックパインの群落は，タイガとよばれる針葉樹林の植物群系に含まれるが，数十年に1回程度は発生する高頻度の山火事によって一斉林（同年齢の林）が維持されている．球果のうち上の2つは固く閉じているが，下の3つは高温で開いており，種子が分散される状態になっている．

この他にも火事に適応した生活史をもつ植物を多く含む生態系，**ファイアープロンエコシステム** fire-prone ecosystem は，世界各地に存在する．ヨーロッパ大陸のマキー，アフリカ大陸のフィンボス，オーストラリア大陸のマリー，アメリカ大陸のポンデローサマツ林やチャパラルなどがその例である．

他にも，島嶼，火山の影響（火山ガスや火山灰）を受ける場所，過剰な水分条件の湿原，高山，砂漠の中のオアシスなどで，それぞれの土地のもつ特別な条件に応じて，バイオームの代表的な植生とは異なる自然植生がみられる地域がある．

海洋島，すなわち大陸と陸続きになったことのない島は，大洋に火山島として形成された後，時間をかけて移入してきた植物によって構成される．そのため，植生の成立には長い年月を要し，種数も少ない．また，遺伝的な隔離（19章）が強く働くため，島に固有な生物が進化する．例えば，東京都の小笠原諸島にはムニンノボタンやワダンノキなどの固有種が多く知られている．日本の最も新しい海洋島で，2015年現在，火山の噴出物による陸地の拡大が続いている西ノ島新島に，今後どのように植物が侵入し植生が成立するのかを観察することは，海洋島の植生や植物の進化に関する新しい知見を得るうえで意義が大きいといえるだろう．

現在では，人間活動の絶大な影響により自然の植生とはかけ離れた農地や造林地（人工林）などの植生が，地域の植生に占める割合が拡大の一途をたどっている．地球規模でみて，その地域のバイオームに相当する自然植生がほとんど失われている地域として，古くから人間活動が盛んであった地中海地域をあげることができる．

13-2　世界のバイオーム

気温と降水量の気候因子は，植物の生育に大きな影響を及ぼす．**気候帯** Climate zone は植生の違いをもたらす最も重要な要因である．図 13-2 は，年平均気温と年間降水量によって世界のバイオーム型を区分したものである．生物群集の最上位の単位ともいえる生物群系もしくは気候帯に対応させた生態系区分が**バイオーム** biome（生物群系）である（2 章）．それは植生の相観，すなわち見た目のありさまで区分され，優占する植生に応じて，草原あるいは森林としての名称が与えられている．

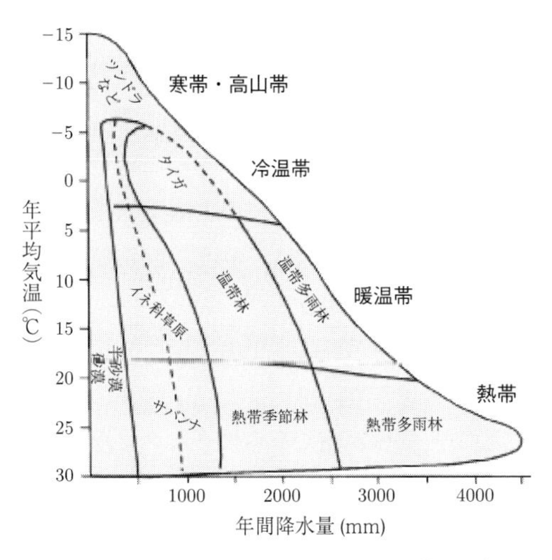

図 13-2　降水量と気温による世界のバイオーム型の分布

気温が高く，降水量が多ければ熱帯多雨林になるし，気温が低く，降水量が少なければツンドラになる．破線で区切られた範囲では草原と疎林や低木林が置き換わったりすることがある（Whittaker 1975 より改変）

温度と降水量の両方に恵まれ，樹木の生育が可能な気候帯には森林が発達する．年平均気温が約 20℃以上，年間降水量が約 3000 mm 以上の一年中温暖で降水量が豊富な気候帯には熱帯多雨林がみられる．熱帯多雨林は，地球上で最も生物の多様性の大きいバイオームである．常緑広葉樹の大木が生い茂り，樹木の種類は多く，葉や樹液などを餌とする昆虫の種類もスペシャリスト，ジェネラリストを問わず極めて多い．樹木と昆虫以外の動植物の多様性も高く，そこにはおびただしい種類の生物間相互作用がみられる．

熱帯・亜熱帯地域でも季節的に降水量が不足する地域には，乾季に樹木が落葉する雨緑樹林がみられる．それよりも降水量が少ない地域では，高木が生育できず，灌木がまばらに生えるサバンナの草原となる．乾燥に適応した草や灌木を餌とする大型の草食動物の群れとその捕食者の間の食べる－食べられるの関係が特徴づける生態系がみられる．

さらに降水量が少ない地域には，植生がほとんど発達しない砂漠が広がる．しかし，現在，アフリカやユーラシアの内陸部に広がっている砂漠の大部分は，古代の文明に始まる森林破壊や草原の過剰利用という人為的な干渉によって形成されたものと考えられている．人間活動がもたらす植生の破壊は，砂漠化を通じて気候を変化させ，いっそうの砂漠化を促す．不適切な（持続可能ではない）人間活動による砂漠の拡大は現代も続いている．

温帯では，冷涼な地域には針葉樹，あるいは針葉樹と落葉広葉樹の混交林，より温暖な地域には，落葉広葉樹林，さらに温暖な地域には常緑広葉樹林がみられる．降水量が少なく樹木の生育が抑制される地域や草食動物の影響の大きい地域（現代では放牧圧の高い地域）では，地域ごとに，ステップ，プレーリー，パンパスなどの名称でよばれる草原が広がる．

平均気温がさらに低い北半球の高緯度地方には，タイガともよばれる北方針葉樹林が広がる．広大な地域がカラマツなど，1種か2種のマツ科の樹木からなる植生で覆われている．緯度が高くなるにつれ，また，標高が高くなるにつれ，樹木の密度は低くなり，極地に近い地方や高山では，永久凍土の発達とコケ・地衣などに草本が混ざるまばらなツンドラ植生がみられる．

これらのおもなバイオームの地球における分布を図 13-3 に示す．しかし，現在では地球の陸地面積の 60％は農地開発された土地であり，本来のバイオームの植生をみることのできる土地は限られている．改変率が特に高いバイオームは，大陸の西海岸などにみられる地中海性気候がつくる灌木林である．旧

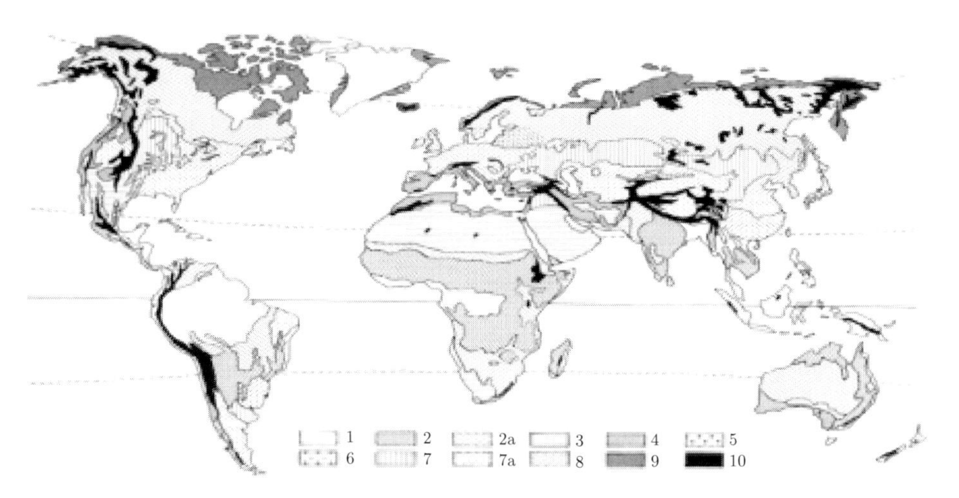

図 13-3　バイオームの分布地図

1：熱帯多雨林，2：熱帯・亜熱帯の半常緑および熱帯樹林，2a：熱帯・亜熱帯の乾生疎林および草原（サバンナ），3：熱帯・亜熱帯の砂漠・半砂漠，4：冬雨地域の硬葉樹林，5：暖温帯常緑広葉樹林，6：冷温帯落葉広葉樹林，7：温帯草原（ステップ），7a：寒冷な冬をもつ砂漠・半砂漠，8：北方針葉樹林，9：ツンドラ，10：高山植生（Walter 1964 より改変）

世界では古くからの開発でほとんど残されていないだけでなく，最近では，新世界においても農地開発などで急速に失われつつある．

13-3　日本のバイオーム

火山列島である日本列島の地形上の特徴は，南北に長く連なる脊梁(せきりょう)山脈である．南と北，低地と山地では気温が異なり，亜熱帯から亜寒帯にわたる多様なバイオームがみられる．概して，降水量が多く温暖な日本列島では，森林が発達しやすい．現在でも国土の約 70％が森林で覆われており，世界有数の森林国である．しかし，その半分以上がスギやヒノキなど，植林で造成された人工林であり，本来のバイオームをわかりにくくしている．

暖温帯から冷温帯までの気候帯が多くを占める日本列島のおもなバイオームは，照葉樹林（常緑広葉樹林），落葉広葉樹林，針葉樹林からなる温帯林である．奄美群島以南の琉球弧には，照葉樹林と相観が類似し組成にも共通点がみられる亜熱帯多雨林がみられる.

日本列島を南から北へと水平に，あるいは低地から高地へと垂直に移動するにつれて，シイやカシが優占する常緑広葉樹林からブナやミズナラが優占する落葉樹林へと森林植生の緩やかな移行がみられる（図 13-4）. さらに標高の高い山地や北方では，シラビソ，オオシラビソ，トドマツなど，モミ属の常緑針葉樹の森林がみられる. 針葉樹林は本州ではおもに標高が 1800 m 以上の亜高

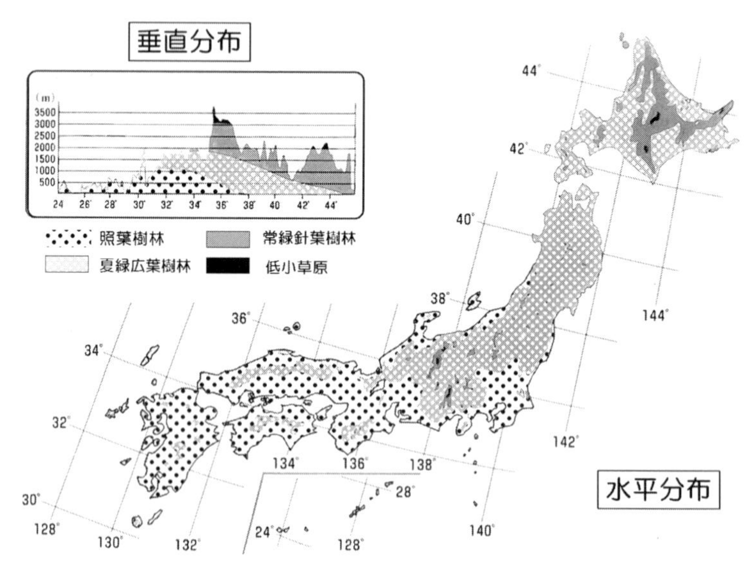

図 13-4　日本のバイオームの水平分布・垂直分布
（中西ら 1983 より改変）

図 13-5　日本の代表的なバイオームの相観
左から，常緑針葉樹林（秩父山地のコメツガ林），落葉広葉樹林（白神山地のブナ林），常緑広葉樹林（沖縄のシイ林）

山帯にみられるが，北海道では，低地にもみられる．実際には，針葉樹に落葉樹が混ざっている森林も多く，それを混交林とよぶ（図 13-5）．

高山の山頂付近には，樹木の生育しない小規模な高山ツンドラがみられる場所もある．また，地下水が停滞するような過湿な条件の場所では森林は発達せず，湿地となる．冷涼な気候のもとで発達する泥炭湿地は，ヨーロッパではすでにほとんどが農地として開発され，現在は，その再生が重要な課題となっているが（28 章），日本には，サロベツ湿原や釧路湿原など，現在でも自然性の高い泥炭湿地が残されている

日本の生物相が世界有数の豊かさを誇っているのは，狭い国土に多様なバイオームが見られることにもよる．

リモートセンシング

植生の研究に有効な手段の 1 つが**リモートセンシング** remote sensing である．

リモートセンシング（遠隔測定）は，離れた場所から目的のものを無接触で観測することである．航空機や人工衛星を使い，地上の植生，生態系，土地利用，雲・雨，大気汚染の状況などを観測する技術であり，現在，急速に進歩しつつある．スペクトルや画像を解析することで，目的に応じて植生に関するさまざまな情報を抽出できる．

人工衛星によるリモートセンシングは，赤外光やマイクロ波などの電磁波によって地上の反射を測定するが，植物の種類や活力度に応じて分光反射が異なることを利用して，植生の状況を推定することもできる．近赤外光と可視光の波長帯を用いる NDVI（正規化植生指数）は，植生の活性や現存量（バイオマス）の推定に利用されている．

利用にあたっては，グランドトゥルースといわれる地上の観測データで，実際の地上の植生や土地利用とリモートセンシングで区分された植生や土地利用の観測結果を比較して，その有効性や精度を確認する必要がある．

14 動物の社会行動と社会

動物にはさまざまな社会行動がみられる．それによって形成・維持される社会は，繁殖期に一時的に成立するものから，同じ巣の中で暮らす血縁集団の中で個体の分業が進み，自らは繁殖せずに他の個体の繁殖を助けるカーストが存在する真社会性まで，その組織化の程度はさまざまである．動物の社会に広く目を向けることは，私たちヒトの社会を理解するためにも意義が大きい．

14-1 群れと社会行動

動物には，繁殖期を除きそれぞれの個体が単独で暮らすものがある一方で，群れをつくって暮らすものもある．群れの大きさはさまざまで，小さな**血縁集団** kin group から個体数が何万何十万にも及ぶ大きなものもある．

大きな群れをつくる動物は，サバンナの草本植物を餌とする草食動物など，広く分布する豊富な餌に依存する消費者である．群れをつくって暮らす動物は，個体が孤立すると死亡率が高まる．アフリカのサバンナなどで大きな群れをつくっているインパラなどの草食動物は，餌をとる間もライオンなどの捕食者が近づいてこないかを見張る必要がある．大きな群れであれば，交代で見張りをすればよく，餌の採れない時間はごくわずかですむ．例えば，1000頭の群れで1頭ずつ交代で見張れば，餌をとる時間の減少率はわずか0.001にすぎないが，5頭の群れでは0.2，2頭では0.5になる．群れをつくる動物におけるこのような密度効果が**アリー効果** Alee effect である（6章）．密度が低いと相性のよい配偶相手と遭遇する確率が低くなり，出生率が下がることによって個体群成長が抑制されるというアリー効果も一般的である（図14-1）．

餌が広く均一に存在する草食動物とは異なり，捕食者など，餌が空間的時間的に偏って存在する場合には，餌を巡る激しい競争を回避するために，単独，もしくは少数の個体の群れでの生活が有利となる．また，単独もしくは少数個体のグループであれば餌生物にも天敵にも気づかれにくいという利点もある．

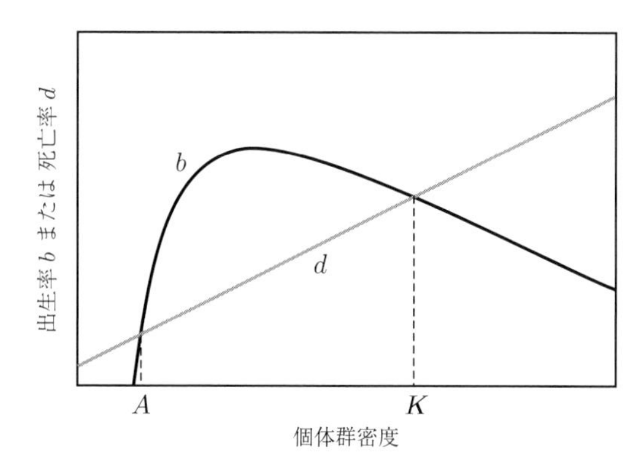

図 14-1　個体群密度と出生率および死亡率によくみられる関係
アリー効果が出生率を介して作用する場合．b：1 個体あたりの出生率，d：1 個体あたりの死亡率，A：アリー効果，K：環境収容力

限定された資源に対して，個体や少数の個体が**テリトリー** territory をもち，そこに他の個体が入ってこないように防衛する場合もある．

テリトリーは，他の個体に対する防衛行動によって認識される空間であるが，それは，通常個体が利用する空間である**ホームレンジ** home range の一部もしくは大部分を含む．ホームレンジの広さは，体重で表される個体の餌資源要求

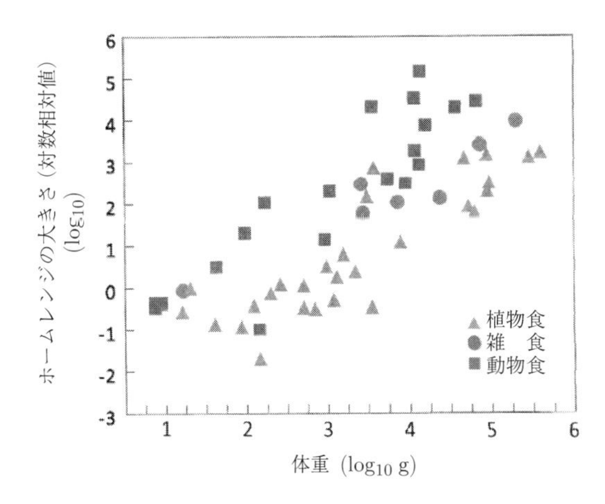

図 14-2　北アメリカの哺乳類の体重および食性とホームレンジの大きさ（Harestad & Bunnell 1979 より改変）

性と餌の密度を反映する食性（植物食，雑食，動物食）によって影響され，体重の大きい動物食の動物は大きいホームレンジをもつ（図 14-2）．ホームレンジは，個体群成長に空間の制約を課し，環境収容力（6 章）を決める最も重要な要因の 1 つとなる．

14-2　家族という社会

動物には，餌や天敵の空間的・時間的な分布や量にも影響されて多様な社会戦略が進化している．最も基本的な社会行動は繁殖に関するものであり，配偶者の獲得と子育てに関して，特に多様な社会行動が進化している．

群れで暮らす動物においては，繁殖の機会を 1 個体もしくは少数の個体が独占していることが少なくない．その地位をもつ個体を α 雄，α 雌などとよぶ．その地位の獲得や維持のために儀礼的なものも含め，しばしば「闘争」とよばれる行動がみられる．

より高次の社会がつくられるための基礎ともいうべき社会関係は，子どもの世話のために親やそれ以外の個体が家族をつくって協力する関係である．子どもの世話における個体の役割分担は，無脊椎動物にも脊椎動物にも多様な例をみることができる．

1 回に卵を何万個も生むニシンやタラなどにみられるように，多くの子（卵）を産みそのごく一部が生き残って世代交代する生物では，子の世話は行われず家族もみられない．それに対して，少数の子を産み親が子を保護して生存・成長を保障する戦略では，親と子，さらにそれ以外の近親者が子とともに家族として一緒に暮らす．

卵生で 1 回に産む卵の数が 10 個を越えることがほとんどない鳥類では，種の 95％において両親による子の世話がみられるとされる．巣で抱卵して卵を温めるとともに天敵から守り，孵化（ふか）後は給餌をするが，通常は両親が交代でこれらの世話を行う．子育てには近縁の非繁殖個体がヘルパーとして参加することもある．ヘルパーの役割は大きく，東アフリカのサバンナで暮らすシロビタイハチクイでは，子育てに加わる非繁殖個体の数が多ければ多いほど繁殖の成功率が高まる（図 14-3）．

一方で，自ら子育てをせず他の鳥の巣に寄生（托卵）して繁殖する「非社会的な」鳥もいる．日本では，カッコウ，ホトトギス，ツツドリ，ジュウイチ（いずれもカッコウ科）が托卵鳥の代表である．仮親（宿主）とする種の巣に親鳥

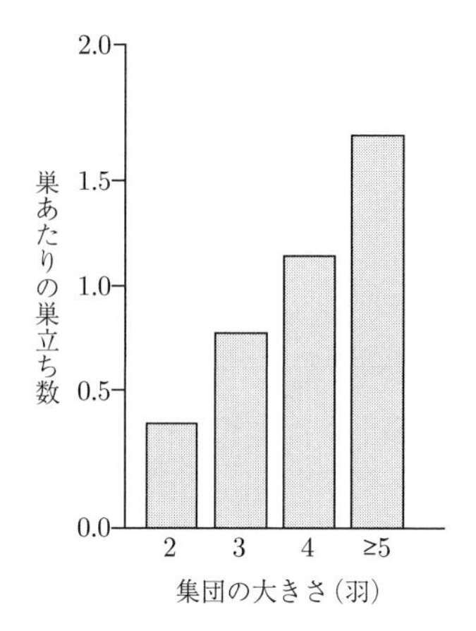

図 14-3　シロビタイハチクイの子育て集団の大きさとつがいの繁殖成功
（Emlen & Wrege 1989 より改変）

科学的な個体群管理に向けた「社会」の理解

哺乳類の個体群管理は，現代の重要な課題となっている．農林業被害を防止するために，「増えすぎ」た動物を狩猟などによって間引く対策が実施されることが多くなった．しかし，殺した数に応じて被害のリスクが低減できるかといえばそうとは限らない．被害を軽減するためには生態学的な理解や予測が必要であるが，対象とする動物の社会構造を理解することは特に重要である．社会構造や社会行動への理解がないままに単に個体を間引くことで，かえって問題を大きくしてしまう可能性もある．そのような問題に関して科学的な研究に基づく評価が行われた例としては，イギリスのアナグマ駆除をあげることができる．アナグマはウシなど家畜の結核の媒介動物として駆除の対象となっている．しかし，駆除によってアナグマの社会構造が破壊され，通常ではみられない個体の長距離分散が生じ，その結果，問題が地域的に拡散してしまう可能性があることが明らかにされた．

日本では，群れをつくって生活するニホンザルが，農業被害などにより個体群管理の対象となっている．しかし，駆除によって群れの分裂や融合などが生じる可能性がある．高度に発達した社会をもつ動物の管理においては，その社会に関する十分な科学的知見を踏まえた計画を立てる必要がある．

の留守中に卵を産みつける．カッコウであれば，モズ，オオヨシキリ，ホオジロなどの巣に卵を産む．仮親の雛よりも早く，しかも体の大きな雛がかえり，仮親が産んだ雛を巣の外に捨て，給餌される餌を独占する．地域によって仮親とする種が異なるが，カッコウの卵には，その地域の仮親の卵に外見が似る適応進化が起こっている．

哺乳類は，胎盤を通じて雌親から胎児に栄養補給がなされるだけでなく，生まれた後にもタンパク質，糖質，脂質，ビタミン類など子どもの成長にとって必要な栄養を豊富に含む乳を与えるなど，最も手厚く子の保護と保育を行う．そこでは乳を出す雌親の役割が大きい．しかし，ヒトを含む霊長類やイヌ科の一部では雄も保育にかかわり，一夫一妻を基本とする家族を形成するものがある．

14-3　真 社 会 性

動物界において，種数からみれば極めてまれであるが，個体数やバイオマスの点からは優占度の高い，高度な社会のあり方に**真社会性** eusociality がある．おもにシロアリ，アリ，ハチにみられる社会である（図 14-4）．

アリやハチのコロニー（女王を中心とする家族）は，女王と雄の繁殖カーストと女王の娘である不妊カーストのワーカーからなる社会である．例えば，野生のニホンミツバチは，木の洞などに 1 頭の女王バチがその子どもの多数のワーカー（雌）と雄バチとともに住んでおり，ワーカーは花から蜜や花粉を餌として集めたり，巣の中での子育てなどの仕事をする．捕食者であるオオスズメバチが攻めてくるとそれを多数の個体で取り囲んで熱と高い CO_2 濃度で殺す

図 14-4　ニホンミツバチの巣の内部（提供　藤原愛弓）
矢印は女王バチ，それ以外はワーカー

など，巣の防衛も集団で行う．

真社会性が進化するには，外敵から家族を守ることのできる巣に2世代以上がともに暮らすことが前提となると考えられている．真社会性の最も重要な特徴は，自らは繁殖せず繁殖個体やその子のために働く不妊カーストがみられることである．繁殖しないで家族の繁殖を助けるワーカーの進化は，個体の適応度だけに着目した自然選択では説明が難しい．ウィルソンらは，グループ（家族）間の競争を選択圧とする**グループ選択** group selection によりその進化が説明できるとしている．

昆虫だけでなく，十脚類（エビの仲間）や哺乳類にも真社会性を発達させているものがみられる．哺乳類では，東アフリカの乾燥地帯に地下トンネルの巣を掘って大家族で生活するハダカデバネズミの真社会性が有名である．ハダカデバネズミは，地下に暮らしており，体毛がなく，植物の根などを囓（かじ）る前歯が突き出た奇妙な姿が見るものに強い印象を与える齧歯類である．1頭の女王のみが繁殖し，数頭の王，蛇などと戦う兵隊，子育てなどの仕事をするワーカーが地下の巣でともに暮らしている．

ハダカデバネズミの真社会性

東アフリカの半乾燥地域に生息するハダカデバネズミは，真社会性をもつまれな哺乳類である．地下に複雑なトンネルを掘って植物の根や地下茎を餌として大家族で暮らしている．巣穴は長さ1kmにも及ぶものもある．繁殖を行う雌（女王）は1個体のみであり，それ以外の数十～数百個体は繁殖せず，小型個体（ワーカー）は穴掘りや餌の採集，大型個体（兵隊）は巣の防衛を行うなどの分業がみられる．特徴的な門歯は餌を囓りとるだけでなく，穴を掘ることにも使われる．穴掘りは，複数の個体が分担して土の掘削，運搬，地表への排出を行う．

天敵に襲われにくい場所に巣をつくり，植物食であることなど，その生態には真社会性の昆虫との共通点が少なくない．

14-4 ヒト社会と遺伝子・文化共進化

ヒトは複雑な社会を発達させた特異な動物であるが，その社会の原初的な姿は，動物の社会，すなわち，繁殖・子育ての機能を担う家族（近縁個体）からなる社会であると考えられる．その生活は，「巣」という外界から多少なりとも守られた空間で営まれ，そこに複数世代がともに暮らすことなど，多くの点で，発達した社会をもつ動物と共通している．

ヒトの社会は，時代を経るにつれて，血縁集団を大きく越え，規模が大きく，また高度に複雑なものへと発達した．このような社会の発達は，生物としての適応進化だけからは理解が難しい．

ウィルソンは，ヒトの社会の形成や発展には，文化的な適応と生物的な適応の「共進化」，「遺伝子・文化共進化」が大きな役割を果たしたと考えている．それは，適応度に寄与する生物学的な行動など遺伝子に支配される形質と相互に補完し合うような文化の形成・発展を意味する．

文化とは，特定のグループを他から区別することのできる一連の行動特性である．文化を構成する行動特性は，集団の一員から集団全体に広がり，さらには別の集団に伝えられることもある．この定義に従えば，文化をもつ動物はヒトのみではない．しかし，ヒトは，他の動物と比べると格段に影響力の大きい複雑な文化をもつという意味で特殊な動物である．

遺伝子・文化共進化の例としては，近親婚のタブーなど，近親者との配偶を回避する文化，すなわち風習や心理をあげることができる．文化人類学がこれまでに研究対象としたヒトの共同体の数百において，同母，異母を問わず兄妹婚がタブーとして禁じられているという．歴史的にみても，兄妹婚はごく一部で儀礼として，もしくは王室などの特殊な階級に限りごくわずかな例が認められるだけである．

近交弱勢を回避するための近親交配を避ける適応（11 章）は植物のみならず，動物にも広く認められる．例えば，雌雄のどちらかが性的に成熟する前に長距離分散をすることで近親交配を避けたり，マーモセット，チンパンジーなど霊長類での研究で明らかになった**ウェスターマーク効果** Westermarck effect，すなわち，幼少期にともに過ごした雌雄を配偶対象とすることを避ける本能的効果など，動物にも多様な近親交配回避戦略が認められる．ヒトでも，血縁でなくとも幼少期をともに育つと，配偶者とするのに心理的な抵抗が生じることが知られている．

このように，ヒトにも認められる本能的に近親婚を忌避する心理（遺伝的な背景をもつ）は，タブーにより，あるいは法によって文化的に強化されている．すなわち，遺伝子・文化共進化のもとにあると解釈できる．婚姻を巡る文化，例えば，部族間で適齢期の女性を交換したり，部族内での婚姻を禁じるなどの**異族婚** exogamy を促す風習も，近親婚を避ける文化的な適応として，遺伝的な適応と相互に強化し合う関係にあると考えることができる．

15　人類の歩みと持続可能性

東アフリカで約20万年前に私たちの種であるヒトが生まれ，その後，地球に広く分布を拡大した．その過程で多くの大型哺乳類の絶滅が起こった地域もあり，気候変動とともに人間活動の影響が示唆されている．いくつかの指標で評価すると，現代の人間活動は地球環境の限界を越えている．特に，生物多様性の損失は著しく，人類の持続可能性にとって大きな問題となっている．

15-1　人類史と地球環境

ゲノムの分析技術が発達して，生物種間の遺伝的関係の推定が容易になった今日，私たちの種ヒト（*Homo sapiens*）は，ゴリラやチンパンジー，特にチンパンジーと遺伝的に極めて近い関係にあることが明らかにされている．ヒトがこの地球上に出現したのは，人類進化の中心地でもあるアフリカ東部であり，20万年ほど前とされている．ヒトの直接の祖先種を含めて近縁の人類すべてが絶滅したが，ヒトだけは環境変動に耐えて生き残り，地球全体にその分布を広げた．

10万年ほど前までのヒトの生活の痕跡は，アフリカ東部だけに認められる．しかし，それ以降は，ヒトはユーラシア大陸に生活の場を広げ，さらに他の大陸や島々に分布を拡大していったことが明らかにされている．

4～1万年前頃のヨーロッパには，私たちと同じ種に属するクロマニョン人が暮らしていた．ちょうど同じ頃に，ホモ属の別種でその後絶滅したネアンデルタール人もそこで生活を営んでいた．唯一ヒトがホモ属の他の種と異なり絶滅を免れたのは，言葉をあやつり，抽象化の思考に優れ，狩猟など集団での統制のとれた行動ができたことなどによるのではないかと推測されている．当時の人々がもっていた創造性などの能力は，洞窟画に代表される芸術や当時の技術を伝える遺跡・遺物などから伺い知ることができる．

東アフリカでヒトが誕生した頃，その環境は，疎林や湿地などがモザイクをなす環境であったと考えられている．そのような**モザイク環境**での暮らしは，多様な環境を利用して多様な餌を採る生活であり，知的能力の発達への選択圧として寄与したと推測される．多様な生物資源を得るためにモザイク環境を利用する暮らしは，現代のさとやま（里地・里山）での暮らし（26章）につながっている．

ヒトが森のみに依存する動物ではなくなり，森での生活に好都合な枝渡りの能力を失い，おもに徒歩で浅い水域や草原など植生がまばらな場所で移動するようになったとき，より高い視点から周囲を見渡すことのできる直立歩行が適応的になったとも考えられる．

15-2　資源利用戦略と大型哺乳類の絶滅

熱帯をおもな生息域とする類人猿の中にあって，ヒトは最も分布が広く，熱帯以外にも大きく分布域を広げている．ヒトは，生活の仕方や行動を場所や時代によって異なる環境に合わせて変えることで，気候変動などの環境の試練を乗り越えてきた．それには生物としての適応よりも，言語をもち経験を共有できることによって強化された文化的適応が大きな役割を果たしたと考えられる．生物としての適応には短すぎる世代内あるいは数世代という短い時間内でも文化的適応は可能だからである．文化的適応も「戦略」という概念で生物としての適応のように単純化して認識するとすれば，ヒトの分布拡大の過程において異なる経路で移動した人々は，経験した自然環境に応じて異なる文化適応の戦略をもつに至ったと考えることができる．

ヒトが分布を広げつつあった頃，地球の気候は大きく変動した．氷河期と間氷期の繰返しはその生活にもそれに応じて形成される戦略にも大きな影響を与えただろう．それに加えて，ヒトの分布拡大速度にも大きな影響を与えたことが推測される．温暖な時代には，森林が高緯度地域にまで広がった．密林の生い茂った木々はヒトの移動を妨げる．一方で，氷河期にはユーラシア大陸の広い地域をツンドラ（一年の大部分は地面が凍っている湿原）が覆い，広範な地域が草原や疎林となった．このような環境では，ヒトの移動は比較的容易であっただろう．

ユーラシア大陸やアメリカ大陸に分布を広げたヒトは，何度かの氷河期を経験した．氷河期には，氷河に覆われた場所とステップやプレーリーなどの草原，コケやごく小型の草や灌木だけが生えるツンドラが陸地を広く覆い，それらを餌とする草食の大型哺乳類が陸上生態系の主役になった．冷蔵庫の内部にも似た冷涼な気候のもとで，ヒトは腐ることのない死んだ動物の肉を採集して利用し，集団での狩りによりマンモスなどの大型哺乳類を食料にした．コケモモやキイチゴなどの果実，海辺や水辺では貝や魚や海藻などの採集による利用も継続した．

ヒトが分布を広げるにつれて，オーストラリア大陸やアメリカ大陸では多くの大型哺乳動物が絶滅した．ヒトによる狩猟や環境改変が自然の気候変動と輻輳して，大型哺乳動物の絶滅リスクを高めたと推測されている．それに対してアフリカやアジアではそれほど多くの絶滅は起こらなかった．それは，古くからの暮らしの戦略，多様な環境を含むモザイク環境で多様な食料を採集利用する共生的な戦略が持続したことによると考えることもできる．日本列島ではナウマンゾウ，オオツノシカ，マンモスなど大型哺乳類の多くが絶滅したが，それはむしろ気候変動によるものと考えられている．

地球全体で体重の大きな哺乳動物が多く絶滅したことから，地球の大型哺乳動物の体重は全体として小さい方に偏ることになった（図 15-1）．その後，農業が始まり，ヒトの人口増とそれに伴うウシなどの家畜が増えることで大型の哺乳類の体重総計は増加した．産業革命以降，その増加に拍車がかかり，現在ではその体重合計は極めて大きなものとなっている（図 15-2）．同時に，家畜の飼育のために広大な牧草地や飼料畑，放牧地が切り開かれ，温暖化効果ガスを含めて排泄物が環境にもたらす影響も甚大なものとなった．地球環境へのその大きな負荷は，人類持続可能性の維持にとって最も憂慮すべき問題の 1 つともいえる．

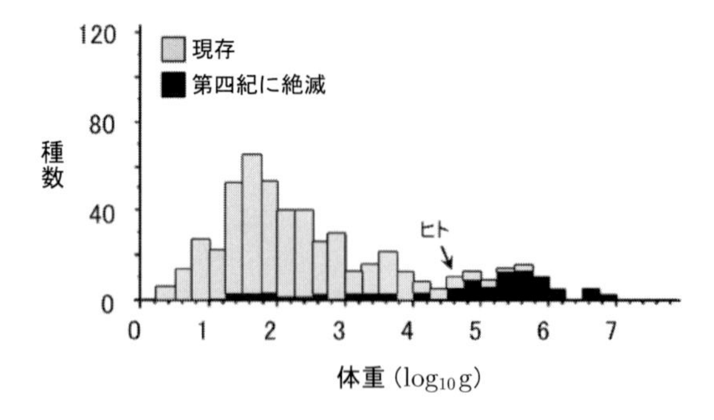

図 15-1　地球の大型哺乳類の体重の頻度分布（Barnosky 2008 より改変）

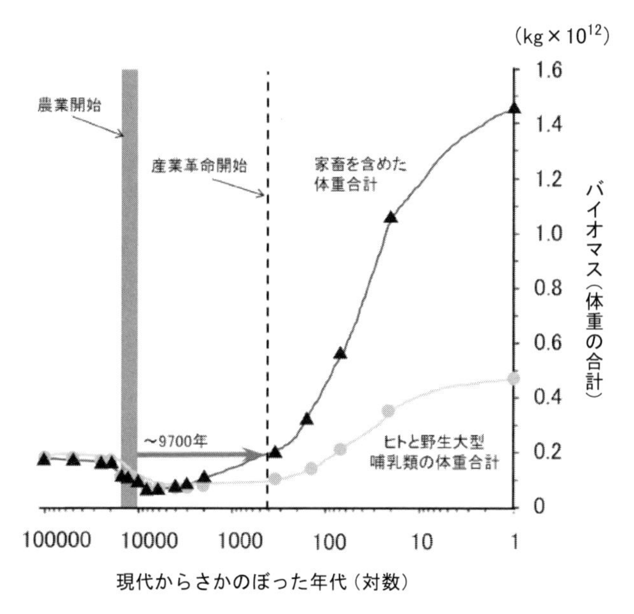

図 15-2　大型哺乳類の体重合計の推移（Barnosky 2008 より改変）

15-3　現代につながる人間活動：農業の始まり

1万年ほど前に地質時代の**完新世** holocene が始まると，地球の環境はそれまでになく安定した．その安定した環境は，農業という新しいライフスタイルを確立することを可能にした．作物を育て家畜を飼うことで，安定的な食料の供給ができるようになった．毎年繰り返される季節変化など，予測可能な変化を特徴とする安定環境のもとでは，経験に基づく行動が成功をもたらす．世代を超えた経験の伝達や知の集積は，農業を可能としたばかりでなく，文明や科学の発展の基礎ともなった．

しかし，現在では，ここ1万年ほど続いてきた安定した環境が人間活動の帰結として失われつつある．産業革命以来の人間活動は，地球環境への影響を急速に拡大し，その安定性を大きく損なうことになった．これほどまでに人間活動が地球環境を支配する現代を，安定環境を特徴とする完新世に含めるべきではなく，新たな地質時代，**人間中心世** anthropocene とすべきであるという見方もある．

15-4 地球環境の限界を超えた人間活動

スウェーデンのロックストロームが率いる欧米各国の研究者を含む研究チームは，現在の地球環境が人類の**持続可能性からみた安全限界**から逸脱しているか否か，逸脱しているとすればどの程度なのかを定量的な指標によって評価した（表 15-1）.

検討の対象としたのは，① 人間活動によって起きている気候変動（地球温暖化），② 生物多様性の損失，③ 窒素・リンの地球生物化学的循環への人為的干渉，④ 成層圏におけるオゾンの減少，⑤ 海洋の酸性化，⑥ 淡水の利用，⑦ 土地の利用（開発など），⑧ 大気へのエアロゾル（大気中に分散している微粒子）負荷，⑨ 化学汚染，の 9 項目である.

指標値の検討から，安全限界からの明らかな逸脱が確認されたのは，①，②，③の 3 つである（図 15-3）. ⑨については，大きな逸脱が推測されるものの，現在，環境中に存在する膨大な数の化学物質が生物に与える影響と複数の物質が同時に作用した場合の複合影響などについての科学的知見があまりにも乏しいため，指標を用いた分析・評価が行えなかった.

安全圏からの逸脱が最も大きいと評価されたのは，②の「生物多様性の損失」である．この項目の定量的な指標として用いられたのは**絶滅率** extinction rate

表 15-1 地球環境サブシステムの各指標の限界値と現状

地球環境のサブシステム	パラメータ	限界値	現状	産業革命前の値
気候変動	(i)大気中二酸化炭素濃度（ppmv）	350	387	280
	(ii)放射強制力の変化（$W\ m^{-2}$）	1	1.5	0
生物多様性の損失	絶滅率（100 万種あたりの絶滅種数 / 年）	10	＞100	0.1 ～ 1
窒素循環	人間の利用のために大気から固定される窒素量（100 万 t/ 年）	35	121	0
リン循環	海洋に流れ込むリンの量（100 万 t/ 年）	11	8.5 ～ 9.5	～ 1
オゾン層の減少	オゾン濃度（DU）	276	283	290
海洋の酸性化	海表面における全地球平均アラゴナイト飽和度	2.75	2.90	3.44

（Rockström ら 2009 より改変）

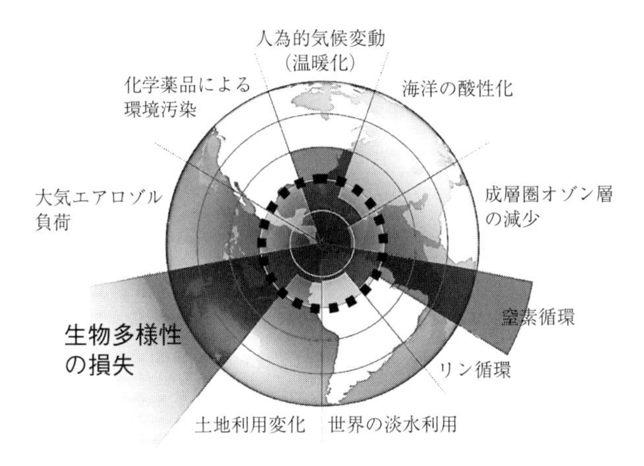

図 15-3　地球環境の安全限界と現状
太い点線は限界を示す（Rockström ら 2009 より改変）

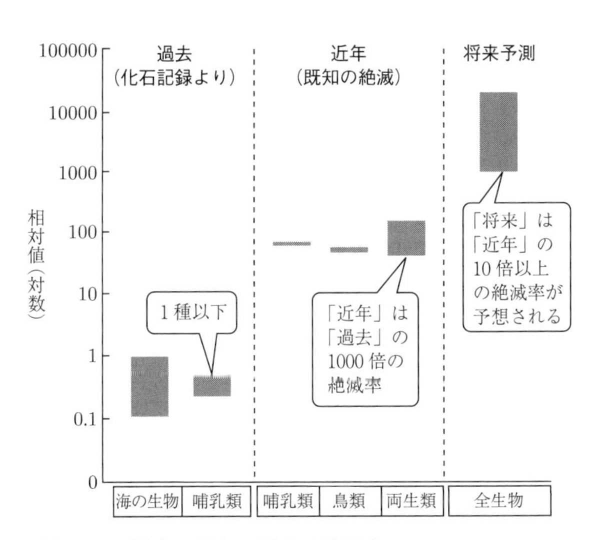

図 15-4　過去・現在・将来の絶滅率
（Millennium Ecosystem Assessment 2005 より改変）

である．絶滅率とは，1000 年間に 1000 種のうち何種が絶滅するか（＝年間 100 万種あたり何種絶滅するか）を表す指標である．人間の影響がない場合のバックグラウンドの絶滅率は，化石を用いた検討から，100 万種あたり年間 0.1 ～ 1 種と推定される（図 15-4）．これに基づき，安全限界値は 100 万種あたり 10 種と仮定された．人間活動の影響を，バックグラウンドの 10 ～ 100 倍以内にとどめるべきという考えに基づくものである．しかし，現在の絶滅率は，すでにバックグラウンド絶滅率の 100 ～ 1000 倍に達し，安全圏から大きく踏み出している．

①の「温暖化」，③の「窒素循環の改変（窒素集積・富栄養化）」は，その帰結である環境改変を介して，生物多様性を脅かす．⑦の土地利用の変化，すなわち森林や湿地の農地としての開発なども，生物多様性を失わせる主要な要因となっている．生物多様性は他の地球環境の劣化すべてを反映することから，地球環境の最も総合的な指標であるといえる．

15-5 エコロジカル・フットプリントと安全原理

地球環境を大きく改変し，生物多様性を脅かしている人間活動の大きさを評価する試みの 1 つが，**エコロジカル・フットプリント** ecological footprint: EF によるものである．それは，生物資源の利用圧を総合的に評価する指標である．生物資源の利用は，人口増加や経済成長などの影響を強く受ける．

「生態学的な足跡の大きさ」を意味するこの指標は，人類が主要な生物資源を得るために利用している土地面積にインフラ整備に利用している土地を加えたものである．その合計値は，地球の表面積という明瞭な限界値と対比させて，人間活動の大きさが地球の限界を超えているか，どのくらい超えているかの評価に役立つ．

食料，燃料，建材，繊維など衣食住に欠かせない生物資源の生産・採取の場としては，耕作地，牧草地，森林，漁場などが使われる．エコロジカル・フットプリント（EF）の算出には，生物資源の利用量からその生産に必要な面積を算出する．さらに，過去の生物が生産した生物生産物である化石燃料についても加算する．化石燃料の利用に伴うフットプリントは，その消費に伴って放出される二酸化炭素が大気中に蓄積しない程度に，光合成で吸収する植生の面積で評価する．これらにさらに居住地や道路などのインフラの面積を加えたものが EF である．

EFの合計値は，1980年代に地球の全地表面積を超えており，2000年頃には20％ほど超過した（図15-5（a））．化石燃料の使用によって放出された二酸化炭素の大気への蓄積は，この限界を超えた消費によるとみなすことができる．この「大幅赤字」の現状が先進国における大量消費型・資源浪費型の生活によってもたらされていることは，人口1人あたりのEFを国別に比較することで明瞭になる．その値は，アメリカが約7 ha，日本やヨーロッパの国々は4 ha程度であるのに対して，発展途上国の中には，その値が0.5 haに満たない国もある（図15-5（b））．

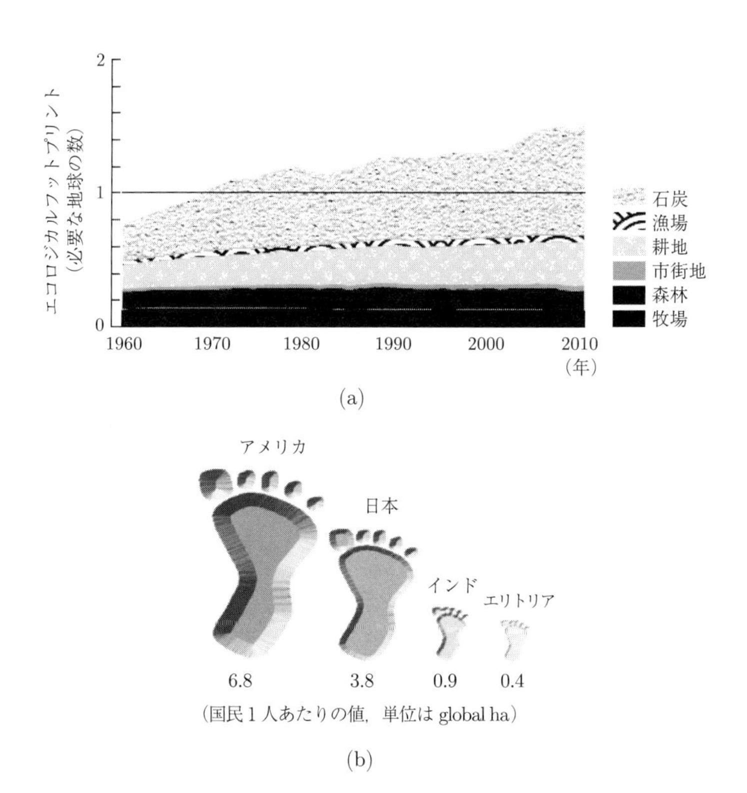

図 15-5　エコロジカル・フットプリントの変遷（a）と人口1人あたりのエコロジカル・フットプリント（b）
単位のglobal haは，気候に応じた生物生産性でhaを補正したもの（WWF 2014より改変）

このように，EF は地球環境の悪化に責任があるのは誰なのかを明確にするのに役立つ．また，人口増加だけが問題なのではなく，資源浪費型のライフスタイルに問題があることも明らかになる．EF を適正な範囲にとどめるためには，資源の効率的な利用の努力とともに人口あたりの大きな格差を解消するための努力が必要である．

EF でとらえることができるのは，おもに炭素循環への干渉とかかわる人間活動の影響の一部のみである．真の環境の限界を認識するには，さらに廃棄物や二酸化炭素以外の汚染などについても考慮しなければならない．環境経済学者のハーマン・デイリーは，地球の限界を超えることのない持続可能な人間活動のための３つの原則（**限界を超えない人間活動の３原則**）を提案した．これは個体群成長における**環境容量**（６章）という生態学的原理に基づいた経済原則である．

⑴　森林や海の生物生産物，土壌，水などの再生可能な資源の利用速度は，その資源の再生速度を超えてはならない．

⑵　化石燃料や鉱石などの再生不可能な資源の利用速度は，それに代わる資源の開発速度を超えてはならない．

⑶　汚染物質の排出速度は，自然が安全に吸収，循環，無害化する循環の速度を超えてはならない．

しかし，人類の活動の現状は，残念ながら，これとはほど遠いものとなっている．**持続可能性** sustainability，すなわち後の世代の生活の基盤を確保するためには，現在の活動のあり方を大きく変える必要があるだろう．その際，経済的な基盤は，生態系の基盤の上に成り立つものであることを忘れてはならない．また，国，地域，社会階層などの違いに応じてもたらされる環境負荷の極めて大きな違いを考えると，先進国の富裕層の消費のあり方を見直すことは最も重要な鍵の１つといえるだろう．

16 保全生態学と生物多様性

地球の生命史における現代は，人間活動により自然環境が激変しつつある時代といえるだろう．ヒトの自然界への干渉は時代とともに拡大し，人口増加と科学技術のめざましい発展をみた20世紀には，自らの持続可能性を脅かすまでになった．1930年代の北アメリカで保全の科学と思想が芽生え，1990年代になると国連の生物多様性条約が採択されるなど，国際的な取組みが強化され，生物多様性の保全と持続可能な利用を科学の面から支える科学分野として保全生態学がその活動を始めた．

16-1 生態系保全と保全生態学のルーツ

現生人類がアメリカ大陸に移り住んだのは，ユーラシア大陸への移入に比べればごく最近のことである．それ以降の1万年以上にわたって北アメリカの森林，湿原，草原などは，ネイティブ・アメリカンに豊かな自然の恵みをもたらしてきた．しかし，ヨーロッパ人の入植後300年にも満たない短期間のうちに，その多くが開発され，農地，牧草地，植林地などに変えられた．それに伴う急激な環境劣化を目のあたりにした人々が抱いた自然保護・保全の思想や科学的な営為の影響のもとに，1990年代になると自然環境の保全・再生のための科学が確立した．

19世紀末，ナチュラリストのミューアは，放牧によって荒廃した山間部の草原地帯の自然保護を訴え，1892年に山岳クラブ「シエラクラブ」を設立した．山岳地域の原生的な自然を保護するための国立公園設立のために尽力し，ヨセミテ国立公園など，いくつかの国立公園の制定にかかわったことから，「国立公園の父」とされている．原生的な自然を尊び，人為の排除を是とするミューアの思想は，初期の自然保護運動に大きな影響を与えた．

1930年代にアメリカ森林局の初代の長官となったピンショーは，それまでの無秩序な森林開発を反省し，「賢明な利用を通じた利用の持続性」を森林政策に取り入れた．すなわち，資源の保全を通じた長期的な経済的採算性を重視する森林管理である．現在では，収奪的な開発が持続的な利用とは相容れないとみるのは当然だが，自然を征服の対象とみる見方が有力であった当時のアメリカにおいては，斬新な考え方であった．彼は**保全** conservation という語を自然資源の**系統的利用** exploitation という意味で用いた．

同じ頃，自然史と生態学を背景として，**土地倫理** land ethics の思想を広げたのが生態学者のレオポルドである．それは，種の絶滅や自然景観や野生の要素が失われることへの強い危惧に発したものである．レオポルドの著書 “A Sand County Almanac” (1966)（邦訳「野生のうたが聞こえる」）には，ダストボウル（砂嵐）の頻発やプレーリー固有の植物の消失などで指標される不健全化した生態系が描写されている．レオポルドは，自然のシステムのダイナミズムの保全を提案した．それは，自然を互いに関連し合うプロセスや要素からなる複雑で統合的なシステムとしてみる生態学の見方を基礎としたものである．レオポルドは，ヨーロッパからの移民の開拓を支えた「自然の征服者としての人間」という見方に対して，「広範な生物社会の一部としての人間社会」という新たな視点，すなわち，生態学と社会を統合する視点を提示した．

彼は生態系の保全と生態系修復の重要性を説くにとどまらず，率先して実践に取り組んだ．1935 年にはウィスコンシン大学が土地を購入した放棄農地に，プレーリーの植生を再生する実験を開始した．その取組みは，現在でも大学植物園の事業として引き継がれている．この植生再生実験は現代の「自然再生」の潮流につながる最初の科学的な試みであるといえるだろう．

保全とは？

「保全」は，これまでさまざまな意味を込めて用いられてきた．すなわち，自然とその要素に対する多様な行為，すなわち，保護，維持，再生，持続可能な利用などを広くさす用語として使われてきた．「それは静止した状態の維持ではなく，変化を上手に管理することである．例えば，植生の保全は目前にある植生そのものの保全ではなく，その動態を保全する試みである」とはピケットらの見解である．また，ジョーダンは，「保全は環境あるいは自然資源およびそれらが含む価値を損なったり，消耗させたり，絶滅させたりすることのないように管理するという哲学である」と定義している．

その流れをくむ現代の保全の科学に科学的な土台を与えるのも，自然史科学である．近代生物学においても，「多様性」は一貫して研究者や自然愛好家の主要な関心の的であった．ダーウィンは，自然史に蓄積していた生物の多様性に関するそれまでの知見を「進化」という視点によって体系的に再編した．しかし，その後の科学の歴史において，物理学が科学の模範とされたことから，生物学においても還元主義的なアプローチ（1章）が優勢となり，生物学の主要な関心が統一性や共通性に移った．しかし，多様性へのまなざしは，脈々と受け継がれ，20世紀末になると生物学の中での復権をみた．

自然環境を保全する実践に寄与することを使命として自覚する保全の科学としては，生態学や遺伝学の研究者が中心となって樹立した保全生物学，および生態学の視点からシステムとしての生態系と社会の相互関係に主要な関心をおく保全生態学がある．本書では，これら両方を含むものとして保全生態学の名称を用いる．保全生態学は，生物の多様性への科学的関心が，その対象と目的を社会および未来へ拡張することで生まれた新しい学術分野である．これらの**使命の科学** mission-oriented science は，生物多様性の保全および健全な生態系の持続が国際的な社会的目標として確立した1990年代に本格的な活動を開始した．

16-2　生物多様性条約と生物多様性

生物多様性（生物多様性条約における「生物の多様性」）は，今では健全な生態系を維持し，持続可能な社会を築くための重要なキーワードとなっている．

生物多様性条約（正式名称は，生物の多様性に関する条約 convention on biological diversity: CBD）は，地球環境保全のための主要な国連の条約として，1992年にブラジルのリオ・デ・ジャネイロで開かれた国連環境開発会議（通称，地球サミット）で気候変動枠組条約とともに採択された．生物多様性条約は，生物多様性の保全と持続可能な利用，その利用によって得られる利益の公正で衡平な配分を目標として掲げ，今では，世界中のほとんどの国（194か国とEU）が加盟している．

生物多様性条約の条文では，**生物の多様性**（＝生物多様性）を「生物種の多様性」「同じ種の中での個性の多様性」「生態系の多様性」を含む，「生命に現れているあらゆる多様性」を意味すると定義している．

私たちの心豊かな暮らしは，それを支えてくれる豊かな自然なしには成り立たないが，その自然の豊かさが生物多様性である．生物多様性の保全と持続可能な利用という生物多様性条約の目標は，自然に支えられた豊かな暮らしを守ることに他ならない．現在，急速に損われつつある生物多様性は，その意味において，将来世代の必要（ニーズ）を損なうことなく現世代のニーズを満たすことを保障する，「持続可能性」という目標に照らしたときの，今日の人間の活動の危うさを映す鏡でもある．

生物多様性の現状には，40億年にわたる地球の生命史が凝縮している一方で，ここ1万年ほどの人類と自然環境のかかわり合いの歴史が色濃く反映されている．特に，ここ数十年の人間活動の影響が甚大なものであることはすでに前章で述べた通りである．

16-3　知恵と技と美の宝庫としての生物多様性

生物多様性は生命の歴史の所産である．その歴史をたどる手法として，DNAを分析し，そこに化学的暗号として刻まれている遺伝情報を解読する技術が近年飛躍的に発達し，さまざまな生物のゲノム情報が解読されることで，生物の系統的な関係が明らかにされつつある．それにより地球の全生物の共通の祖先ともいうべき，**LUCA**（the last universal common ancestor）の存在が浮かび上がってきた（図16-1）．

LUCAは，現存生物の三大グループ「バクテリア」「古細菌」「真核生物」のすべての系統をゲノムでさかのぼる「生命の樹の根元」に存在したと推定される原始生物である．それは，40億年ほど前に出現した自己複製能をもつ原始的な単細胞生物である．

LUCAから現存の生物に至る40億年の間，遺伝情報は複製を繰り返し，時として，複製の間違いである突然変異やゲノムの倍加などが起こることで，祖先とは異なる性質をもつ多様な生物として進化した．それらの多くは途絶えたが，その時々の環境にうまく適応することができた子孫は存続した．自己複製，突然変異，**自然選択**による**適応進化**（3章）に加え，多くの偶然の作用も加わり，地球の現存のすべての生物を含む，多様性に富んだおびただしい数の種からなる生物多様性が築かれた．

LUCAは，保有するゲノム情報がごくわずかな単純な単細胞生物であったが，人類を含む現存の子孫には，多細胞で極めて複雑な体制，生活史，行動を進化させた数百万種もしくは数千万種もの生物が存在する．しかし，人類が科学的

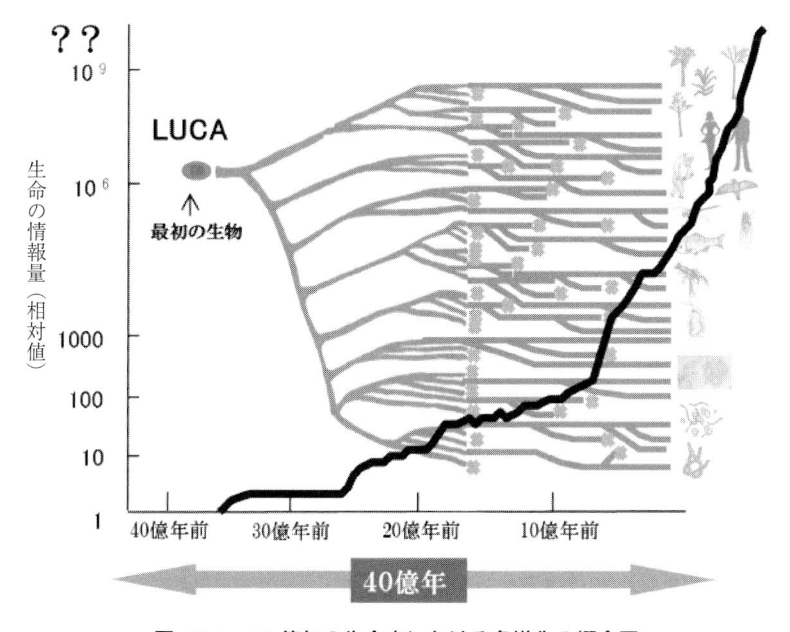

図 16-1　40 億年の生命史における多様化の概念図

に把握できている生物種（分類されて学名がつけられている生物）は，そのごく一部であり，いまだ200 万種に満たない．

人類にとっての未知の生物を含めた，現存の生物が示す多様性は，生命史を通じた生物の多様化・複雑化によってもたらされた「情報の膨大な蓄積」を意味する．

すなわち，40 億年にわたる壮大な試行錯誤を通じて，現在の生物は，地球の生物が直面するあらゆる問題への解決法を適応進化の過程で試行した．困難を乗り越えることができたものだけが，現在まで存続している．さまざまな環境，さまざまな必要性に対処するための生物の知恵ともいうべき**適応戦略**は，それ自体が莫大な価値と潜在的な利用の可能性をもつ．

ヒトは，古来，身の回りの生物からさまざまなことを学んできた．ヒトがその適応進化の途上で獲得した知能は，生物を観察し，学び模倣することにおいて，特に優れているといえるだろう．

例えば，飛行機につながるグライダーは，コウノトリの飛行を観察することで発明された．熱帯の乾燥地域にみられるシロアリの塚の構造は，炎天下でのエネルギーを投入しない空調を実現している．実際に，その原理は，建築に応用されている．フクロウは，獲物に気づかれることなく音をたてずに飛ぶが，その秘訣は「羽」の微細構造にある．その構造をまねたパンタグラフ（車両の上に取りつける集電装置）が，騒音の防止に役立っている．このような模倣技術**バイオミミクリー** biomimicry は，最近では，産業技術分野でも注目を集めている．

最近では，生物のつくる比較的大きな構造のみならず，微細な構造や行動特性などに関しても模倣技術を開発することが盛んになっている．例えば，天井や垂直な壁を歩くことのできるヤモリの足の裏に密生する微細な毛（ファンデルワールス力を生み出す）を模倣した再利用可能な粘着テープ，微細な溝に水膜を張って汚れをはじくカタツムリの殻の表面構造を利用した汚れのつきにくいタイル，レンズ表面に 100 nm の微細突起が並び光をほとんど反射しないガの目を模倣した反射防止フィルムなど，商品化されるものが増えつつある．

生物や生物がつくるシステムは，技術としての応用にとどまらない，さまざまな効果を私たちの心にもたらす．すなわち，すばらしい造形や色彩や動きや音色で私たちを魅了し，私たちの精神に強い作用を及ぼし，芸術の源泉ともなる．生物の絶滅は，40 億年の生命史を凝縮させた「生命の知恵」や「生命の技」のみならず「生命の作品」ともいうべき膨大で貴重な情報を，それを解明し，認識し，利用し，楽しむ暇なく，永久に失わせる．それは人類にとって極めて大きな損失となるだろう．

文化財や文化遺産は，その歴史的価値から保存への努力がなされている．文化遺産よりもはるかに長い歴史の中で，必然と偶然の結果として生み出された生物多様性とそこに蓄積されている膨大な「情報」，それを現代の一部の人々の短期的な経済的利益と引き換えに，永久に失わせることほど愚かなことはない．

生物が具現している知と技と美とあらゆる戦略に関する情報の宝庫を後の世代の人たちに残すには，生物多様性の保全が必要であるが，その保全にも，また活用にも，それに心を動かし，深く理解するための感性と知性が欠かせない．それを養うことができるような自然環境教育が求められている．

次章においては，生物多様性を保全することの必要性を，生態系サービスなど生態系の機能や安定性の視点から論じる．

生物多様性基本法と生物多様性国家戦略

日本は2008年に**生物多様性基本法**を制定した．この基本法は，国内外における生物多様性が危機的な状況にあることや，日本の経済社会が世界と密接につながっていることを踏まえたうえで，国の生物多様性の保全と持続可能な利用に関するあらゆる政策を総合的，包括的に律する性格をもつ．したがって，生物多様性にかかわりのあるあらゆる法律や計画は，生物多様性基本法に示された理念や方針に合わせて策定される必要がある．

生物多様性基本法では，「保全と持続可能な利用」にあたって，「予防的な取組方法」および「順応的な取組方法」をもって対処すべきことを基本原則（第3条）として掲げている．保全の推進にあたっては，多様な主体の連携や協働，自発的活動などを重視し，民意を反映するための公正性，透明性のプロセスを重視した政策形成のしくみの活用を図る（第21条）とし，市民や地域の主体的な参加を重視している．

生物の多様性の状況の把握や監視，調査の実施やその体制の整備と適切な指標の開発（第22条），およびこれにかかわる科学技術の振興のための必要な措置（第23条）を講ずるとしているなど，科学的なアプローチを尊重しているが，監視のための生物多様性指標や参加型生物多様性モニタリングのプログラムの開発は，第22条に応える保全生態学の重要な研究テーマである．

なお，これまで国や地方公共団体が実施する公共事業は，生物多様性に影響を及ぼすことが少なくなかった．基本法第25条において，生物多様性に影響を及ぼすおそれのある事業に関しては，計画段階での環境影響評価（環境アセスメント）の実施を求めており，2011年に改正された環境影響評価法では，その趣旨が多少活かされている．

この法律が総合的，包括的なものであることを端的に示す条項は，生物多様性に配慮した事業活動の促進について述べた第19条である．その2項では，「国は，国民が生物の多様性に配慮した物品又は役務を選択することにより，生物の多様性に配慮した事業活動が促進されるよう，事業活動に係わる生物の多様性への配慮に関する情報の公開，生物の多様性に配慮した消費生活の重要性についての理解の増進その他の必要な措置を講ずるものとする」としている．

生物多様性国家戦略は，生物多様性条約の締約国にその策定を求めているものであるが，日本ではこの法律に基づく国の計画でもある．

17 生態系サービスと生態系の評価

「生物多様性の保全」は，人間にとって安全で，持続的に自然の恵みを与えてくれる「健全な生態系」を持続させるための目標である．多様なサービスを提供してくれる健全な生態系は，生活と生産のための基盤であるともいえる．「生物多様性の保全」と「健全な生態系の持続」は，それぞれ「自然の構成要素」と「自然の働き」に注目した表裏一体の社会的目標である．後の世代が現世代と同じように，自然の恵みを享受しながら人間らしい生活を営むことを保障するためには，自然の利用や開発を適正な範囲にとどめて持続可能性を確保することが欠かせない．

17-1 生物多様性が生み出す生態系サービス

生物多様性が，生態系の働きを通じて人間社会にもたらす利益・価値を適切に認識するため，1980 年代にアメリカの生態学研究者デイリーらは，**生態系サービス** ecosystem services の概念を提案した．その後，生態系サービスは，生態学のみならず，環境経済学の用語としても広く用いられるようになった．生態系サービスは，生態系がそのさまざまな機能を通じて人間に提供する物質的，経済的，社会的，精神的なあらゆるサービスを意味する．

人々の幸福な生活は，多様な生態系サービスが過不足なく，またバランスよく提供されてはじめて成り立つ．ところが，いずれのサービスもが十分に提供されているときにその大切さに気づくのは難しい．必要としている生態系サービスを得ることが難しくなってはじめて重要さに気づくのが常である．現代の都市生活のように，遠く離れた場所で生み出される生態系サービスに依存している場合には，生態系の働きについて実感すること自体が難しい．

多様な生態系サービスを持続的に供給する生態系は，その中に，働き方（**機能**）の異なる多様な種群（**機能群**）を含む．それらは，それぞれの機能を通じて異なるサービスに寄与する．

自然林には，高木層から地表近くの下層までの何層かからなる葉層の階層構造が発達している．森林の上層に葉を展開する樹木は明るい環境で旺盛に成長するが，低木層をつくる植物は木漏れ日の弱い光を利用して光合成を行う．光利用特性の異なる種群が共存することで，森林に降り注ぐ太陽光は無駄なく利用される．また，土壌表層に根を広げる種群と土壌のより深い層に根を伸ばす種群が共存すれば，水や栄養塩が無駄なく利用できる．自然林にはそれぞれの階層に多様な植物が生育しており，生物間相互作用（7章）を介して多様な昆虫や動物，分解者である微生物などに餌やすむ場所を提供している．それら多様な種群がかかわり合いながら，多様で複雑な機能を生み出す．

生物多様性は，生態系サービスの安定的な供給にも重要である．同じ機能群に属す種が複数存在すれば，何らかの理由で種の絶滅が起こっても，同じ機能群の他の種が，代わってその役割を担うことができる（**代替性**）．

性質の異なる生態系が組み合わされた複合生態系は，それぞれの生態系に含まれる機能群が異なり，異なる生態系サービスのセットを提供できる．例えば，日本の**里地里山**のように，水田，水路，溜池，異なるタイプの樹林，草原など，多様な生態系が組み合わされて存在すれば，より多くの生態系サービスのセットを提供することができる．

17-2　生物多様性と生態系の機能・安定性

生物多様性を保全することは，生態系の健全性を維持することでもある．
植生を構成する植物の種の多様性は，光合成によって，**一次生産** primary production をはじめとする生態系の機能や安定性に寄与する．多様な植物からなる自然植生を，栽培植物の**モノカルチャー** monoculture（同じ種類の植物だけを植える単一栽培）の，単純で人工的な環境に変えることは，土壌浸食（降雨や風の影響で栄養豊かな土壌が失われること）により生態系の機能不全や不安定化を招く可能性がある．北アメリカでプレーリーを開拓して形成された肥沃な農業地帯が100年もたたないうちに激しい砂嵐に見舞われるようになり，広大な農地が放棄されたのはその顕著な例である．

植生における植物種の多様性が高いほど一次生産などの**生態系機能**に優れ，環境が変動してもその機能を安定的に維持できることに関し，ダーウィンは，すでに著書「種の起源」に，数属のイネ科草本植物を混合して生育させると大きな生産が確保されることを記している．そのことを実験で実証し，理論的にも説明したのは，アメリカの生態学研究者ティルマンである．

種多様性が大きいと機能と安定性が高まることに関して，ティルマンは次のような理由をあげている．

⑴　種の多様性が大きいと，その環境に適応して大きな生産力をもつ種が含まれている可能性が大きい．

⑵　種の多様性が大きければ，異なる環境条件に適応している種が含まれる余地があり，環境の時間的空間的変動に対して，植生全体として対応して高い生産力が維持できる．

⑶　種の多様性が大きいと，水，栄養塩（窒素やリンなどの元素を含む生物に必要な塩類）などの資源の利用において異なる戦略をもつ種が組み合わされており，資源を余すところなく利用できる．

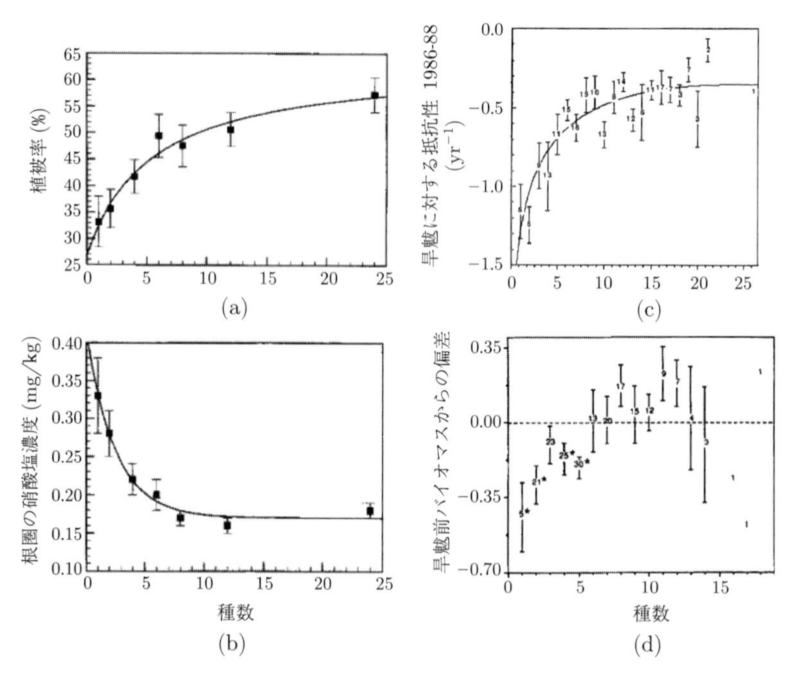

図 17-1　ティルマンの実験とその結果

種数と植被率 (a)，根圏の無機窒素（硝酸塩）濃度 (b)，旱魃に対する抵抗性（旱魃前と旱魃のピーク年のバイオマス比）(c)，旱魃後の回復力（旱魃前バイオマスからの偏差）(d) の関係を示す（Tilman ら 1996，Tilman & Downing 1994 より改変）

(4)　病原生物は同一の種が密集していると広がりやすい．種の多様性が大きければ，病気の広がりを抑制できる．

ティルマンらが実験を実施した草原において，植物の成長を制限しているのは土壌の無機窒素化合物不足であった．多様性の高い実験区では，無機窒素がより完璧に利用されており，(3)が証明された．実験地の近隣の自然草原でも，植物の生産性と土壌窒素の利用性が，種の多様性とともに増加していた．種の多様性がもたらす安定性は，旱魃に対する**抵抗性**（変化しにくい性質）や**回復力**（変化してももとに戻る性質，**レジリエンス** resilience）においても認められた．

これらの特性が種の多様性にどのように依存するのかは，飽和型の曲線で表される．それは，種が減少するにつれて1種が失われることの重みが増すことを意味する（図17-1）．

17-3　ミレニアム生態系評価とシナリオ予測

人々が幸福に暮らし，持続的な開発が可能かどうかは，生態系を持続可能な形で利用できるかどうかにかかっている．食料や汚染されていない水などの生態系サービスに対する需要がますます大きくなる一方で，多くの生態系が健全性，すなわち，将来にわたって人間社会のニーズを満たす可能性を失いつつある．したがって，適切に生態系を利用・管理するための条件を科学的・客観的に明らかにすることは急務であり，21世紀になると，地球環境の危機を科学的・客観的に評価する活動が盛んになった（15章）．

大規模な地球規模の生態系のアセスメントとしては，2001年から2005年にかけて国連主導で実施された**ミレニアム生態系評価** millennium ecosystem assessment : MAがある．MAは，国連のイニシアチブのもと，世界資源研究所，国連開発計画，国連環境計画，世界銀行などの国際機関，世界の95か国の国々，1360名の各分野の専門家が参加して2001年から2005年にかけて実施された．

MAでは，過去50年間の地球環境変化・トレンドを分析し，それを踏まえて50年後を予測した．2050年までに，人口は現在よりも30億人増加し，世界経済は4倍の大きさにまで成長すると予測されている．資源の消費は大幅に増加し，現在すでに急速に進行しつつある生態系の劣化はいっそう深まるおそれがある．

1980年代後半から蓄積した地球環境に関する膨大な既存情報を整理・統合し，

現在その速度を増しつつある生態系の変化が，生態系サービスを供給するポテンシャルの変化を介して，人間の生活・幸福 well-being にもたらす影響を把握することを試みた．予測は，シナリオ分析によって行い，政策が将来の生態系サービスと人間の生活・幸福に及ぼす影響を予測した（コラム参照）．その報告書は 2005 年に出版され，その後の生態系や生物多様性に関する国際的な評価活動にも大きな影響を与えている．

ミレニアム生態系評価の枠組みとシナリオ分析

ミレニアム生態系評価（MA）においては，生態系サービスを「人間の豊かで幸せな暮らし human well-being」（ここでは便宜的にそれを「人間の幸福」と表現）とともに分析の中心においた（図 17-2）．

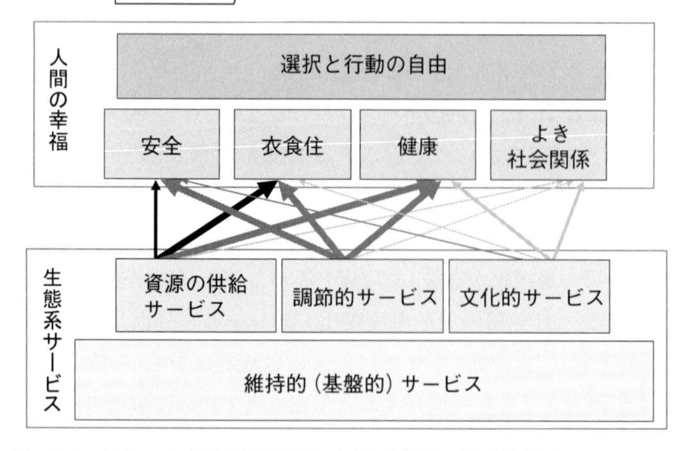

図 17-2　ミレニアム生態系評価における評価の概念枠組み
生態系サービスと「人間の幸福」要素の関連（Millennium Ecosystem Assessment 2005 b より改変）

適切な政策と実践（生態系管理）を通じた生態系プロセスへの干渉は，生態系の劣化の進行をくい止め，人々にとって必要な生態系サービスが提供される望ましい状態に生態系を回復させ，人間の幸福の増進をもたらすうえで意義が大きいと考えられる．そのためには，いつ，どのような干渉を生態系に与えるべきかを知る必要がある．そのための確かな科学的知識体系をつくることがMAの目的の１つである．

過去50年間の分析が明らかにしたのは，漁業は乱獲の果て衰退しつつあり，農地の40％は浸食，固結化，塩類集積，汚染，都市化などによって劣化しつつある現状である．窒素，リン，イオウ，炭素など，物質循環の改変も著しく，酸性雨，藻類の大発生，低酸素水塊の拡大による魚類の斃死などに加えて，気候変動（温暖化）が生態系とそのサービスを短期間のうちに急激に変化させることが危惧される．地球規模での生態系管理の失敗は，洪水などの自然災害，旱魃，不作，病気などのリスクを増大させる．そのような生態系の不健全化は，世界的な市場を介して遠隔地の生態系サービスを享受する都市の住人より，当地の生態系サービスに依存した生活を営む発展途上国の人々への影響が大きい．とりわけ，居住地以外の生態系サービスを利用する経済力をもたない貧困層に，より深刻な影響が及ぶと予測される．

生態系の変化は，人間だけでなく，さまざまな生物に影響を与える．生態系サービスを生む生態系の機能は，多くの場合，生物間相互作用のネットワークに依存する．生物間相互作用が網の目のように入り組む生態系は，複雑でダイナミックなシステムであり，予測における不確実性が高い．また，生態系サービス間にはトレードオフがあることから，特定の生態系サービスにのみ目を向けた功利的な観点からの管理が常に最適とはかぎらない．

生態系の利用・管理の難しさの一因は，個別の生態系サービスに対する需要が増すにつれて，サービス間のトレードオフが顕在化することである．市場が成立しているサービスは人為的に強化されがちであり，それとトレードオフの関係にあるサービス，すなわち，市場のないサービスを犠牲にする．生物多様性や生態系がもつ内在的な価値を尊重することは，長期的にみれば，功利的にも社会にとって望ましい管理となる．

MAでは，中長期的な生態系，サービス，駆動因の変化を予測するために４つのシナリオを設定した．シナリオは社会的・生態学的な将来展望の記述であり，多様な分野の専門家が参加するパネル討議を通じて選択された．「ますますグローバル化する現在の傾向をよしとするか」，あるいは，「地域の価値や地域での活動を重視するか」という選択肢に加えて，「経済成長を優先するか」，「公共の福祉や予防的アプローチによる生態系保全を重視するか」といった選択肢を組み合わせることで４つのシナリオを作成した（表17-1）．

表 17-1　4 つのシナリオの特徴

シナリオ	持続性への主要な解決策	経済的アプローチ	社会政策的関心	主要な社会的組織
世界協調	持続的開発，経済的成長，公共的財	地球公共財の増強に伴うフェアトレード（関税の引き下げ）	世界的な改善，地球的公衆衛生，世界的な教育	多国籍企業，国際 NGO，多国間の組織
力による秩序	保護区，公園，国家レベルの政策，保全	地域的貿易圏，重商主義	安全の確保と保護	多国籍企業
順応的モザイク	局地的-地域的協同管理，共有財制度	地域的なルールの統合による交易の規制，地域的な非市場的権利	国際的社会とリンクした地域的社会，地域的公正の重要性	協同組合，世界的組織
テクノガーデン	環境保全技術，環境効率，商取引可能な生態学的財産権	世界的な関税の引き下げ，商品，資本，人間のフェアで自由な移動，生態学的財の世界市場	技術的専門知見を重視，機会の捕捉，競争，開放性	多国籍の同業組合，NGO

（Millennium Ecosystem Assessment 2005 a より改変）

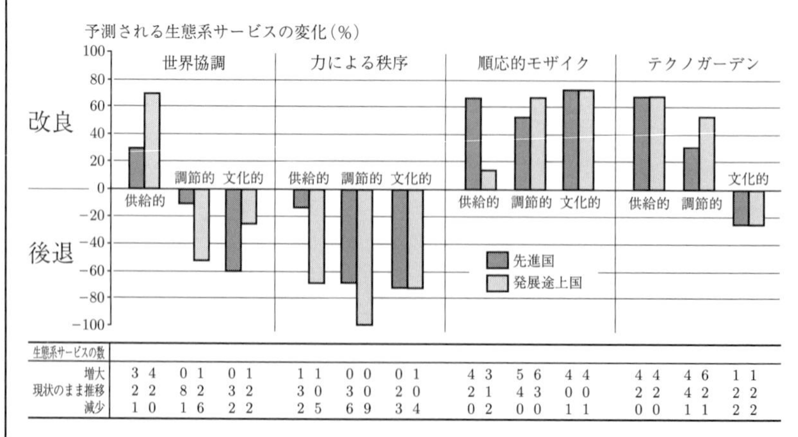

図 17-3　4 つのシナリオで予測された生態系サービスの供給ポテンシャルの増減（Millennium Ecosystem Assessment 2005 b より改変）

これらの選択肢の要素はいずれもすでに現在の政策の中に存在するものであるが，比較を容易にするために，それぞれに対照的な対応を設定して4つのシナリオとした．

4つのシナリオにおけるそれら選択肢にかかわる基本的政策ならびに特徴と予測された生態系サービスへの影響は次の通りである（図17-3）．

① **世界協調** global orchestration　グローバル化，経済成長，公正を重視．経済のグローバル化および社会政策の充実が各国，特に発展途上国における主要な戦略となるとしたシナリオ．発展途上国に生み出される富が環境の整備の手段を与え，深刻化する環境問題に若干の対処がなされる．このシナリオでは，多くの貧しい国々で概して福祉は向上するが，2050年までにいくつかの生態系サービスは低下．

② **力による秩序** order from strength　地域，国家安全保障，経済成長を重視．安全や防衛を重視し，地域ごとに断片化した世界．保護貿易が優先させられ，セキュリティシステムに巨額の投資がなされる．豊かな国は，貧困，抗争，環境劣化，生態系サービスの劣化などを障壁の外へ，すなわち力のない国へのしわ寄せによって解決しようとすることで，国家間の貧富の差はいっそう拡大．多くの生態系サービスが低下．

③ **順応的モザイク** adapting mosaic　地域での適応政策や順応的なガバナンスを重視．地域，特に流域での政治的・経済的な活動を重視し，生態系管理戦略と社会制度を強化．生態系の機能やその適切な管理に向けた理解を深め，管理に必要な知識を増やすことに重点的な人的，社会的投資がなされる．生態系に関して学ぶことに対する努力がなされる一方で，人智の及ばない事柄に備える「謙虚さ」が順応的な生態系管理の特徴であり，不測の事態が社会に与えるインパクトが他のシナリオに比べて小さい．地域差はあるものの，2050年までには環境を現在よりはずっと適切に生態系を管理できるようになっており，生態系サービスは4つのシナリオの中で最もよく維持されると予測された．

④ **テクノガーデン** technogarden　グローバル化，グリーンテクノロジを重視．財産権システムおよび生態系サービスの価値を重視する政策によってグローバル化とテクノロジーに強く依存し，工学的管理によって生態系サービスを維持する世界．生態系の問題に対しては，科学技術と市場を用いて対処．生態系サービス確保のための手段は環境工学的なテクノロジー．工学的管理による生態系サービスの供給は高い水準に達するが，サービスの制御が比較的狭い範囲内で最適化されるため不測の事態に対処できず，生態系のレジリエンスが失われて生態系サービスの提供が滞ったり停止するリスクがある．

18 現代の絶滅：要因と影響

現在は，生命史における第6回目の大絶滅時代の真っ只中にある．その中でも近年の絶滅リスクの高まりは，現代に特有の人口動態や経済のグローバル化が大きな間接要因となっている．国際貿易の主要なコモディティ品目の生産が東南アジアで多くの絶滅危惧種のリスクを高めており，輸入国としてこのリスクに責任があるのは日本の消費者であることが明らかにされている．

18-1 現代の絶滅リスクにさらされやすい種

絶滅は，生物多様性の劣化の中でも最も明瞭な不可逆的現象である．人間活動が原因となる絶滅が増えていることは，近年の人口の急激な増加に伴い，絶滅はいっそう急激に増加していることからも明らかである（図 18-1）．人口増加に比べて絶滅種の増加の方が急激なのは，人口1人あたりの影響が大きくなっていることを意味する．人口やエコロジカルフットプリント（15章）の増大は，人間活動による多様な環境改変を通じて間接的に絶滅を加速する．

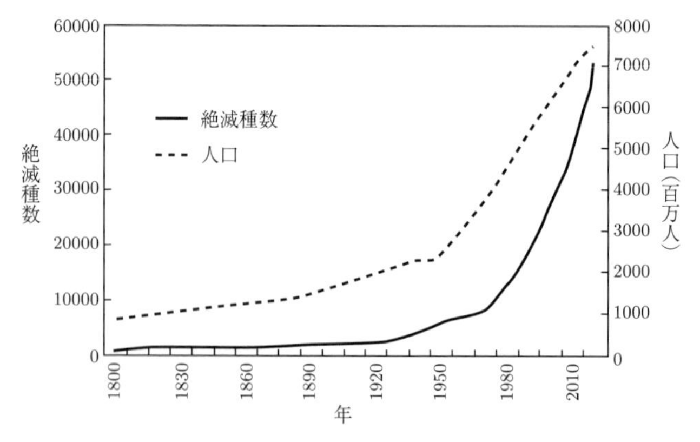

図 18-1 人口と絶滅種の増加（Scott 2008 より改変）

全般的に，生物の絶滅のリスクを高めている人間活動に由来する**直接要因** pressure は，直接個体を間引く**乱獲**や**過剰採集**，農薬など有毒物質による**環境汚染**や**富栄養化**などの生息・生育場所（**ハビタット** habitat）の環境劣化，**侵略的外来生物**の影響，**ハビタットの分断孤立化**などである．また，**地球温暖化**もその影響を強めていると推測される．これらそれぞれの人為的要因は，単独で作用するというよりは，複合して相乗的に作用する．対策においては，複合的な作用への対策が必要になる．

これらの人間活動に起因する現代の絶滅にさらされやすいのは，① 人間活動の活発な場所を生息・生育の場とする種（＝ハビタットの喪失，分断孤立化，環境汚染の影響などを受けやすい），② 利用，あるいは駆除の対象としてヒトの関心を引く種（毛皮，薬などとして利用される，あるいは害獣として認識されるなど），③ 生息に大面積を必要とする大型哺乳動物（＝ハビタットの喪失，分断孤立化，環境汚染の影響を受けやすい），④ 特殊な環境に適応している種，⑤ 環境変化に適応しにくい世代時間の長い種などである．

18-2　絶滅要因としての生息・生育場所の喪失と分断化

現在，直接の絶滅要因の中で最も影響が大きいと考えられるのは，ハビタットの喪失と分断孤立化である．地球規模で特に問題となっているのは，食料やバイオ燃料の生産を目的とした湿地や熱帯林の農地開発による，ハビタットの喪失と分断孤立化である．

日本列島では，埋め立てや干拓などによって湿地や干潟が失われてハビタットの分断孤立化が進行し，淡水生態系や沿岸域の生物多様性が危うい状態になっている．そのことは，環境省がまとめたレッドデータブックの絶滅危惧種の減少要因にもよく表れている．分類群を問わず，さまざまな開発が強い影響を与えていることがわかる（図 18-2）．

ハビタットが残されていても，分断孤立化によって個体群の存続が困難になる理由は，個々の場所に収容できる個体群が小さくならざるをえないことである．生物の個体群（集団）は，個体数がある限界を超えて減少すると，絶滅の危険が高まる（19 章）．

水域および水域と陸域の間の移行帯では，ダムや護岸などの人工的な構造物によって魚類，両生類，貝類，水生昆虫などの節足動物の**移動分散**が妨げられ，生息・生育場所の**連結性の喪失**が，多くの生物の絶滅リスクを高めている．移

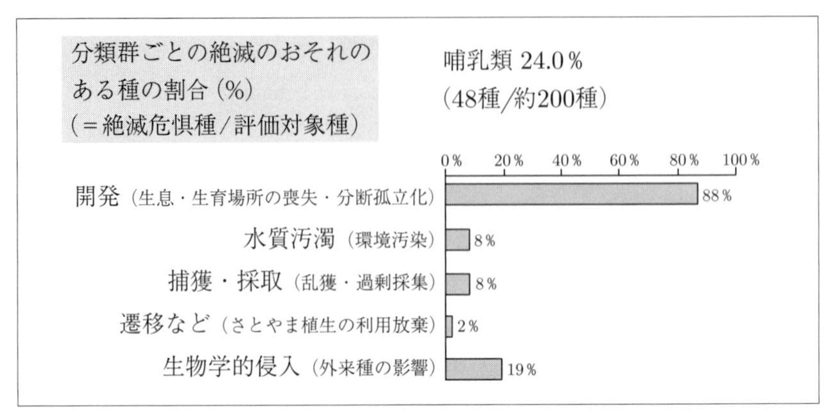

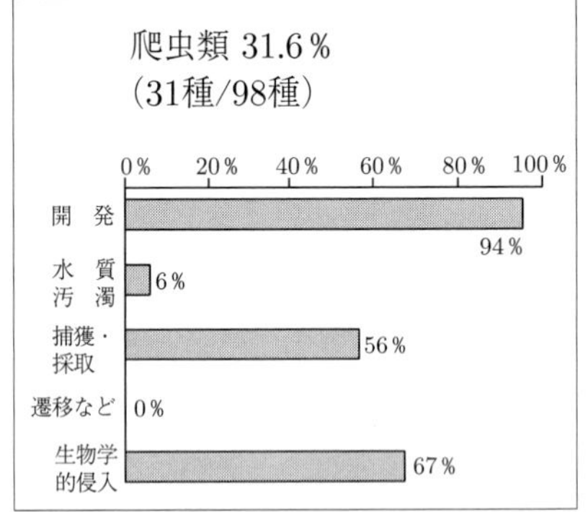

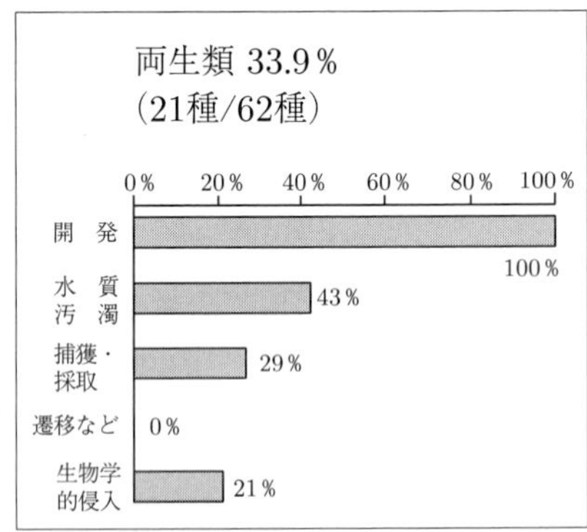

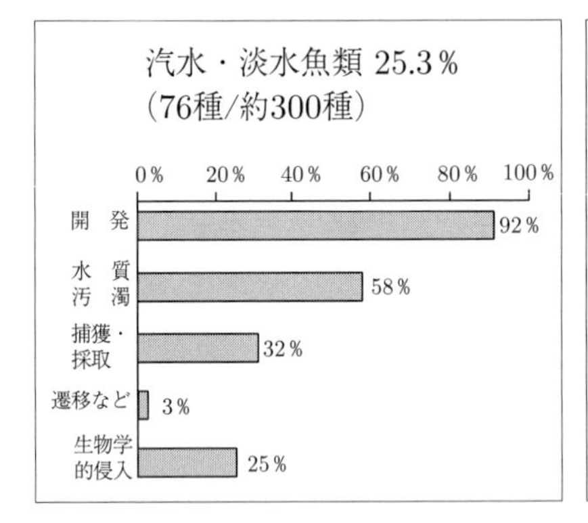

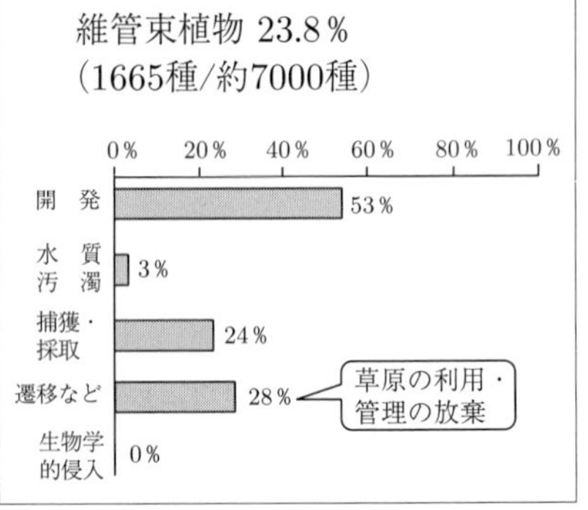

図 18-2　日本の絶滅危惧種の減少要因（環境省 2010 より改変）

動が妨げられること自体が個体群の存続を脅かすが．特に，その一生に複数の生息・生育場所を必要とする生物は，その生活史をまっとうすることができなくなる．例えば，海と川の上流域，川の流路と氾濫原湿地の止水域，水辺と樹林などのように，一生のうちにいくつかの異なる生息場所を利用する魚類や両生類は，ダムや堤防，河口堰や防潮堤などの人工構造物，農地開発，市街地化などにより移動が妨げられるようになると，個体群の存続が難しくなる．なお，個体の移動で結ばれたメタ個体群の存続性にかかわる問題は 20 章で扱う．

18-3　国際貿易という間接要因

前節にあげたような直接の絶滅要因をもたらす**駆動因** driver（間接要因），特に多くの種の絶滅リスクを間接的に増加させている要因について把握すること（図 18-3）は，有効な生物多様性保全策を提案するうえで意義が大きい．

地球規模で生物多様性の危機をもたらしている最大の間接要因の 1 つが国際的な市場での取引である．農産物などの**コモディティ** commodity（商品：未加工農産物，金属材料，嗜好品など）の生産・消費の地域的関係と生産地での生物多様性への影響に目を向けることは，現状を把握するうえで意味が大きい．レンツェンらは，コモディティの生産・消費がもたらす絶滅危惧種への脅威を国別に評価した（図 18-4）．

国際自然保護連合（IUCN）のレッドリストに掲載されている 25000 種の絶滅危惧種を取り上げ，生産がその絶滅要因にかかわっているとされているコモデ

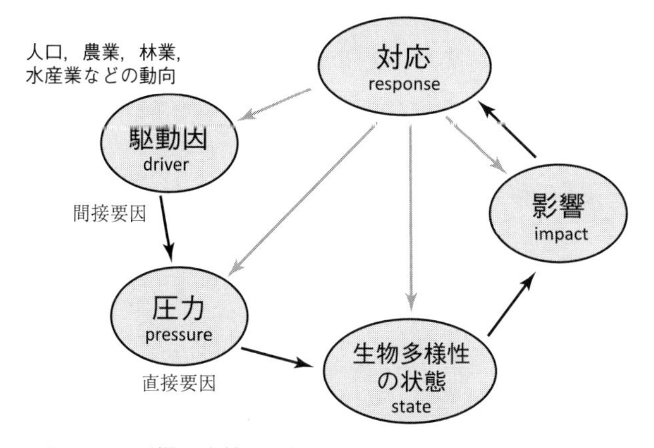

図 18-3　影響の直接的間接的要因に関する DPSIR モデル

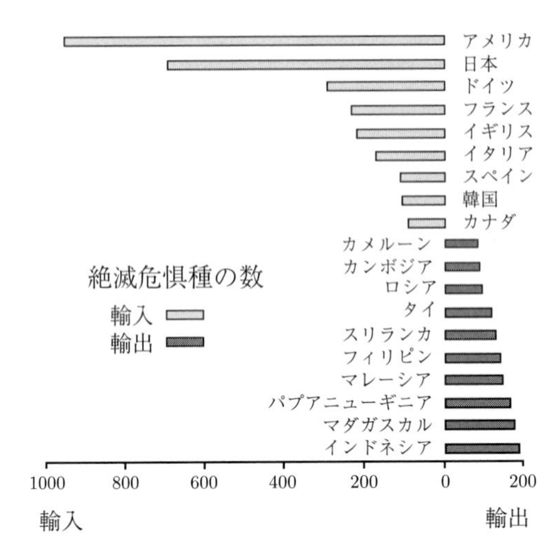

図 18-4 各国のコモディティの輸出入で脅かされる絶滅危惧種
(Lenzen ら 2012 より改変)

ィティを洗い出した．さらに，それらのコモディティが国際取引を通じてどこで消費されているかを，50 億件にのぼる**サプライチェーン** supply chain（供給連鎖）の分析によって明らかにした．その結果，パーム油，魚，コーヒー，茶，砂糖，バナナ，ゴムなど，熱帯地域の第一次産業が生み出す多くのコモディティが生産過程で多くの絶滅危惧種を脅かしており，それらの大部分が先進国で消費されていることが明らかにされた．この分析を通じて，地球規模の絶滅危惧種への脅威の約 30%は，国際貿易によるものであると評価された．

自国で生産され輸出されるコモディティが，その生産過程で脅かす絶滅危惧種の数のランキングでは，インドネシアが第 1 位であり，その数は 200 種以上である．マダガスカル，パプアニューギニアがそれに続く．

輸入品が原産地で脅かしている絶滅危惧種の数のランキングでは，アメリカが第 1 位で約 1000 種，2 位は日本で約 700 種，それに続く 3 位はドイツの約 300 種である．生物多様性を巡る地球規模の問題解決のためには，農林水産物の「地産地消」および「国内生産・国内消費」，それに加えて，生物多様性に十分に配慮した環境保全型農業の開発と推進が最も重要な課題であるといえる（28 章）．

18-4　生態系の不健全化指標としての絶滅危惧種

絶滅した種が生態系において果たしていた役割に応じて，絶滅は，生態系の機能，さらに生態系サービスの供給ポテンシャルに影響をもたらす．普通種，すなわち，もともと「希少」ではなかった種が急激な分布域の縮小や個体数の減少を経て絶滅危惧種となる現象は，生物多様性保全上で最も懸念すべき問題の１つといえる．生態系の中で多くの種と生物間相互作用（７章）を結んでいた種や，生態系の機能に重要な役割を果たしていた種が絶滅したり，絶滅が危惧されるほどにまで個体数を減少させた場合には，生態系の構造・機能の変化を介したサービスへの影響が懸念されるからである．

個体数やバイオマスでみた存在量が大きな種は，生態系の構造や機能における役割が大きい．存在量に比して生態系における役割が大きいキーストーン種（８章）も，その存在量に応じて生態系における役割が変化することには変わりがない．「かつて身近な普通種で今は絶滅危惧種」，すなわち，かつては普通種であり人々にとって身近な存在であったのに現在は絶滅危惧種となった種は，このような意味で生態系の不健全化の指標となる．日本においては，里地里山の生態系，特に淡水生態系にこのような絶滅危惧種が多くみられる．

北アメリカでは，入植したヨーロッパ人の開拓の影響を受けて，プレーリーの草原生態系を代表するキーストーン種であるバイソンが著しく個体数を減らした．一般に，バイソンのような大型の草食動物の採食圧が低下すると，植物の競争関係が変化し，植生の変化が生じる．一方で，乱獲と生息場所の森林の破壊が原因となり，20 世紀初頭には，かつて北アメリカの鳥類の中で最も個体数が多かったと推測されるリョコウバトが絶滅した．これらの種は，生態系の構造や機能に大きな役割を果たしていたことが推測される．その絶滅や減少は，生物間相互作用を介して多くの種に連鎖的な影響を与える一方で，生態系の物質循環を変化させるなど機能的な影響を多くもたらしたことが推測される．このような影響については 21 章で扱う．

絶滅危惧種を保護するための法的制度

絶滅危惧種を保護するための国際的な枠組みとしてワシントン条約がある．条約の付属書には絶滅のおそれの高い種がリストアップされ，その国際取引に規制をかけることを締約国に求めている．それに対応する日本の国内法は「絶滅のおそれのある野生動植物の保存に関する法律」(種の保存法）である．ワシントン条約の付属書に基づき，国際希少野生動植物種を指定し（現在約700種を指定)，それらについては輸入などを禁じている．

国内の絶滅危惧種に関して，国や地方自治体はレッドリストやレッドデータブックを整備している．レッドリストは，絶滅のおそれがある種を，そのおそれの程度とともに記したものである，レッドデータブックには種ごとのデータが記載されている．国レベルの公表されたレッドリスト（環境省，第4次2015）には，3596種が絶滅のおそれのある種としてランクを付して指定されている（絶滅危惧IA・IB類2011種，絶滅危惧II類1585種)．これらレッドリストは，環境影響評価や地域での保全対策の意義づけなどに利用されている．

種の保存法は，国内希少野生動植物種に指定された種の採取や取引を禁じている．また，指定された種の一部については，生息地等保護区の指定や保護増殖事業計画に基づく保全対策が実施される．国内希少野生動植物種に指定されている種は，2015年時点で，鳥類37種，哺乳類5種，爬虫類6種，両生類5種，魚類4種，昆虫類31種，陸産貝類14種，植物32種のみであった．レッドリスト記載種に比べて国内希少野生動植物種が少ないことから，環境省は，それを増やすために国民からの提案制度も設けている．

19 小さな個体群の絶滅リスクと遺伝子の多様性

前章では，種の絶滅リスクには間接要因と直接要因が複雑に絡み合って作用することを学んだ．個体群が絶滅に向かう過程において，個体数が減少して「小さな個体群」になると，決定論的要因，確率論的要因のいずれにも脆弱で絶滅しやすい状態に陥る．一方で，種の保全計画を立てるにあたっては，遺伝的な変異にも目を向け，種内の保全単位を考慮することが必要である．

19-1　絶滅に向かう過程

個体数は人為的な干渉がなくても自然の変動で減少することがある．しかし，現代は，さまざまなタイプの強い人為的干渉が絡まり合いながら影響することで個体数を減少させ，絶滅リスクを高めている．

地球規模では，すでに陸地面積の1/4を占めるまでに拡大している農地の開発，植林地の開発，市街地やリゾート地の開発などが野生生物の生息・生育場所（ハビタット，野生生物の生息・生育に適した場所）となる**自然林**や**湿地**などを縮小させ，残されたハビタットの分断孤立化を招いている．ひとまとまりの広いハビタットが分断化され，最終的には島のようにランドスケープの中に孤立する（図19-1）と，個体群の存続が難しくなる．分断孤立化によって取り

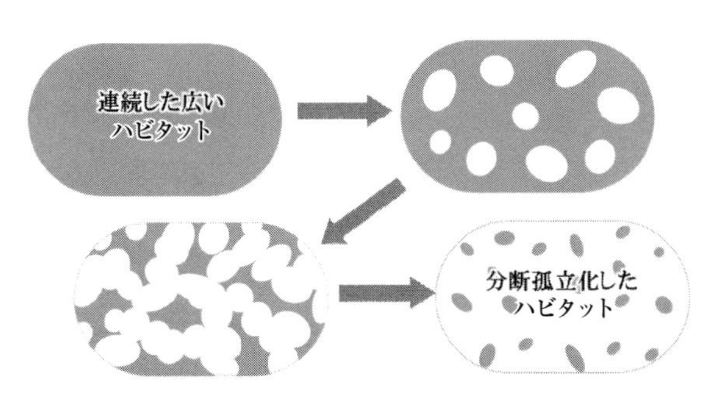

図 19-1　ハビタットの分断孤立化の進行プロセス

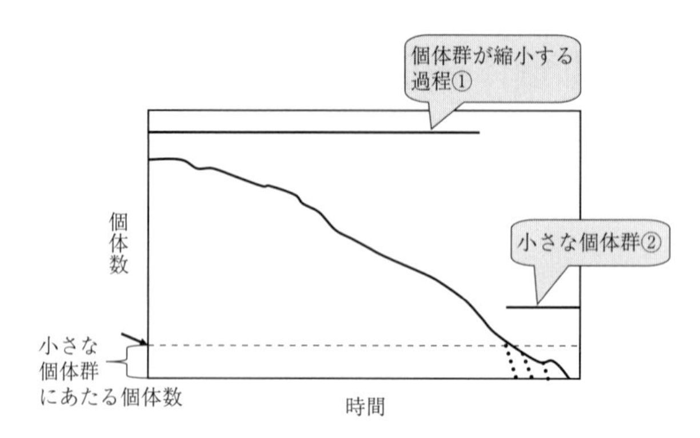

図 19-2　絶滅に向かう個体数の減少と小さな個体群

残されたそれぞれの局所個体群は絶滅のリスクが高い**小さな個体群**（個体数の少ない個体群）になり，さらに分断化で個体の移動分散が妨げられることも個体群の存続性を脅かす．

個体群が絶滅に向かう場合には，一般に，① 個体数が減少する過程を経て，② 絶滅の起こりやすい小さな個体群の状態に陥り，③ 絶滅に至る（図 19-2）．個体群が ①，② のどちらの状態にあるかによって有効な保全の対策は異なる．

①の段階であれば，個体数の減少をもたらしている要因を取り除くことで個体群を回復させることができる．しかし，②の小さな個体群の段階に陥っている場合に絶滅を回避させるには，それに加えて人為的な援助によって個体数を回復させることが必要となる．

19-2　小さな個体群の絶滅リスク

絶滅リスクを評価するためには，実際の個体数ではなく，**有効な個体数**（有効な個体群サイズ＝繁殖に参加する個体の数）N_e を用いる．有効な個体数は，繁殖に加わることのできる成熟個体の数である．老齢個体の比率が高かったり，性比が偏っていれば，実際の個体数の数分の一以下であることもある．

小さい個体群の絶滅リスクの要因には，個体数が少なくなると確実に作用して生存率や繁殖率を低下させる要因（**決定論的要因**）と個体数が少ないと偶然性が相対的に影響力を増すことによる**確率論的要因**がある（図 19-3）．

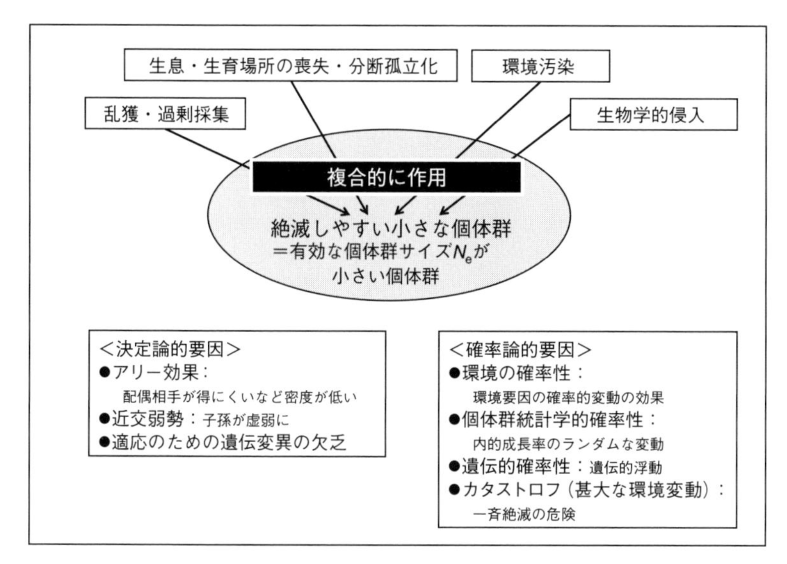

図 19-3　小さな個体群の絶滅リスクに関する決定論的要因と確率論的要因

（1）決定論的要因

決定論的要因には，遺伝的要因とそれ以外の要因がある．遺伝的要因として重要性が高いのは，**近交弱勢**（近親交配による生存力や産子数・種子数の低下）および**繁殖型**（**交配型**，**雌雄**など）**の偏り**などである．多くの生物種に認められる密度効果の一種である**アリー効果**（個体密度が低くなると適応度が低下する現象）も小さな個体群で絶滅リスクを高める．多くの植物は，送粉にポリネータが必要であるが，個体群が分断孤立化すると，個体数（ジェネット数）の低下とともにポリネータとの生物間相互作用が難しくなり，繁殖に支障が生じる．

固着性の植物では，花粉や種子の動きを介した遺伝子流動の制約により近親個体が集中する遺伝的な空間構造，**近縁構造**がつくられやすい．個体群の縮小や分断孤立化に伴い，近親個体ばかりが残されることになりがちである．したがって，個体群衰退の最終段階では近交弱勢が個体群の運命を左右する可能性が高い（図 19-3）．

一方，近交弱勢を回避するための適応が，繁殖の可能性を損なうこともある．

すなわち，繁殖型が異なる相性のよい配偶相手が個体群の中に存在せず，有性生殖がまったくできなくなるなどである．個体群サイズの縮小は，適応的な遺伝子の変異の喪失を通じて，個体群の環境変動への脆弱性を高めることもある．これらのいくつかの理由により，遺伝的劣化と個体群の縮小の相互的加速現象が起こる可能性もある．

（2） 確率論的要因

有効な個体数が50個体以下になると，**確率論的要因**のうち，**個体群統計学的確率性**によって偶然，絶滅してしまうリスクが高まる．それには，**環境の確率性**が強く影響する．環境の確率性は，環境変動が大きいと，時間的に平均すれば死亡数を誕生数が上回っていても，たまたま死亡率が高い年が続くと絶滅が起こるような確率性である．有効なサイズが数百の個体群でも，環境の確率性によって絶滅に至る可能性が指摘されている．環境の確率性が極端に大きくなる自然災害などが**カタストロフ**である．個体数が少なく分布域が狭い個体群は，1回のカタストロフで絶滅してしまう可能性がある．

小さい個体群では，頻度の低い対立遺伝子が偶然に失われる**遺伝的浮動**も顕在化する．有効な個体数の低下に伴うこれら確率論的要因は，統計学や集団遺伝学の理論から予測ができる．それに対して，決定論的要因は，種や個体群の履歴や現状に応じて大きく異なり，予測と有効な保全には，対象とする種や個体群の生態学的，遺伝学的な情報が必要とされる．

小さな個体群の存続可能性を，すなわち，特定の期間に個体群が存続するのに必要な最小の個体数，**最小存続個体数** minimum viable population: MVP を推定する方法が**個体群存続可能性分析** population viability analysis: PVA である．

VORTEXによるPVAでのMVP

PVAに広く利用されているソフトにVORTEXがある．VORTEXは，環境容量，環境の確率変動性，密度依存の繁殖率，近交弱勢などをパラメータとして含む個体ベースの齢構造個体群モデルである．用いるパラメータに関して確実な情報があれば有効な予測ができる．

Reedら（2003）は，このソフトを用いて，脊椎動物101種（両生類2種，鳥類28種，哺乳類53種，爬虫類18種）のMVP，すなわち，99％以上の個体群が40世代以上存続するために必要な最小の個体数（MVP）を推定した．

推定されたMVPは，成熟個体の数にして平均7316，メディアンは5816であった．MVPに影響する情報を統計的に検討したところ，パラメータに用いるデータを取得するための調査期間の長さが有意な正の影響を示した（$r^2 = 0.467$，$P < 0.0001$）．それは，調査期間が短いとMVPが過小評価される傾向である．個体群成長率は，値が小さいほどMVPを大きくする有意な効果を示した．

MVPが最も小さかったのは，捕食者のいない島に放たれた家畜のヤギであった．ここで得られたMVPの値は，他の方法によるMVP推定の試みとそれほど大きな矛盾がなかった．多くの種に関して，調査期間が短いことによるバイアスを免れないことを考慮し，脊椎動物のMVPは約7000個体であると結論づけた．

アリオンゴマシジミの絶滅と再導入

絶滅に至った経緯が生態学的に明らかにされ，再導入に成功した例として，南イングランドのアリオンゴマシジミ（*Maculinea arion*，英名 large blue，以下アリオン）をあげることができる（図19-4）．自然愛好者に人気のあるこの蝶は，19世紀から保護の対象となっていた．しかし，その生態が理解されないままに実施された保護の対策は失敗し，1979年に絶滅した．それと前後して，生態の理解が進み，北欧からの再導入による個体群再生のプロジェクトが実施されて成功を収めた．生態解明に尽力し，後にオックスフォード大学の生態学教授となったトーマスは，再導入プロジェクトを科学面で支え続けた．アリオンの特筆すべき生態は，クシケアリ属の一種 *Myrmica sabuleti* との特

図 19-4 食草のタイムとアリオンゴマシジミ

殊な生物間相互作用である．幼虫は，食草の野生タイムの花芽を食べるだけでは十分に成長できず，アリの巣に寄生し，アリの幼虫を食べて育つ．幼虫はアリと出会うと甘露を出して巣に運び込ませる．甘露とアリの化学コミュニケーションを欺く匂いにより，巣の中で殺されることなく，アリの幼虫を捕食して成長する．

この地域には *Myrmica* 属のアリが 4 種生息しているが，アリオンは *Myrmica sabuleti* のみを欺くことができ，別種のアリには見破られて殺されてしまう．*M. sabuleti* は，シバ（イネ科植物の総称）が 1 ～ 3 cm の高さで生育している場所が生息に適している．したがって，シバを低い草丈に保つ家畜の採食は，この蝶の生息にとって望ましい（図 19-5）．

このような生態が理解されていなかった 1930 年に，この蝶を保護するための保護区が設けられ，家畜やヒトが生息地から閉め出された．それは，むしろ絶滅を早める結果となった．1950 年には推定 10 万匹が生息していたものの，1972 年には 250 個体となり，2 年間旱魃が続いた後の 1979 年に絶滅した．250 個体は存続可能な個体数以下であったため，旱魃という環境変動に耐えられず，絶滅したと推測される．しかし，再生プロジェクトが成功を収め，現在では生息数が順調に増加している．

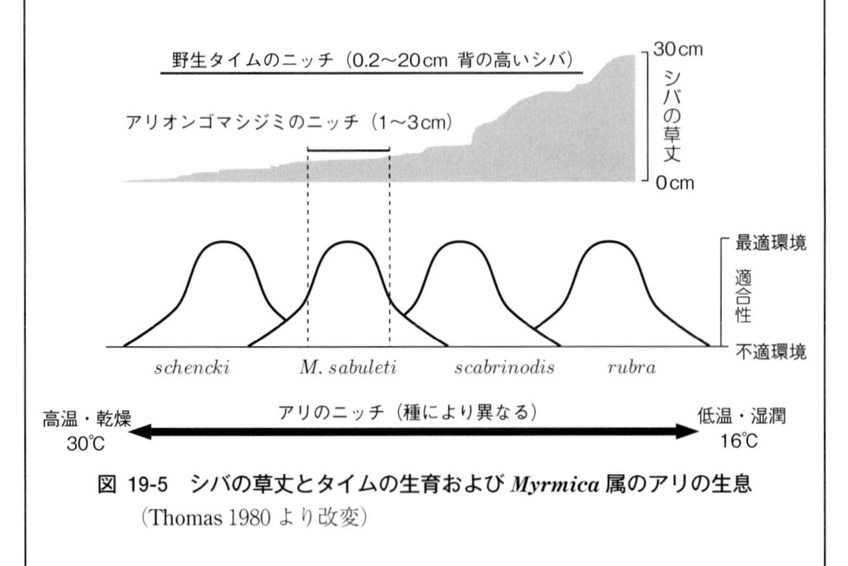

図 19-5 シバの草丈とタイムの生育および *Myrmica* 属のアリの生息
（Thomas 1980 より改変）

19-3　遺伝子の多様性と近交弱勢

生物の個体は，いつかは必ず死ぬ運命にある．個体群が存続するには，死を補うだけの新個体の出生がなければならない．一方で，有性生殖は新たな個体を生み出すとともに，遺伝的な多様性と新規性をもたらすプロセスでもある．絶滅危惧種の保全の方策の検討では，有性生殖の量的・質的な機能の両方を評価することが重要な課題となる．

遺伝的な多様性は，繁殖の成功と個体群の存続の両方にとって重要な意味をもつ．**種内の多様性**すなわち**遺伝子の多様性**は，種の多様性，生態系の多様性とともに生物の多様性を構成しており，それ自体が保全の対象でもある．

近交弱勢は，決定論的な絶滅リスク要因であり，近親交配で生まれた子の適応度の相対的な低下量

$$\delta = \frac{W_o - W_s}{W_o} = 1 - \frac{W_s}{W_o}$$

として量的な把握がなされる．ただし，W_o は近親ではない両親から生まれた子の適応度，W_s は近親交配で生まれた子の適応度である．

近交弱勢の主要な要因としての劣性遺伝子のホモ化

近親交配の子孫がそうでない交配の子孫に比べて，生存力や繁殖力が劣る現象およびその程度（適応度の低下量）を**近交弱勢**という．生物のゲノムには，DNA の複製時などに生じた「化学的誤り」，すなわち突然変異が多く蓄積している．しかし，多くの生物は 2 倍体（別の相同染色体上にそれぞれ同じ遺伝子座をもつ）もしくはそれ以上の高次倍数体である．そのため，有害な突然変異遺伝子をもっていても，正常な野生型遺伝子とヘテロ接合であれば，表現型では異常は現れず適応度への影響はない．しかし，近親交配では同じ祖先から同じ有害（もしくは弱有害）な突然変異遺伝子を受け継ぐ可能性が高いことから，それがホモ接合になって発現する可能性が大きい．

近交弱勢の主要な遺伝的なメカニズムは次のようなものであると考えられている．

遺伝情報を担う物質である核酸は，化学的に十分に安定な物質ではなく，複製・修復過程において，確率的に情報伝達上の誤りである突然変異が生じる．突然変異は，紫外線，放射線，化学物質の影響などで頻度が高まる．確率的に生起する突然変異の多くは，機能上の効果をもたない自然選択から**中立**なものであるか，発現すればその変異をもつ個体の適応度を低下させる**有害**な

ものである．前者は，遺伝子コードの冗長性（同じアミノ酸をコードする塩基配列が複数存在すること）によりタンパク質のアミノ酸配列の変化が生じないか，アミノ酸の置換が起こってもタンパク質のコンフォメーションが変わらず機能上の変化をもたらされないものである．後者は，機能的な変化を通じて生存力や繁殖力を損ない適応度を低下させる．

多くの生物が2倍体以上の**倍数性**であるのは，これら**有害な突然変異**の効果を回避する適応の1つであると考えられている．同じ遺伝座に遺伝子を2つ（以上）もっていれば，一方が機能を失っても，もう一方の対立遺伝子が機能を担うことができるからである．突然変異は確率的な現象であるため，相同染色体の同一遺伝子座が突然変異でともに機能不全になることは極めてまれである．例えば，有害性のある突然変異の率が10^{-7}程度である場合，同じ遺伝子座の2つの対立遺伝子がいずれも機能を失う確率は，10^{-14}という無視できる極めて低い確率となる．

野生型対立遺伝子とヘテロ接合である限りにおいて，有害な効果が生じない劣性の突然変異は，自然選択によって除去されないまま時間（世代）の経過とともにゲノムに蓄積していく．個体群の履歴に応じて，ゲノムにはいろいろな程度に有害な突然変異遺伝子が蓄積し，潜在的な**遺伝負荷** genetic load となっているのが普通である．

有害遺伝子の保有という遺伝的負荷は，近親交配が起こると顕在化する．すなわち，近親交配やその極端なケースである自殖が起こると，同じ祖先か

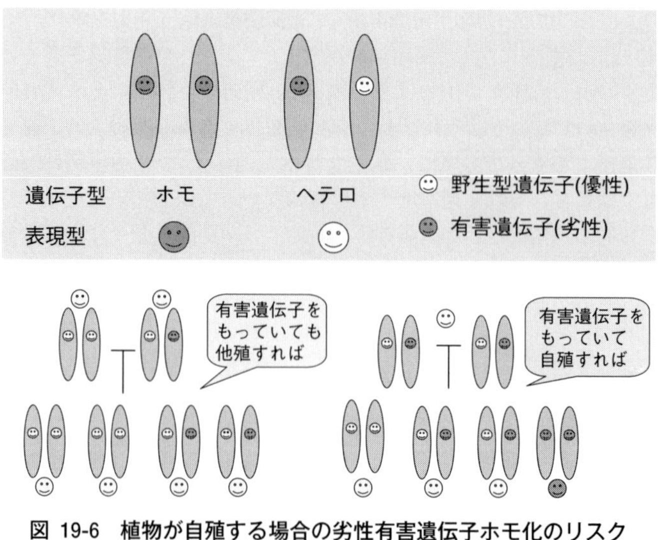

図 19-6　植物が自殖する場合の劣性有害遺伝子ホモ化のリスク

ら受け継いだ有害突然変異遺伝子がホモ接合となる確率が高いことにより，有害な効果が現れる．図 19-6 には自殖の場合の例を示す．

劣性の突然変異遺伝子が発現し，その有害性が現れることが近交弱勢，すなわち，近親交配の子孫の適応度の低下の主要な原因であると考えられている．その有害性，すなわち，機能不全が深刻なものであれば，ホモ接合の個体は出生前に除去され，**致死遺伝子**とよばれる．効果がそれほど大きくなく，また生活史段階のさまざまな段階に現れる場合には，**弱有害遺伝子**という．小さな個体群では，近親交配による近交弱勢が特に起こりやすく，小さな個体群特有の高い絶滅リスクの要因の1つとなる．

保全単位

同じ種の中にも遺伝的な特性が異なる種のグループが含まれていることがある．多くの場合，グループの間に認められる違いは，その種の分布拡大の歴史や生物学的な隔離のプロセスなどと関係している．それぞれのグループが**生物学的種**（2章）に相当すると解釈できることもある．したがって，遺伝的に明瞭に区別できれば，それらのグループ（地域個体群）を**保全単位**と

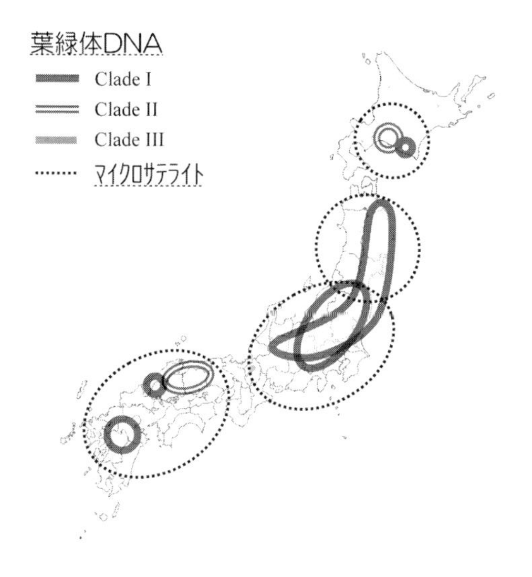

図 19-7　葉緑体 DNA とマイクロサテライトの分析によって見いだされたサクラソウの保全単位地図（Honjo ら 2009 より改変）

考える必要がある.

サクラソウについては，マイクロサテライトマーカー（核の中立的遺伝子）と葉緑体遺伝子の分析から，日本には4つの保全単位が認められている（図19-7）. 一般に，地域の間での生物の移動は，保全上の問題が大きいため避けるべきである. 保全単位が認められている場合には，それを尊重することが求められる.

20 個体群の空間構造と保全

個体群の保全にはその空間的な構造を考慮することが重要である．クローン成長する植物ではジェネットの空間分布の把握が必要となる．また，地下の個体群ともいえる土壌シードバンクも考慮する必要がある．一般に，動植物の種の絶滅リスクを評価したり保全の計画を立てるうえでは，メタ個体群の構造・動態の理解が欠かせない．

20-1　個体群の空間構造と存続性：植物の場合

維管束植物などの固着性生物は，個体群の空間構造の把握は比較的容易である．しかし，モジュール生物であるため（4 章），個体の範囲の把握は必ずしも容易ではない．クローン成長する多年生植物は，一般に，外見だけから個体の範囲を特定するのが難しい．個体数が著しく減少していても，そのことが認識されにくい．遺伝的な意味での 1 個体（**クローン**もしくは**ジェネット**：1 つの実生からの成長して広がった植物体の範囲）が時として広い面積を占め，見かけ上は多数の個体が存在するように見えることが少なくないからである．

占有面積が大きいジェネット，あるいは多くの**ラメット**（生理的に独立した個体）からなるジェネットは，個体として存続する可能性が高い．局所的な攪乱などで一部が失われても，ジェネットが生存し続けるからである．多年性植物の個体（ジェネット）の生理的寿命は，1000 年のオーダーに及ぶほど長いものもあり，長寿命による個体の存続は，個体群の絶滅リスクを引き下げる効果がある．個体数が少ないことによる絶滅リスクを空間的な広がりと寿命によって緩和しているともいえる．しかし，繁殖により次世代をつくるには個体数が少ないことによるデメリットが生じる．

アサザなどの浮葉植物は，ジェネットが広い水面を覆うように成長する．台風による増水などでそれが一瞬にして消失することもめずらしくはない．病害生物の影響は，同じ占有面積の個体群が多くのジェネットから成り立っている場合と単一のジェネットだけで占められている場合では，大きく異なる．ジェネット数が少ないと病害生物に対する抵抗性の多様性が乏しく病気が広がりやすい．ジェネット，すなわち個体の死が局所的な絶滅をもたらすことになる．

植物の個体群は，地上に認められる植物体からなる個体群とともに土壌シードバンクの種子（個体）からなる地下に隠された個体群から構成されている（11章）．土壌シードバンク中の種子は，地上での植物体の死亡をもたらす要因のいくつかからは免れている．そのため，地上の個体が全滅しても地下の種子は生き残っていることが多い．すなわち，地下の個体群は植物個体群の絶滅リスクを引き下げる効果をもつ．地上では個体群が絶滅したように見えても，土壌シードバンク中に生存種子が残されていれば，それを用いた再生が可能である（28章）．

一方で，一年草の侵略的外来植物の対策では土壌シードバンク（地下個体群）を考慮し，地下個体群を衰退させるように対策を立てることが必要である．その際，図 20-1 に示すような個体群モデルでの予測が有効である．

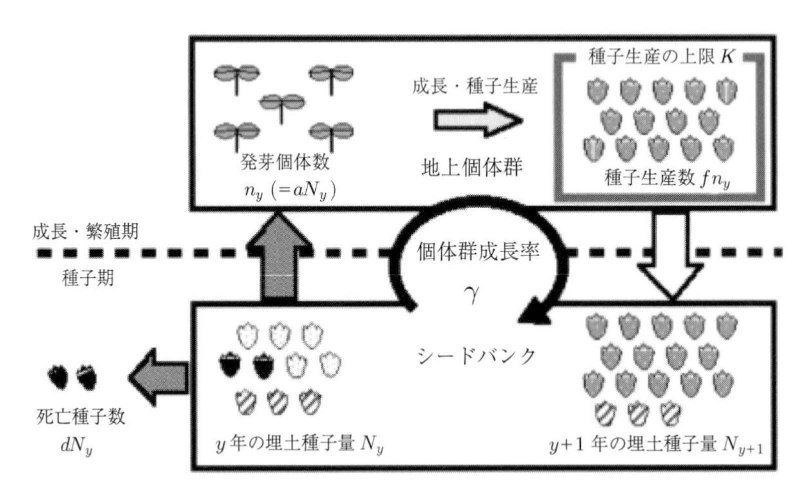

図 20-1 土壌シードバンクを考慮した個体群モデル

アサザのジェネットと土壌シードバンク

ジェネットの範囲は，花の色や形などの可視的な形質で判断できる場合もあるが，一般的には遺伝子マーカーを用いて，同じ遺伝子型の広がる範囲をクローン成長で広がったジェネットの範囲として把握する．2000 年代のはじめに，全国の湖沼のアサザを調査したところ，多くの湖沼ではジェネットの数が 1 ～ 2 であり，全国で 60 ジェネット程度しか残されていないことが明らかになった．最も残存ジェネット数が多かったのは霞ヶ浦であった．しかし，この二型花柱性植物（11 章）の繁殖に必要な長花柱花ジェネットと短花柱花ジェネットの両方が認められる場所は，わずか 1 か所のみであった（図 20-2）．

湖底にはアサザの土壌シードバンクが残されていることが推測され，それは湖岸植生再生事業によって確認された（28 章）．

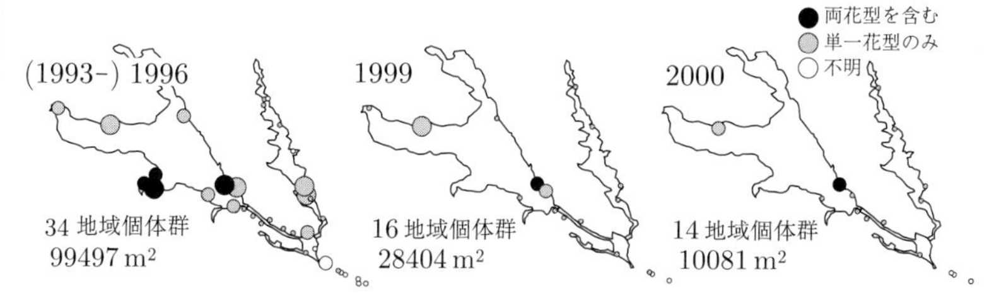

図 20-2　霞ヶ浦における局所個体群数と占有面積の変化
（上杉ら 2009 より改変）

20-2　個体群の空間構造とメタ個体群

個体群の保全の対策を立てたり，存続可能性について評価するには，その空間構造を考慮に入れる必要がある．一般に，野生生物の個体群において，個体の空間的分布は不均一である．すなわち，個体が固まって分布している**パッチ** patch が認められることが多い．このような分布は，生息・生育可能なサイト（生息・生育適地）がパッチ状に分布すること，生物の移動能力や繁殖子の分散力には限界があり，新たな生息・生育適地が生じた際の移入にも時間がかかり，ただちにそれを占有するには至らないこと，などによって生じる．

環境変動により，生息・生育適地の分布が変化すれば，個体の空間的分布もいったん振出しに戻り，新たにできた生息・生育適地への移入のプロセスにより新たな分布が決まる.

固着性で個体が能動的な移動のできない植物では，特にその傾向が顕著であり，明瞭な階層状の入れ子構造が認められるのが普通である．最下位の階層は，クローン成長や種子分散を反映した植物体の集まり（パッチ）である．その分布は，潜在的な生育場所の空間分布を反映しているが，生育可能な場所のすべてに生育しているわけではない．河原など定期的な攪乱により生育場所が変動する場所では特にその傾向が強い.

個体（ジェネット）が高い密度で集まっているパッチの範囲を個体群の最小単位とみなして，**局所個体群** local population とよぶ．種子植物であれば局所個体群の中では，近隣個体どうしが頻繁に花粉をやりとりして配偶を行う．あるいは親個体のまわりに種子から新個体が更新する可能性が高く，局所個体群の内部には，配偶あるいは親子関係で結びついた近縁個体が集まっている.

局所個体群とその近くに存在する別の局所個体群の間では，時に花粉が運ばれて配偶が起こったり，種子分散によって個体が移動することにより，遺伝子の交流が起こるが，その頻度は，局所個体群の内部での交流に比べれば低い．このように，やや弱い相互作用で結ばれている局所個体群の集まりを局所個体群の上位集団と考える．その上位集団が，さらにまれな遺伝子の交流を通じて他の上位集団と結ばれていることもある．このようにして，その間での個体間の相互作用の強弱に応じて，何階層にもわたる上位グループ群が認識できるが，その最上位の個体群グループが**メタ個体群** metapopulation である.

個体の移動分散や配偶などによって，多様な空間的なパターンをもつメタ個体群を構成していることは動物でも同様である.

20-3　メタ個体群の存続性：古典的モデルで考える

メタ個体群の古典的モデルとしては**レビンスのモデル**がある．モデルの前提は次の通りである.

⑴　環境は多くの相互に独立したパッチ（＝生息・生育適地）からなっている．パッチは個体の移動で結ばれている.

⑵　それぞれのパッチは局所個体群に「占有されているか」「いないか」であり，占有されているパッチの比率を P とする.

⑶　パッチを占有している局所個体群は一定の率 m で絶滅する.

⑷　時間あたり新たに占有されるパッチの数は，移入率 c と個体を供給する

パッチの比率 P および個体を受け入れる可能性のあるパッチの比率 $1-P$ の積で表される．

これらを数式で表すと

$$\frac{dP}{dt} = cP(1 - P) - mP$$

となる．メタ個体群が平衡状態に達したとき（＝局所個体群によるパッチ占有率が一定になる．$dP/dt = 0$ のとき）のパッチ占有率は $1 - m/c$ である．

したがって，移入率が大きく，消失率が小さいときには，平衡状態に達したときに占有されているパッチの割合が大きくなる．

このモデルに生息・生育適地（パッチ）の減少率 D を加えると

$$\frac{dP}{dt} = cP(1 - D - P) - mP$$

となり，平衡状態に達したときにメタ個体群が絶滅する．すなわち，パッチ占有率が 0 になるのは

$$D = 1 - \frac{m}{c}$$

であることがわかる．

したがって，メタ個体群が絶滅しないためには，新たなパッチへの個体の移入が十分に保障されること，パッチにおける局所個体群の絶滅率が十分に低いこと，それらに見合って生息・生育適地の消失速度が十分に低いことが必要であることがわかる．言い換えれば，メタ個体群は，利用可能な生息・生育適地が十分にあるとき，局所個体群の新生率が絶滅率より十分に高いときに存続できる．

生息・生育適地が十分にあることがメタ個体群の存続を保障することから，メタ個体群の保全計画を立てるにあたって最も重要なことは，対象とする生物に占有されているかどうかにかかわらず，生息・生育適地の広さとその間の連結性を十分に保障することである．十分でないと判断されれば，生息・生育適地そのものと連結性を再生することが保全のための課題となる．

20-4　メタ個体群のあり方と保全方策

保全対象とする絶滅危惧種，あるいは排除の対象とする侵略的外来種（22 章）がどのようなメタ個体群構造をつくっているかは，保全もしくは排除の計画を立てるためにまず把握しなければならないことである．メタ個体群構造は，いくつかのタイプに分けることができ，それぞれにおいて，重点をおくべき対策が異なる（図 20-3）．

大きな**中核個体群** mainland population（**ソース個体群** source population：個体の供給源となる）と多数の小さな**周縁個体群** island population（**シンク個体群** sink population：個体を受け入れるが絶滅しやすい）からなる場合は，中核個体群を保全することが重要である．中核個体群は，環境条件のよい場所（**ソースハビタット** source habitat）を占めており個体数も多い．繁殖が盛んで新たな個体を多く生み出して周囲に分散させる．そこから供給された個体が周縁の小さな個体群をつくる．周縁個体群は，環境条件に恵まれない生息・生育場所（**シンクハビタット** sink habitat）に成立し，個体数が少なく存続が難しい．中核個体群から供給される個体によって新生したり，維持される．中核個体群を保全することでメタ個体群が維持されるが，中核個体群がいくつもある場合には，個体の供給源として最も重要性の高いものを優先的に保全する必要がある．

一方，定着した外来種の対策においては，中核個体群を潰すことが根絶のための最も基本的な戦略となる．費やすことのできる人員，費用などの資源が限られている場合には，周縁個体群は後回しにしてもよい．

新生－消失を繰り返す局所個体群からなるメタ個体群の保全にあたっては，局所個体群に占有されていない生息・生育適地を十分に残しておくことが何よりも必要である．

さらに，空間構造を考慮するためには，生息場所パッチの大きさとその間の距離をモデルに入れる．局所個体群の新生率には，空いているパッチと個体を供給する局所個体群との距離，絶滅率にはパッチの大きさが影響する．

ハビタットパッチの変動によって新生－消失を繰り返す局所個体群からなるメタ個体群の場合には，生息・生育場所の保全や再生が重要な課題となるが，変動が激しければ，モデルで仮定している平衡状態に達しない状況も考慮する必要がある．

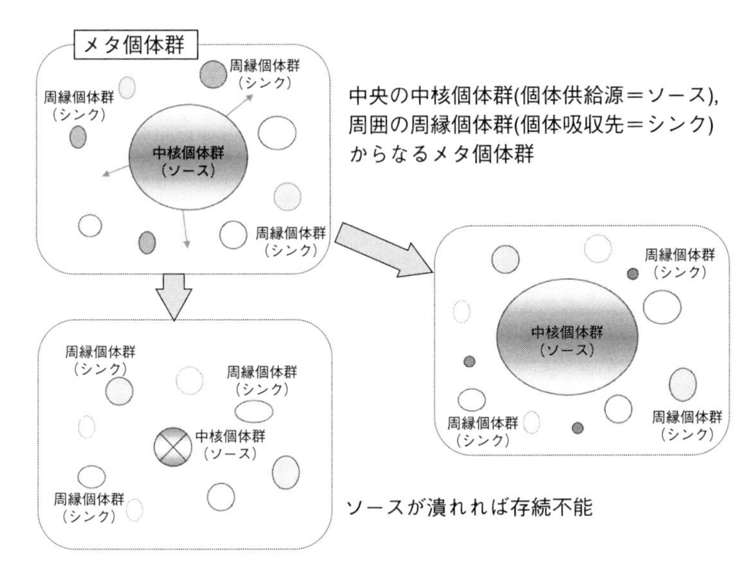

(a) 中核－周縁個体群からなるメタ個体群

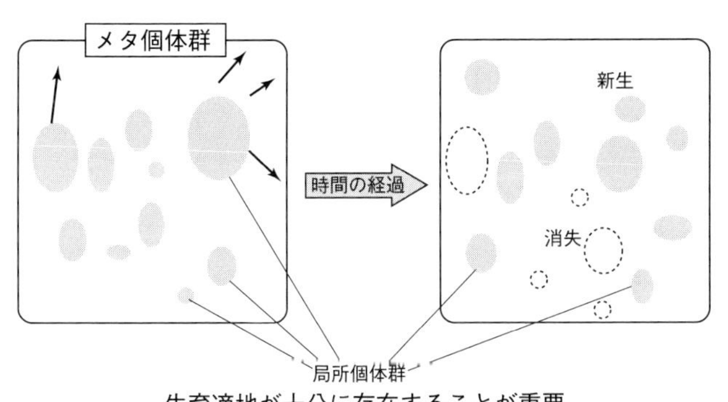

(b) 新生－消失サイクルからなるメタ個体群

図 20-3 メタ個体群構造の類別と保全上の課題

カワラノギクのメタ個体群動態と保全

カワラノギクは，関東地方の鬼怒川，多摩川，相模川の砂礫質の河原だけに生育する希少植物である（図 20-4）．近年，砂礫質の河原の環境が大きく変化して絶滅の危機が高まっている．カワラノギクについては保全生態学の研究が多く行われ，それに基づいた保全および再生の取組みが行われてきた．

カワラノギクは 1 回繁殖性（2 章）の短命な多年草であり，永続的な土壌シードバンクをつくるための休眠の生理的メカニズム（11 章）をもたないため，地上にみられる個体がなくなることは局所個体群の絶滅を意味する．光合成生産における光要求性が大きく，花を咲かせるまでは，葉を地面から 10 cm 程度の高さに幾枚かの葉を放射状に広げる空中ロゼットの形態で生育し，他の植物に被陰されると成長できない．その生育適地は，河原の中でも増水時の洪水で新たにできるギャップ（裸地）である．増水時に分散された種子は，春に芽生え，裸地の明るい環境のもとで成長し始める．それは，新たな局所個体群の誕生である（図 20-5）．

砂礫の表面は夏には強い日射で高温になる．河原では地下水位が地表面からそれほど深くないところにあるので，そこまで根を伸ばせば水を吸い上げ盛んに蒸散して葉の温度を周囲より低く保つことができる．明るい環境が持続すれば，芽生えて生き残った個体は，1～数年間成長して野菊らしい薄紫色の花を咲かせて種子を生産し，その一生を終わる．開花個体が増えると局所個体群はソース個体群の役割を果たす．

砂礫河原の裸地の環境に適応しているカワラノギクは，他の植物に被陰されるような場所では生育できない．洪水で新たにできた裸地には，カワラノ

図 20-4　鬼怒川の河原とカワラノギク

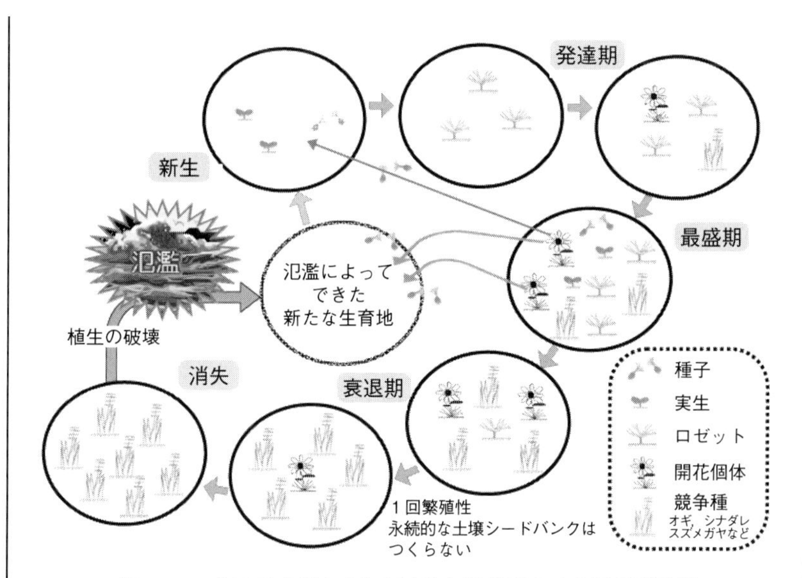

図 20-5　カワラノギクの生育適地と個体群のメタ個体群動態

ギク以外の植物も移入して成長する．外来牧草などが侵入するとそれらによる被陰により，その場所はカワラノギクの生育には適さなくなり，局所個体群は消滅する．

1～数年に一度，洪水で新たな裸地ができ，しばらく維持されるような氾濫原であれば，カワラノギクのメタ個体群は維持されやすい．しかし，現在では，ダムによる河川管理や外来牧草の侵入によってカワラノギクの生育適地やその連結性に大きな変化が生じ，絶滅の危険が高まっている．

21　絶滅と侵入がもたらす群集の変化

生態系の働きは，生物群集を構成する生物種と種間の関係からなるネットワークによって担われている．構成種が絶滅したり，本来はその群集に含まれていなかった種が侵入すると，生物群集の組成や生態系の機能が変化する．その変化は，絶滅もしくは侵入する種の特性によって大きく異なり，1種が絶滅・侵入しただけで大きな変化がもたらされることもある．

21-1　絶滅がもたらす群集変化

生物群集における種間関係のネットワークにおいて，それぞれの種は役割が異なる．生物種が絶滅したり大幅に個体群が縮小したりすると，その種との間に密接な関係をもっていた捕食者，餌生物，共生者，寄生者，宿主などに影響が及ぶだけでなく，影響を受けた種が関係を結んでいる別の種へと，影響の連鎖が続いていく．それによって生態系の機能も変化する．侵略的な種が侵入した場合にも，影響の連鎖が広がるが，侵入に起因する構成種の絶滅が起これば，その影響はさらに大きなものとなる可能性がある．

種の絶滅や侵入がもたらす影響の大きさは，第一にその存在量に依存する（18章）．存在量の大きい種は，同じようなニッチを占める他の種よりも多くの生物種を餌にしたり，あるいは捕食者の餌になったり，寄生生物の宿主になる可能性が大きいからである．かつて，北アメリカにおいて最も多い鳥類であったとされるリョコウバトの絶滅は，多くの生物種に影響を与えたと考えられるが，シラミなどのリョコウバトに対するスペシャリストの寄生者は，最も早く甚大な影響を受け，リョコウバトの個体数が減少した時点ですでに個体群を維持できなくなり，先行して絶滅したと考えられる．寄生生物は，宿主の密度が低くなると生活史を完結することが難しくなるからである．

必ずしも存在量が大きくなくても，生物間相互作用の網状ネットワークにおいて要ともいえる役割を果たしており，その絶滅や侵入が大きな影響を与える種をキーストーン種という（8章）．このような種が絶滅した場合の波及効果は，直接的影響から間接的影響へと広がるにつれ，影響を受ける種が増え，**カスケード絶滅連鎖**がもたらされる．高次捕食者が失われると，その餌生物，さらにその餌生物への影響が波及することは，**トロフィックカスケード** trophic cascade として知られる．特定の栄養段階に位置する消費者が失われると，時として，それより下の栄養段階において大きな変化が起こる．それは多種の共存を難しくするような変化である場合もある（8章）．

カスケード絶滅連鎖を起こしやすい生物群集は，次のような特性をもつとされる．

●種の数の少ない群集は脆弱性が高い（17章）．それに対して，消費者も捕食者も種数が多くそれぞれの栄養段階において複雑な栄養的なつながりが発達している群集では，絶滅カスケードが起こりにくい．

●確率的な絶滅のおそれの高い個体数の少ない種がキーストーン種となっている群集は，脆弱性が高い．

21-2　生物学的侵入がもたらす群集の改変

現代の絶滅をもたらす要因として，かつてなく影響が大きくなっているのは**生物学的侵入**である．意図的，非意図的を問わず人為的な生物移動（導入）の頻度，規模が極めて大きいものとなっているからである．自然の分布拡大や石器時代の人為がもたらした侵入（これらを含めて自然移入とする）と，現代の人為的な生物学的侵入は，生態的には異なる現象としてとらえるべきである（表21-1）．

外来種（外来生物）は，何らかの**人為**によって，その地域や生態系に外から導入される生物種（生物）を意味する．国内においても，本州の種が北海道や南西諸島に導入されれば外来種（国内外来種）となる（22章）．外来種のうち，生物多様性の保全や健全な生態系の維持のために対策が必要とされるのは，生物多様性や人間活動に深刻な影響をもたらす**侵略的外来種** invasive alien species である．侵略的外来種の中には，地球規模で大きな影響を与えているものも少なくない．

生物は，本来の生息・生育地域の外に出て定着に成功すると，病害生物や天敵の影響を免れ，競争力や繁殖力を増すことがあり，これを**生態的解放** ecological release という．外来植物は侵入先で植物体（バイオマス）や成長速

表 21-1　自然移入と現代の生物学的侵入との違い

特　　性	自然移入	人為による侵入
長距離分散事例の頻度	極めて低い	極めて高い
地理的障壁の効果	強い	ほとんど問題にならない
侵入のメカニズムと分散ルートの多様性	低い	極めて大きい
侵入事象の時空間スケール	散発的，近隣地域に限定	連続的，同時に他地域に影響
生物相均質化効果	地域規模	地球規模
他のストレス要因との相乗効果	低い	極めて高い

（Ricciardi 2007 より改変）

度などが原産地に比べて顕著に大きくなる現象が知られている．例えば，タデ科のイシミカワは，日本では，湿った草原や空き地に生育するそれほど目立つ植物ではない．しかし，侵入先の北アメリカ東部では，道路脇の森林を覆うほど旺盛に成長し，極めて侵略性の高い植物とされている．

生態的に解放され，競争力や繁殖力の大きい外来種は，侵入先の生態系で蔓延すると，**ニッチ**（2 章）が重なる在来種を競争によって排除する．オオブタクサやアレチウリなど，北アメリカ原産の植物が日本の河川氾濫原で猛威を振るう（図 21-1）一方で，北アメリカでは，クズ，イシミカワ，マンリョウなどが最も厄介な侵略的外来種となっているなどの事例は，外来種（本来の生育地を離れ新たな生態系に定着した種）は，原産地における同じ種とは，生態学的には性質の異なる種としてとらえなければならないことを示唆している．

在来種に対して捕食者，寄生者，競争者などとして拮抗的な生物間相互作用をもたらす外来種は，進化の歴史を共有していない在来種に大きな負の影響をもたらす．進化の歴史を共有していれば，弱い側には何らかの防御の手段が進化しているなど，その関係は進化的に調整がなされている．しかし，そのような進化的な関係の調整がなされていない侵略的外来種は，在来種を食べ尽くし，あるいは重篤な病気を引き起こすなどして局所的な絶滅をもたらす可能性がある．

競争力の極めて大きい外来植物が在来植物に置き換わって圧倒的な優占種となった場合には，食物網も物理的環境も根底から変化し，生態系全体がそれま

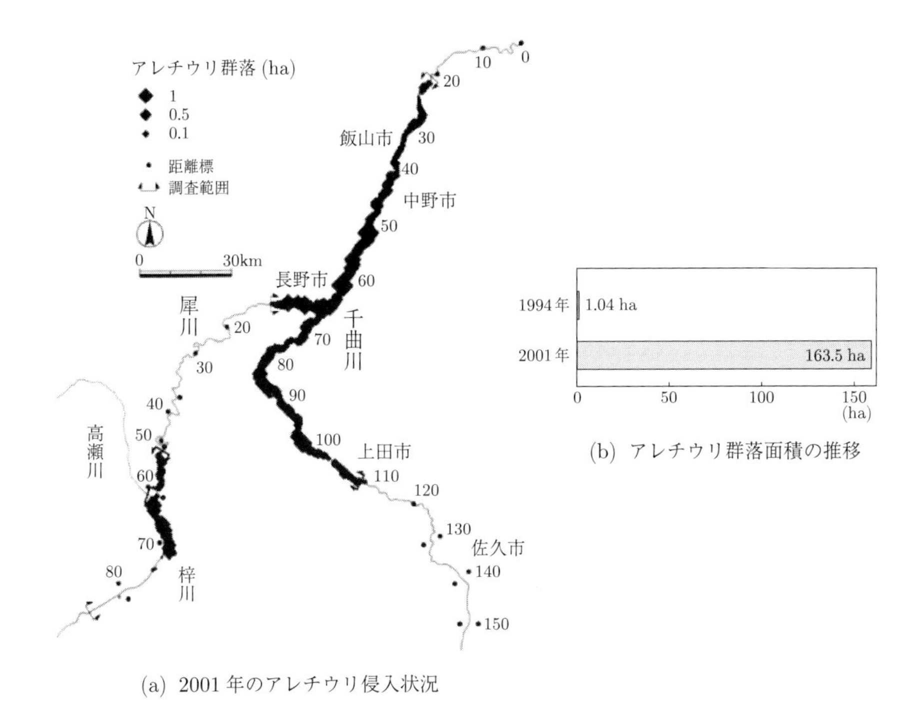

(a) 2001年のアレチウリ侵入状況

(b) アレチウリ群落面積の推移

図 21-1　千曲川・犀川におけるアレチウリの急速な分布拡大
（国土交通省 2003 より改変）

でとはまったく異なるものに変化することがある．緑化植物のシナダレスズメガヤやハリエンジュが，本来はまばらな植生しか発達しない砂礫質の河原に侵入して引き起こされる草原化や樹林化はその顕著な例である (23章)．植生において優占種となる外来植物は，食物連鎖 (生食連鎖および腐食連鎖)，動物の生息場所としての植生の空間構造などを変化させ，生態系の機能に極めて大きな変化をもたらす．

外来種の影響により，在来種の局所絶滅が起これば，二次絶滅やカスケード絶滅連鎖が起こる可能性がある．食性の広い捕食者や消費者が侵入に成功すると生物群集の改変効果が極めて大きいことは，日本列島の淡水生態系がブラックバス，アメリカザリガニ，ウシガエルなどの侵入で**レジームシフト** regime shift を起こしていること (25章)，小笠原においてグリーンアノールが昆虫相に壊滅的な打撃をもたらしたことなど，多くの例が知られている．

外来種が他の外来生物の侵入や分布拡大を促進する効果をもたらすことがある．それにより，在来種からなる生物群集から外来生物ばかりの生物群集への加速的な変化が起こることを**侵入メルトダウン** invasion meltdown という．例えば，新大陸には多くのヨーロッパ産の雑草が蔓延しているが，ヨーロッパからの入植に際して，新大陸固有の草食動物であるバイソン，エルク，プレーリードック，カンガルーなどが多くの地域から絶滅し，ウシ，ブタ，ヒツジ，ヤギなどの家畜がユーラシア大陸から導入されて，草原の生物群集におけるキーストーン種になったことによる侵入メルトダウンであると解釈されている．

21-3 侵略性の要因

外来種の定着可能性や侵略性を評価・予測する際にも，**ニッチ**に基づく群集生態学の考察が有効である．

開発，汚染，富栄養化など，人為的な環境改変が大規模かつ頻繁に起こると，在来種からなる既存の生物群集の崩壊がもたらされる．損なわれた群集に含まれていた種の多くは新しい環境には適応していないため，人為干渉を受けた環境には**空きニッチ** unoccupied niche が多く存在する．例えば，明るく乾燥しがちで富栄養化した環境などにあらかじめ適応している外来植物のうち，競争力（資源利用性）の大きい種は，侵略的外来種として振る舞う可能性が高い．

繁殖力の大きさは侵略性の１つの指標となるが，侵入（個体群の確立）が起こるかどうかには，生物的な性質よりも，人為的な導入量や導入回数などの**分散体圧** propagule pressure もしくは**導入努力量** introduction effort の効果が大きく作用する．すなわち，意図的にせよ非意図的にせよ，繰り返し大量に導入される外来種は，高い侵略性をもつ可能性が高い．その理由は次の通りである．

(1) 小さな個体群の絶滅リスクには，決定論的要因としてアリー効果と近交弱勢，確率論的要因として個体群統計学的要因，環境変動性，遺伝的確率変動性などが作用するが，分散体圧が大きければ，定着に至るまでのプロセスにおいて，「失敗」すなわち絶滅を回避しやすいだけの個体数を維持できる．

(2) 繰り返し導入がなされることは，何度も「試す」ことを通じて確率的なリスクを乗り越えることができる．

侵略性は，生態的解放に基づく外来種の有利性に加え，侵入およびその後の過程における「自然選択による適応」によって強化される．特に，世代時間の短い一年生植物や昆虫などの侵略性には，侵入先の環境への速やかな適応が大きな意義をもつものと考えられる．同じ種の異なる系統が繰り返し導入されることは，適応的な形質に十分な遺伝的変異をもたらし，自然選択による新たな環境への適応進化に寄与する．

意図的導入は，その生物の利用にかかわる人為選択がさらに侵略性を高めることがある．緑化植物の場合は，明るく乾燥しがちな裸地で定着して旺盛に繁茂するという性質が育種の過程で人為選択されている．それらの種子など大量の分散体が導入され，さらに自然選択を受ければ，河川域などで侵略的外来種となるのは当然といえる（図 21-2）．

意図的にせよ非意図的にせよ，繰り返し大量導入される外来種は，高い侵略性をもつに至る可能性が大きい．このことは，穀物の輸入量の多い日本では非意図的に導入される穀物畑の雑草が外来種として成功する可能性が高いこと，穀物を積んできた船に日本から積み込まれるバラスト水でワカメなどの海藻が穀物輸出国の沿岸域で侵略性を発揮していることの理由であるといえるだろう．日本の一級河川の河川域に関する 2000 年頃の調査では，優占群落を形成して

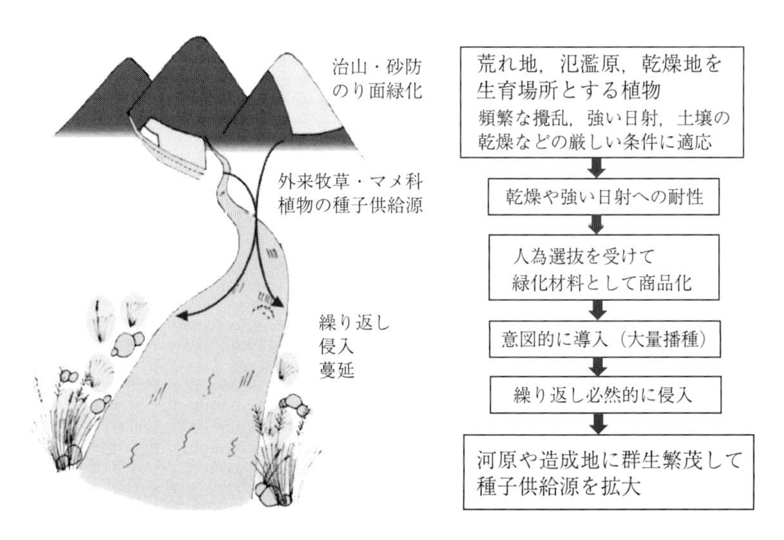

図 21-2　意図的に導入される緑化植物が河川域で繁茂する理由

いた外来植物のうち，北アメリカ原産の種は，種数で全種数の37%，植生面積で全植生面積の72%を占めていた．この優占度の圧倒的な高さは，日本とアメリカとの間の経済的な関係が緊密であり，戦後半世紀ほどの間，植物資源の輸入量のシェアが大きかったことが，意図的・非意図的を問わず外来種導入の機会を高めたことを反映している（Miyawaki & Washitani 2004）．

現在，急速に進行する経済のグローバル化は，世界中で侵略的な外来種を増加させており，その影響により在来種の絶滅リスクが高まっている．

22 侵略的な外来生物：影響と対策

外来種は，特定の地域（日本列島，あるいはその中の地方など）の生態系に人間活動に伴って意図的あるいは非意図的に新たにもたらされる生物種を意味する．それに対して，地域に自生する種は在来種である．種内の地域個体群もその分布域外では外来種であり，国内外来種という．外来種が野生化して定着すると，生物多様性，生態系，人の健康・生命および生産活動などに望ましくない影響を及ぼすことがある．この問題を「外来種問題」という．このような問題を引き起こす外来種が侵略的外来種である．絶滅危惧種の絶滅要因としても重大であるが，その対策は日本ではおもに市民・研究者のボランティアによって担われている．

22-1　現代の生物学的侵入

現在では，世界中で外来種の侵入がさまざまな問題を引き起こしている．経済のグローバル化に伴い，地球規模で物資と人の動きが盛んになり，意図的あるいは非意図的に原産地から別の地域に生物が移動される機会が著しく増大しているからである（21 章）．日本における侵略的な外来植物には，意図的に導入された緑化植物と穀物の輸入元として重要なアメリカの農耕地に由来する雑草が非意図的に侵入したものが占める割合が大きい．

外来種として定着する種は，原産地に生息・生育している生物種のごく一部であり，さらに，別の地域に定着した種の一部が生物多様性や生態系および人間活動への影響が大きい**侵略的外来種** invasive alien species として振る舞う．現代における絶滅速度は，自然の絶滅速度の 1000 倍にも達していると見積もられている（15 章）．生息・生育場所（ハビタット）の破壊・分断孤立化や過剰採集などとともに，生物学的侵入がその要因として重要であり，その危機はますます高まっている．淡水生態系は，世界的にみても最も危機的な状況にある生態系タイプであるが（25 章），侵略的外来種による大量絶滅のリスクが高まった顕著な例としては，水産用にアフリカ各地に導入されたナイルパーチが，ビクトリア湖やタンガニーカ湖などの隔離された水系で何百種にも種分化する適応放散を遂げていたカワスズメ科の魚類を激減させたことをあげることができる.

生物学的侵入もしくは，外来種の多さ（外来種がフロラやファウナに占める割合など）は，生物多様性の負の指標となる．外来生物が，生物多様性に及ぼす影響が極めて大きいことから，生物多様性条約は，「生態系，生息地若しくは種を脅かす外来種の導入を防止し又はそのような外来種を制御し若しくは撲滅すること」（第8条h項）を締約国に求めている．日本では，「特定外来生物による生態系等に係る被害の防止に関する法律」（略して「外来生物法」2005年施行）が，その求めに応じて制定された.

なお，遺伝子組換え生物も本来自然界に存在しなかった生物であり，特殊な外来生物とみなすこともできる.

22-2 侵略的外来種が生態系にもたらす影響

侵略的外来種の侵入が群集にもたらす影響については前章でも取り上げた.

ここでは，日本に侵入している外来種の影響をタイプ別に具体的な例をあげてみよう.

食性の広い捕食者・消費者が侵入に成功すると生物群集が大きく改変される．日本の淡水生態系は，ブラックバス（オオクチバス，コクチバス），アメリカザリガニ，ウシガエルなどの侵入によるレジームシフトが顕著である（25章）．海洋島の小笠原においては，グリーンアノールが捕食者として昆虫相に壊滅的な打撃を与えている.

国内で唯一残されたエトピリカ（絶滅危惧IA類，国内希少野生動植物種に指定）の繁殖地であるユルリ・モユルリ鳥獣保護区では，捕食者のドブネズミの侵入がその存続を脅かしている．ドブネズミは両島合わせて3万頭が生息していると推測されており，50年前には数百～数千つがいが生息していたと推定されるエトピリカは，2000年代にはわずか10つがい程度まで減少した.

外来の消費者による絶滅がもたらされた例としては，中国産のソウギョが導入された野尻湖や木崎湖における水生植物の絶滅をあげることができる．富栄養化した湖に侵入して繁茂していたコカナダモを制御する手段としてソウギョの導入が行われたところ，コカナダモだけでなく，沈水植物から抽水植物まであらゆる水生植物を食べ尽くしてしまい，湖岸の植生帯が壊滅し，在来魚の生息条件が損なわれ，漁業にも影響が及んだ．

競争力の大きい外来植物は，在来種を抑制して植生における優占種となる．主要な一次生産者が変わることにより，食物連鎖が変化する．緑化植物が侵略的な外来種となった場合には，株元に砂をためたり，土壌を富栄養化させるなどして，生態系の基盤を根底から変化させてしまう．それは群集全体の変化を意味する．例えば，砂礫質河原に侵入した外来牧草のシナダレスズメガヤは，本来は疎(まば)らにしか植物の生えない河原を草原に変えてしまい，河原に固有な植物のみならず，カワラバッタなど，河原に固有な昆虫の生息の条件も失わせる（図 23-3）．

在来種と雑種をつくることで，在来の純系の存続を脅かす外来種の影響もある．タイリクバラタナゴがニッポンバラタナゴと雑種をつくり，その絶滅リスクを高めていることがその代表的な例である．雑種形成が在来の親種の繁殖の機会を奪うことで，絶滅がもたらされることもある．国内外来種の深刻な問題の1つとしては，西日本産のモツゴが東北地方に侵入し，交雑がシナイモツゴ（絶滅危惧 IA 類）の絶滅リスクを高めていることをあげることができる（図

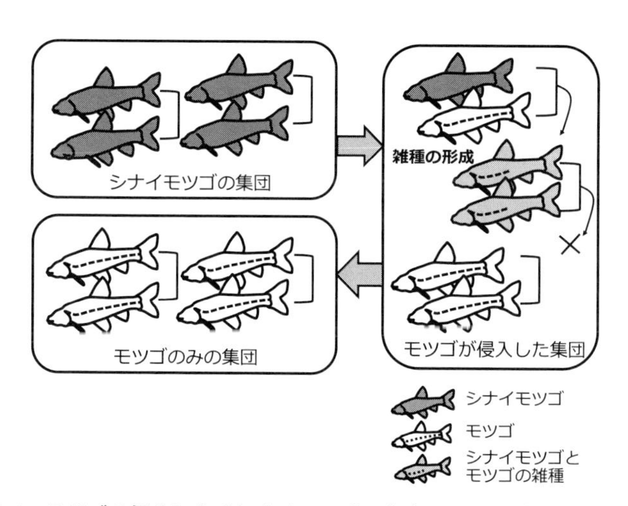

図 22-1 モツゴの侵入によるシナイモツゴの喪失のメカニズムに関する仮説
シナイモツゴ♀は繁殖期間を通じてモツゴ♂との間に不妊の雑種を形成するので子孫を残せない．シナイモツゴよりも繁殖期間の長いモツゴは，シナイモツゴの非繁殖期には子孫を残せるため，両者が共存する溜池ではモツゴだけが世代交代が可能である（木村 2011 より改変）

22-1). 雑種の生存力や繁殖力が親種よりも格段に強くなる**雑種強勢** heterosis が生じると，雑種が在来種の親種を競争で排除することも起こりうる.

最近では，日本に自生するという意味での「在来種」の特定の地域集団から採集あるいは増殖させた生物材料を，他の地域に導入することによる遺伝的な攪乱といった国内外来種の問題も頻発している.

日本における外来植物の侵入と影響

これまでに日本に定着した外来植物は1500種を超えている. これらの侵入経路はさまざまで，セイヨウワサビ，セイヨウカラシナなどは食用の栽培植物が野生化したものである. オランダガラシ（クレソン）は食用や薬用としての利用の他に水質浄化の目的で湖沼に導入され，全国各地に広がり，要注意外来生物（現在は重点対策外来種）に指定された. ハルジオンやヒメジョオンのように観賞用に導入されたものが野生化し，全国各地に広まった植物も多い. なかでも，ワイルドフラワーとして緑化用にも多用されたオオキンケイギクは全国の河原や道路法面に定着し，カワラサイコなどの在来植物への影響が懸念されている. 2015年現在，オオキンケイギクを含む13種類の植物が，侵略的な外来植物として特定外来生物に指定されている. オオハンゴンソウ，ミズヒマワリ，ナガエツルノゲイトウ，ブラジルチドメグサ，ボタンウキクサも観賞用の導入に由来する特定外来生物である. その大半が水生植物で，河原や水辺は外来植物が侵入・定着しやすい代表的な環境といえる. オオキンケイギクと同様に緑化用に導入された外来植物には，オニウシノケグサ，カモガヤ，ネズミムギ，オオアワガエリなどイネ科牧草が多い. これらの外来牧草は，日本中の道路工事や河川堤防の法面緑化に広く利用されたため，全国各地で野生化，定着し，生態系のみならず，花粉症などの人間への健康被害や農耕地雑草としても問題化している. このような外国産の緑化植物種子に混入していたナルトサワギクや輸入大豆への混入種子由来のアレチウリのように非意図的に導入されたものが野生化し，侵略的な外来植物として特定外来生物に指定された場合もある. 輸入穀物などへの混入雑草は種類も多様であることから，水際での定着予防対策が不可欠である.

これまで特定外来生物に指定されてはいないが，侵略性の高い植物（84種類）は要注意外来生物に指定されて注意喚起されてきた. 外来生物法施行から10年目の2015年には，日本の生態系などに被害を及ぼすおそれのある外来種リスト（生態系被害防止外来種リスト）が新たにつくられ，特定外来生物13種類を含む200種類の植物がリストアップされている.

産業活動へ甚大な被害を与える外来種も少なくない．現在では，マツノザイセンチュウ，イネミズゾウムシなど，農林水産業への影響の大きい害虫や雑草などの多くが外来種である．

外来牧草の蔓延が花粉症を引き起こしたり，人にも獣にも共通に感染する病原生物の持ち込みなどにより，外来種が深刻な健康被害をもたらすことがある．

花粉症の原因となる外来牧草としては，カモガヤ，ネズミムギ，オニウシノケグサなどがある．オオブタクサなどのブタクサ類なども含めて大量に花粉を生産する風媒植物である．花粉症は今や日本の国民病ともいえるが，スギ花粉の飛ぶ季節（2月から4月頃）以外にも発症して病院を訪れる患者が多数いる．4月から7月頃はネズミムギなどの外来牧草が，8月から10月頃はブタクサ類がおもな原因となる．

現在，全国に野生化が広がりつつあるアライグマは，人に失明や死亡の危険をもたらす人畜共通感染症のアライグマ回虫症や狂犬病を媒介する．また，多種類のエキゾチックアニマルがペットとされており，それらが持ち込む病原生物やウイルスが，人や野生動物に新規の伝染病をもたらす可能性も危惧される．

22-3　侵略的外来種の対策

侵略的外来種が多くの絶滅危惧種の絶滅リスクを高めており，保全のために外来種対策が行われている．外来種対策の先進国であるニュージーランドでは，国が率先して外来種対策を行っている．空港における厳しい検疫に加え，各地で問題を引き起こしているネズミ類，フクロギツネなど外来哺乳類や外来植物の排除事業が行われている．排除事業は，本来の生態系を取り戻すことをめざした自然再生でもあり，事業を多様な主体の参加によって進めるための環境教育のプログラムも充実しており，市民が積極的に外来種対策に協力している．

日本では，国が実施している外来生物対策事業の代表的なものは，奄美大島でのマングースの防除事業である．マングースはハブの駆除のために導入され，1980年代に急激に増加し，その捕食圧によって固有の絶滅危惧動物が脅かされた．糞の分析から，アマミノクロウサギやアマミトゲネズミなどが捕食されている証拠が得られ，マングースの密度が高い場所では，これら固有種やアマミヤマシギなどの鳥類が姿を消していることもわかった．環境省は，奄美野生生物保護センターを拠点として，2000年からマングースの防除事業を開始した．事業は効を奏し，マングースは着実に減少し（図22-2，図22-3），固有動物の

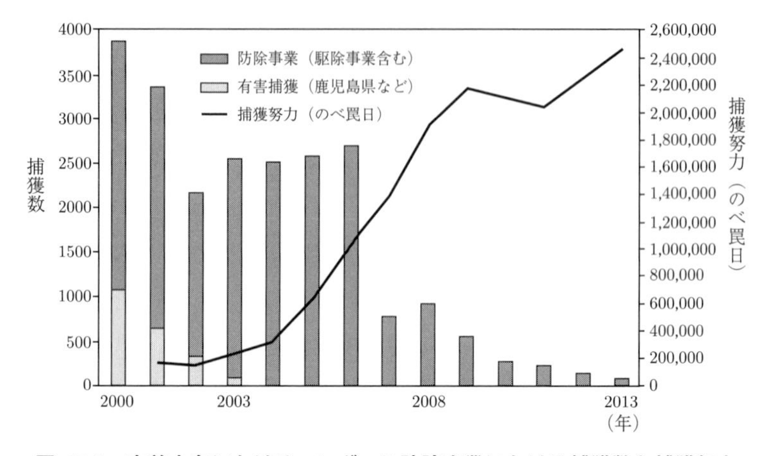

図 22-2　奄美大島におけるマングース防除事業における捕獲数と捕獲努力の経年変化（環境省 2014 より改変）

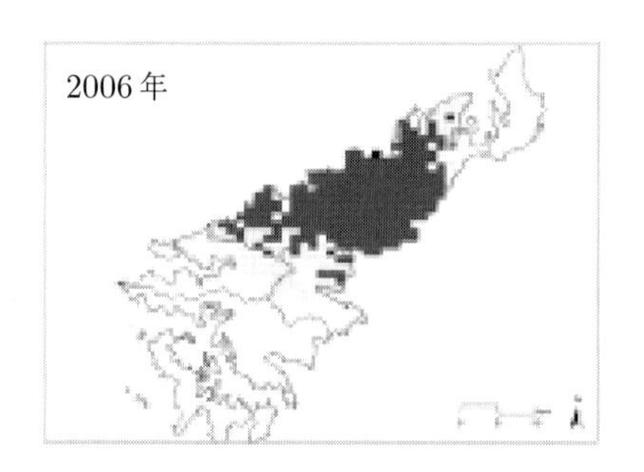

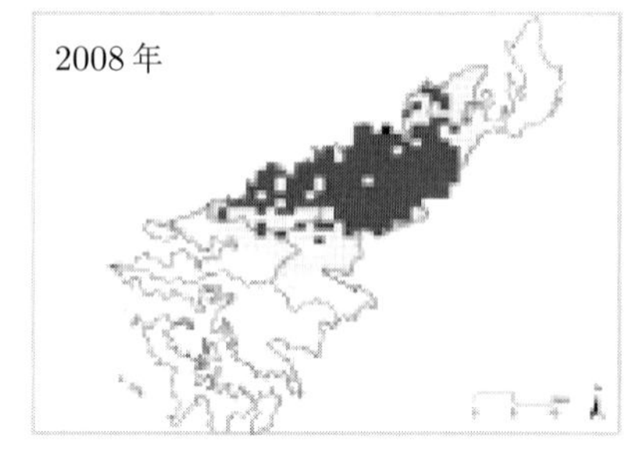

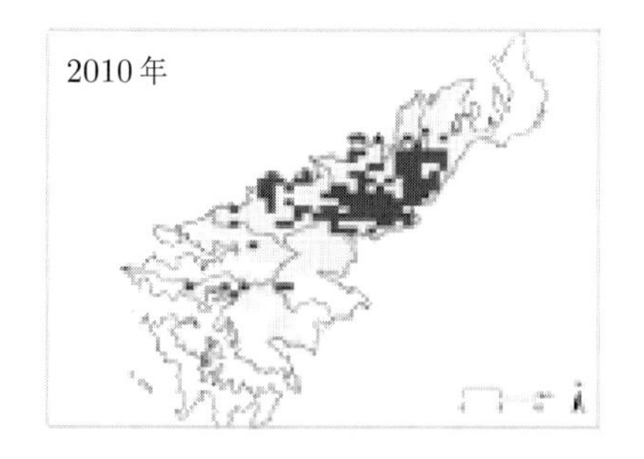

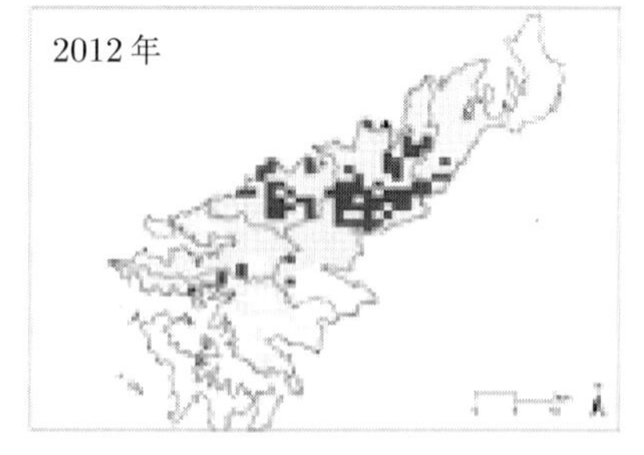

図 22-3　奄美大島におけるマングース防除事業での捕獲メッシュの推移
捕獲メッシュの減少は事業によりマングースが着実に減っていることを示している（環境省 2014 より改変）

個体群も回復している．対策には，50名ほどの「奄美マングースバスターズ」が雇用されており，多数の罠を仕掛け，定期的に見回りをして捕殺するなどの手法などがとられている．低密度になったマングースを見つけるために探索犬とそのハンドラーも導入され，生態系からの完全排除をめざして，2022年まで事業が継続されることになっている．

北海道では，特定外来生物に指定されているセイヨウオオマルハナバチ排除を兼ねた市民を主体とするモニタリングのプログラムが進められている．セイヨウオオマルハナバチは，1992年から温室トマトの授粉昆虫として輸入され，逃げ出して野生化した．1996年に北海道ではじめての野生コロニーが発見され，その後着実に定着して急速に増加し，在来種をはるかにしのぐ密度で生息している地域もある．在来のマルハナバチとは比べものにならないほど卓越した資源利用能力をもち，営巣場所を巡る競争を通じて排除する可能性が大きい．実際に，セイヨウオオマルハナバチが侵入した地域では，在来のマルハナバチの衰退がみられる．在来のマルハナバチの衰退は，共生関係にある野生植物にも影響が及ぶものと危惧される．外来生物法により特定外来生物に指定されてから，市民参加による監視と排除の活動が活発化している．

溜池における絶滅危惧種を脅かす侵略的外来種の影響と対策

日本の溜池に侵入した外来生物は，絶滅危惧種を含む在来種の個体群に大きな影響を与えている．湖沼や溜池などの閉鎖的な水域では，オオクチバス，ブルーギル，アメリカザリガニ，ウシガエル，コイなどが猛威を振るっている．オオクチバスは魚類やエビ類を食い尽くす．雑食性のアメリカザリガニやコイは，生息環境を大きく改変する**エコシステムエンジニア** ecosystem engineer，すなわち，生息場所の改変者として振る舞う．図22-4には，アメリカザリガニによる淡水生態系改変の例を示す．

水生生物の保全には，外来種への対策が必須であり，オオクチバスの排除の取組みは，2000年頃から各地で実践されている．伝統的な管理法である掻(か)い掘(ほ)りなど，溜池の水抜き（池干し）は有効な手法であり，根絶することも可能である．水を抜くことのできない湖沼では，低密度に管理するなどの対策をとる必要がある．

2005年に施行された**外来生物法**でオオクチバスが**特定外来生物**に指定されると，環境省により全国6か所でのモデル事業が実施された．それらの事業は，

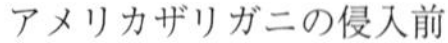

アメリカザリガニの侵入前　　アメリカザリガニの侵入後

図 22-4　シャープゲンゴロウモドキの局所絶滅をもたらしたアメリカザリガニの侵入による生態系改変

水草が多く透明度の高い池がアメリカザリガニの侵入により，水草が消滅し，水の濁った池へと短期間のうちに激変し，シャープゲンゴロウモドキが局所絶滅した．

影響の抑制に効を奏しているが，法施行から10年経っても，オオクチバスの密放流は後を絶たない．

一方で，侵略性の高いアメリカザリガニは**緊急対策外来生物**に指定されているだけであり，今でもペットとして飼われたり，幼稚園や小学校における理科教材として使用されている．新たな水系への侵入が続いており，絶滅危惧種を脅かす事例もある．

1つの溜池に複数の外来種が侵入していることも少なくないため，それらの排除にあたっては，外来種間の**生物間相互作用**を十分に考慮する必要がある．

自然再生事業で溜池の外来種対策が実践されているのは，岩手県の久保川流域である．この地域には600ほどの溜池が残存し，他の地域ではみられなくなった水生昆虫が今でも健在である．久保川イーハトーブ自然再生協議会は，**自然再生推進法**に基づく**自然再生事業**（28章）の一環として侵略的外来生物排除の実施計画を策定し，**順応的なアプローチ**によって実践している．すなわち，外来種間の生物間相互作用を考慮し，オオクチバスとアメリカザリガニの封じ込めとともに，多くの溜池に蔓延し始めているウシガエルの排除が2010年より実施されている．もんどり型のトラップを用いてウシガエルを減少させると，ゲンゴロウ類や在来のカエル類が戻ってくることが明らかにされた．また，シャープゲンゴロウモドキ（絶滅危惧IA類）の生息する千葉県の谷津田では，アメリカザリガニの侵入早期からの排除が保全団体と県によって実施され，トラップやタモ網を用いた排除活動を4年間続け，根絶に成功し，シャープゲンゴロウモドキの個体数が維持されている．

23 湿地の保全と再生

湿地，特に河川の氾濫原湿地や泥炭湿地は，古来，ヒトが生物資源を採集する場として重要であった．近年では，さまざまな開発や河川管理などによってその喪失が著しい．湿地の生物多様性の保全や自然再生は，国際的にも国内でも重要な課題となっている．

23-1 人間活動の場としての氾濫原

人類はその歴史の黎明期から今日に至るまで，**湿地**（広義の湿地，ウェットランド）が提供するさまざまな生態系サービスに依存して生活を営んできた．特に，河川氾濫原は，狩猟採集がおもな営みであった古い時代から，ヒトの生物資源採集の場として重要であった．また，最初に農地が切り拓かれたのも，人口が集中する都市が形成されたのも，**氾濫原** floodplain に相当する場所であった．氾濫原とは，河川の流水が洪水時に河道から氾濫する範囲の平原を意味し，谷底平野，扇状地，沖積平野，三角州などの洪水時に浸水する範囲を含む．川の流路からの距離に応じて地下水位が変化し，氾濫時には土砂の掘削・堆積などが生じ，地形と環境条件が変化に富む．河川の下流部，特に河口部には広大な氾濫原とそれにつながる干潟がみられる．

古代文明は，いずれもナイル川，チグリス・ユーフラテス川，黄河，揚子江などの大河川の下流域の氾濫原に発達した．生命維持に欠かせない水と氾濫がもたらす肥沃な土壌，そこに育まれる自然の植生は，人々の暮らしにも，農業にも欠かせないものであった．さらに，河川による水運の便も加わり，氾濫原，特に河口域の氾濫原は，歴史を通じて人間活動の主要な場であった．

しかし，人々は氾濫原や湿地の恩恵を必ずしも十分に認識していたとはいえず，必ずしも持続可能なやり方で利用してきたとはかぎらない．肥沃な氾濫原の自然の恵みに支えられて成立した古代文明も，やがては終焉の時を迎えた．それは，人間活動に起因する砂漠化など，生態系の劣化によるところが大きいと考えられている.

23-2 日本の氾濫原と湿地

世界で最も活発な火山帯の1つでもある日本列島は，地形が急峻で，モンスーンの影響で降水量が多い．河川は頻繁に氾濫して通常の流路からあふれ，澪(みお)筋(すじ)を変化させる．上流域の氾濫は，増水時に氾濫水が及ぶ谷の中に限定されているが，中流（図 23-1）には砂礫が，下流には細粒土砂が堆積した氾濫原が発達する．中流域から下流域にかけての氾濫原では，流水，氾濫水，伏流水，地下水など，さまざまな様態の水がネットワークをつくり，時間とともに変動する．そこには，池沼，湿地，湧水などの多様な水辺環境がつくられ，増水時にはそれらが河川と一体となる．

氾濫原の池沼は，水深の浅い場所は水草や湿生植物に覆われ，水深のやや深い場所にはクロモやササバモなどの沈水植物，それより浅い場所にはアサザやヒツジグサなどの浮葉植物，さらに浅い場所にはガマやヨシなどの抽水植物が広がる．これらの植物は，そこに生きる動物の餌になり，食物連鎖を介して多くの動物の生活を支える．また，天敵から身を守る隠れ場所，交尾場所や産卵の場ともなり，両生類・魚類など多くの動物に生息環境を提供する．

植物が生産する有機物がたまって抽水植物や陸生の湿地植物が繁茂するようになると，それらに覆われて水面が失われる．しかし，時々起こる氾濫が植生を破壊して新たな開水面を作り出す．池や沼などの止水域は，1つ1つが永続

図 23-1 上空からみた中流域の氾濫原

するものではなくても，氾濫原全体をみれば常に多様な大きさや形の池沼が存在する．つまり，局所的にみれば，その場所は水面になったり植生に覆われたり変化が絶えず起こっていても，全体をみると常時似たような環境の組合せが存在するという意味では安定している．氾濫原の土砂が堆積しやすい場所では自然堤防などが形成される．比較的安定している比高の高い立地には氾濫原特有の樹林が成立する．多様な水域，草原，樹林がモザイク模様のように組み合わされ，時間とともにダイナミックに変化するこのようなシステムはシフティングモザイク（13章）でもある．氾濫原に生息するトンボや両生類などの生物は，これら多様な水辺環境および樹林，湿地など，異なる環境を組み合わせて利用する．

氾濫原の水域では，季節に応じた規則的な水位の変動がみられる．生活史の少なくとも一時期を氾濫原の水域で生活する動物は，このような季節的変動に適応するとともに，時折生じる予測不能な変動に対処する能力を進化させている．河口域には，汽水から淡水まで，塩分濃度の異なる止水域が存在する．

水と栄養塩という植物にとっての資源が豊富な氾濫原は，生物生産性の高い生態系である．近年になると，農業の近代化や工業用地確保のための埋立て・開発も盛んになり，氾濫原湿地は量的・質的な劣化の一途をたどった．しかし，かつてなかったスピードで開発による湿地の喪失と劣化が進んだ20世紀を経て，現在では，湿地の保全・再生が国際的にも重要な社会的課題の1つとして認識されている．農地開発のために多くの湿地が失われたことは，世界中に共通する問題である．しかし，開発された農地が水田か小麦畑や牧場かでは，一部でも湿地の機能や生態系サービスが維持されているかどうかという点において大きな違いがある．日本では，水田の湿地としての機能を重視し，それを強化するための農法を実践するなどの取組みも始まっている（27章）．

23-3　氾濫原と稲作・さとやま

水が豊かで土壌の肥沃な氾濫原は，狩猟採集時代から，狩猟・漁労・採集の場としてヒトの重要な営みの場であり，最初の稲作もそこで始まった．

東アジアの稲作文化の起源地と目される揚子江デルタの遺跡からは，8000年ほど前に，氾濫原の沼沢地で定住生活を営んでいた狩猟採集民が稲作を行っていたことを示す考古学的証拠が発見されている．東南アジアや中国に広く分布する野生のイネは，氾濫原の湿地に自生する植物であり，イネの利用は，そこでの採集から栽培へと移行した．日本に稲作が伝わった後には，その生育に適した氾濫原の浅い止水域や湿地が栽培場所に選ばれた．

各地で発見される水田遺跡からは，日本では2000年以上前から水田稲作が行われていたことがわかる．近代的な土木技術が発達するまでは，川に沿う谷筋や小規模な氾濫原の自然の条件を利用して水田耕作が行われた．氾濫原湿地を生息・生育の場としていた動植物の多くが，水田を代替の生息・生育場所としたと考えられる．

淡水魚は，池沼や一時的な止水域の代替環境として水田を産卵の場とした．ゲンゴロウなどの水生昆虫や水草も，池沼に加えて水田を生活の場とするようになった．

近代から現代にかけて，氾濫原が開発されて水系ネットワークが大幅に縮小しても，水田，溜池，用排水路などの身近な水辺は，氾濫原の多様な湿地の代替として，多くの湿地の生物の生活を支えていた．氾濫原の水系ネットワークのように，水田も用排水路で河川と結ばれている．氾濫原では，季節的に，また不定期に氾濫が起こって植生を破壊する作用である攪乱が生じるが，同じように，耕作，肥料・燃料として利用するための植物の刈り取り，水の利用・管理のための池さらいや用排水路の清掃などの農の営みが，定期的に攪乱を与え，氾濫原の生き物の生息・生育の条件を維持した．伝統的な稲作が水辺の生物多様性を損なわず，むしろそれを維持することに役立ったのは，水田を含む水辺が氾濫原湿地に起源をもち，人間活動に伴う攪乱が規模においても質においても，自然の攪乱とそれほど大きく異なるものではなかったからだろう．

しかし，農業の近代化のための圃場（ほじょう）整備，溜池の改修，用水のパイプライン化，排水路のコンクリート護岸化，肥料・農薬の多投入による画一的な「慣行」稲作は，身近な水辺環境を激変させた（27章）．これにより，多くの身近な水辺の生物が絶滅危惧種のリストに掲載されることになった．

23-4 日本における湿地の開発・喪失

氾濫原に限らず，この100年ほどの間の湿地の量的・質的な劣化は激しいものであった．現在でも国土の70％ほどを占める森林とは対照的に，明治期以来の干拓や埋立てにより，湿原や湖沼・干潟などの湿地はその面積を大きく減少させた（図23-2）．明治・大正期の湿地面積からみると60％以上もの面積の湿地が失われた．別寒辺牛（べかんべうし）湿原など明治・大正期には未発見の広大な湿原の面

物と科学＝生物に挑む科学の歩み

一壽 編著　B5・200頁・2585円（2色刷）
を構成する核酸，アミノ酸などの有機低分子から地球規模での
素循環経路まで，幅広い内容について簡潔に説明。システムバイ
ロジーやバイオミメティックスの研究の一端も紹介する。

新しい生物科学

弥益 恭・中尾啓子・野口 航 共編　B5・208頁・3520円（2色刷）
生物科学を理解するうえで必要な基礎知識から最先端の話題までを概説した教科書。細胞の構造，物質代謝，遺伝情報，内分泌系，神経系，発生，産業応用，環境保全，生物倫理などを簡潔に解説する。

植物生理学概論　改訂版

桜井英博・柴岡弘郎・高橋陽介・小関良宏・藤田知道 共著
B5・256頁・3850円
生体エネルギー論，生化学反応，分子生物学，細胞生物学など生物学全般の基礎から，最新のゲノム編集，光合成，植物ホルモン，オミクス解析の進歩までを概説した植物生理学の初学者向けテキスト。

基礎生物学実験

大阪大学理学研究科生物科学専攻 編　A4・104頁・1980円
生物材料や標本を扱う実験方法や観察の仕方を学び，基本的な実験技術およびレポート作成能力を習得するための実習書。

★表示価格は税（10％）込みです。

培風館
東京都千代田区九段南4-3-12（郵便番号 102-8260）
振替 00140-7-44725　電話 03(3262)5256　〈F 2209〉

Life Science & Biotechnology

培風館

新刊書・既刊書

ライフサイエンスのための 生物学　改訂版

鷲谷いづみ 監修／江原 宏・谷口光隆・海野年弘 共編
B5・264頁・3740円
細胞生物学，植物，動物，生態と進化の 4 編に分けて，生物学全般の基礎をバランスよく解説した教科書。

21世紀の農学＝持続可能性への挑戦

生源寺眞一 編著　B5・232頁・2970円
持続可能性をキーワードとして，食生活のあり方，農業の技術革新，地域の農林水産業，さらには食料をめぐる国際協力に至るまで，幅広い分野について最新データの図表等を用いてわかりやすく解説する。

実践　野生動物管理学

鷲谷いづみ 監修・編著／梶 光一・横山真弓・鈴木正嗣 編著
B5・232頁・3300円
生物多様性の保全と持続可能性を念頭に，野生動物被害と対策，個体数の管理等を歴史的な変遷や動物の生態をふまえて，科学的見地から解説した教科書。実践に役立つ知識や技術も具体的に紹介する。

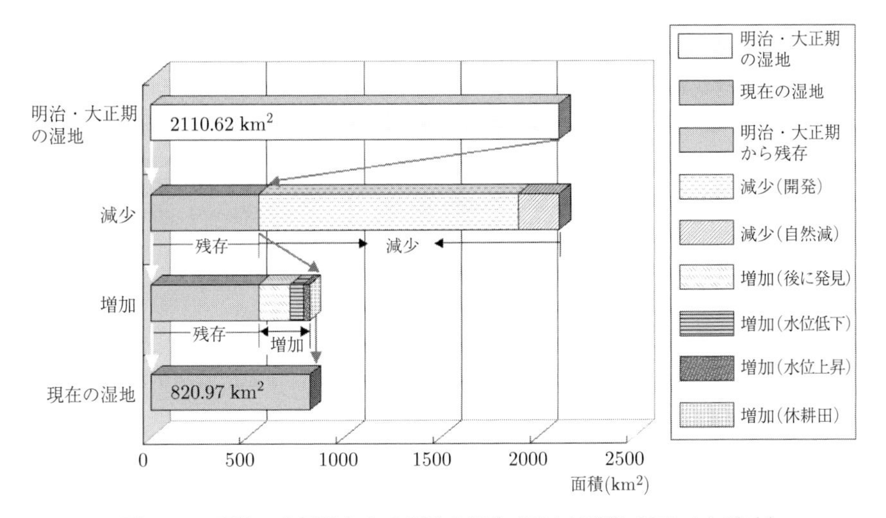

図 23-2 明治・大正期からの湿地の喪失（国土地理院 2000 より改変）

積が算入されていないこと，また渡良瀬（わたらせ）遊水地が新たに湿地に加わったこと，明治期以前にも新田開発などで多くの湿地がすでに失われていたことを考えると，近代以降に人間活動によって失われた湿地面積はさらに大きなものとなる．

一方で，現在に残された湿地も周辺の開発に伴う乾燥化や外来生物の影響などによる多くの問題を抱えており，生態系の劣化が著しい．湿地を利用する渡り鳥をはじめ多くの生物群において生物多様性の損失も目立つ．渡り鳥の減少に関しては，越冬地や繁殖地における環境悪化など，日本列島の外での環境変化も影響していると考えられるが，国内の干潟をはじめとする湿地の大幅な消失や環境劣化が，その生息条件の全般的な悪化をもたらしていると考えるべきであろう．

河川や沿岸域の動植物の生息や生育基盤となる地形などの物理条件の改変は，日本列島全体にわたっている．特に，湿地や沿岸域の埋立て，さまざまな構造物の設置などは，生物の生息・生育条件を大きく改変した．それらは，富栄養化などの水質変化と相まって，藻場，干潟，サンゴ礁における生物多様性の低下を招いている．例えば，北海道石狩平野の開発，秋田県八郎潟の埋立て，また，近年では長崎県諫早（いさはや）湾の干拓などは，規模の点でも影響の点でも特筆すべきものである．

23-5 泥炭湿地

泥炭湿地は，冷涼な気候のもと，過湿で貧栄養な土壌に生育するミズゴケ類の遺体が分解されることなく，有機物の泥炭として蓄積した湿地である．泥炭層は，大量の有機炭素を蓄積している．泥炭層が分解されずに次第に盛り上がっていくタイプの湿原は**高層湿原**という．それに対して，河川・湖沼の水辺のヨシなど抽水植物が優占する湿原は**低層湿原**という．降水のみで涵養される湿地には，食虫植物のモウセンゴケやミミカキグサなど，貧栄養な条件のもとでのみ生育できる特有な植物が生育する．

日本では北海道や本州の高標高地など冷涼な気候の地域に，現在でも大規模な開発を免れ，本来の植生を比較的良好な形で保っている**泥炭湿地**が残存する．西ヨーロッパ諸国では，泥炭湿地は，多くが19世紀以前に開発されて農地に変えられた．泥炭湿地を開発してつくられた農地は，生産性が高いものの急速な地盤沈下という問題を抱えている（28章）．泥炭として蓄積される有機炭素の地球温暖化緩和策への寄与が認識されるようになり，ドイツやイギリスでは泥炭湿地の保全・再生の取組みが盛んになっている．

湿地生態系の経済価値

環境経済学研究者コスタンザらは，16タイプのバイオーム（13章）における17タイプの生態系サービス（17章）の経済的価値を見積もった．その結果，地球の生物圏全体についての経済的価値（そのほとんどが非市場的な価値）の総計は，年間16～54兆米ドルで，平均33兆米ドルと推算された．なお，この時点での世界全体のGNP総計は，18兆米ドルであった．

コスタンザらは，干潟や湿地（低湿地，氾濫原）は控えめに見積もって，年間1haあたり約2万ドルのサービスを生み出すと推定した（表23-1）．ただし，この値は評価が可能な一部のサービスのみを考慮したものであり，相当に過小な評価となっていることに留意する必要がある．

多くの生態系サービスは，市場において完全に把握されることがなく，経済的サービスやインフラの資本に匹敵する方法で十分に数量化されることがないため，政策決定においてはほとんど考慮されていない．生態系サービスを生み出す自然資本を無視していることが，人類の持続可能性を危うくしているともいえる．

表 23-1 地球規模での湿地の生態系サービスの経済評価

生態系サービス	湿地全体	低湿地／氾濫原
大気成分の制御	133	265
気候制御		
攪乱（洪水）制御	4,539	7,240
水分制御	15	30
水分供給	3,800	7,600
侵食制御		
土壌形成		
栄養循環		
汚染浄化	4,177	1,659
花粉媒介		
捕食を通じた生物学的制御		
生息・生育場所の提供	304	439
食料生産	256	47
生材料提供	106	49
遺伝的資源		
レクリエーション	574	491
文化的価値	881	1,761

単位 $/ha/ 年，空欄は該当するデータがないこと，灰色の欄は最も重要なサービスを意味する（Costanza ら 1997 より改変）

日本の河川の生物多様性保全上の課題

河川はその氾濫原のみならず，全体をウエットランド（湿地）ととらえることができる．

日本の河川は急峻な地形を反映して急流である．上流域では渓流美，中流域では砂礫河原の景観がみられ，その独特の環境に適応した生物の生息・生育場所であった．流水は山を削って土砂を流すが，特に増水時のさまざまな粒径の土砂が川を流れ下る．それぞれが粒径に応じて流路と河原に堆積し，より粒子の細かい土砂は海にまで運ばれる．このような土砂の動態に依存して，河川地形が動的に形成・維持される．海では，堆積が起こりやすい場所で，地形に応じて砂浜や干潟が発達する．上流域から海岸に至る各所に成立する植生も，ダイナミックな土砂動態にその生育の条件を依存している．例えば，中流域の砂礫の氾濫原にはそのような土壌に適応した河原固有の植物からなる植生がみられ，下流域の細かい土砂が堆積した河原にはヨシ原が発達する．

現在では，河川に多くのダムがつくられており，自然の土砂動態が阻害されている．ダムの貯水池に本来であれば下流側に流される土砂が堆積する．一方で，貯水の影響でダム下流は河川流量の少ない**減水域**となり，水生生物の生息の条件が失われる．

水位が人工的に管理され，自然の水位変動と大きく異なる変動を示す水辺は，生物の生息・生育環境を大きく変化させている．ダム湖内に流入した土砂の堆積によるダムの機能低下，ダムそのものの影響による下流への土砂の供給阻害，河川水量の時間的変化の改変などは，砂利採取なども相まって，川の地形を大きく変化させ，海岸の浸食なども引き起こしている (24 章)．

中流域では，流路が固定され河床の低下が目立つ．流路と河原の比高 (高さの差) が拡大し，河原への氾濫の頻度が低下している．それに応じて，シナダレスズメガヤなどの侵略的外来植物や外来緑化樹のハリエンジュやイタチハギなどが侵入して繁茂し，砂礫河原の独特な生態系と生物多様性が急速に失われつつある (図 23-3)．

開発の場における建設・建築に必要なコンクリートの需要も，河川の性状や土砂動態へ大きな影響を及ぼした．コンクリートの材料となる砂利が，川から大量に採取されたためである．

シナダレスズメガヤによる草原化前　　草原化が進行中

図 23-3　草原化した丸石河原

日本のラムサール条約湿地

国際的に重要な湿地とそこに生息する生物の保全，および湿地の賢明な利用（ワイズユース）を促進することを目的に，**ラムサール条約**が 1971 年に採択され，日本も 1980 年から締約国となっている．この条約でいう湿地は広い概念であり，湖沼や河川などの淡水生態系だけでなく，海の沿岸生態系も含んでいる．ラムサール条約では，国際的に重要な湿地が登録されており，いわゆる「ラムサール条約湿地」とよばれる．国内では 50 か所（図 23-4）が，世界では 2243 か所が登録されている（2015 年 4 月現在）．湿地の保全や賢明な利用のために，対話（情報交換など），教育，参加，啓発活動を進めることを促している．

また国内では，環境省が，保全地域の指定の検討や開発における保全上の配慮を促す基礎資料として，「日本の重要湿地 500」を 2001 年に選定，2016 年に改定した．湿原，河川，湖沼，干潟，藻場，マングローブ林，サンゴ礁など，生物多様性保全の観点から重要な湿地が全国から 633 か所選ばれている．

図 23-4 日本のラムサール条約湿地（環境省 HP より）

24 沿岸・海洋生態系の危機と保全

24-1　沿岸・海洋生態系の特徴

海洋は，面積にして地球表面の約 4 分の 3 を占め，平均水深は約 3800 m ある．陸上生態系における生物の生息・生育環境を地表から高さ 100 m 程度までとすると，海洋は，陸域に比べて，面積にして 3 倍，高さ（深さ）にして 38 倍であり，3 次元空間の容積は 100 倍以上になる．この巨大な空間全体を海水が満たして連続していることも，陸の生態系にはない特徴である．

海洋における生物の生息・生育域は，陸地に近い**沿岸域**と，陸地から離れた**外洋域**とに大別できる．沿岸域は，水深約 200 m の大陸棚の縁までの範囲であり，面積にして全海洋の約 8 %を占める．残りの 9 割以上を占める外洋域は，最も深い場所では水深 10000 m を越える．深さとともに増す水圧や光の減衰により，深さによって生物にとっての環境は大きく変化する．外洋域では水面から水深 200 m までを**表層**，1000 m までを**中層**，3000 m または 4000 m までを**漸深海層**，漸深海層以深を**深海層**とよぶ（図 24-1）．

海洋における一次生産は，**植物プランクトン** phytoplankton と**海藻**や**海草**などの**大型植物**の光合成による．水は大気よりも光の透過率が低く，水深がある程度以上になると植物の成長に必要な量の光が届かない．見かけの光合成が 0 になる**補償光量**（10 章）の光が透過する水深までを**有光層** photic zone とよぶ．水の透明度が高い外洋域では有光層が水深 150 m 程度まで達するが，海水に懸濁物の多い沿岸域ではその濁度に応じてそれよりもずっと浅くなる．植物プランクトンや光合成細菌が生育できるのは有光層に限られ，海藻や海草などの海底に固着する大型植物は，沿岸近くのさらに浅い水域にのみ生育する．それより深いすべての海域における一次生産のほぼすべてが，植物プランクトンによって担われている．

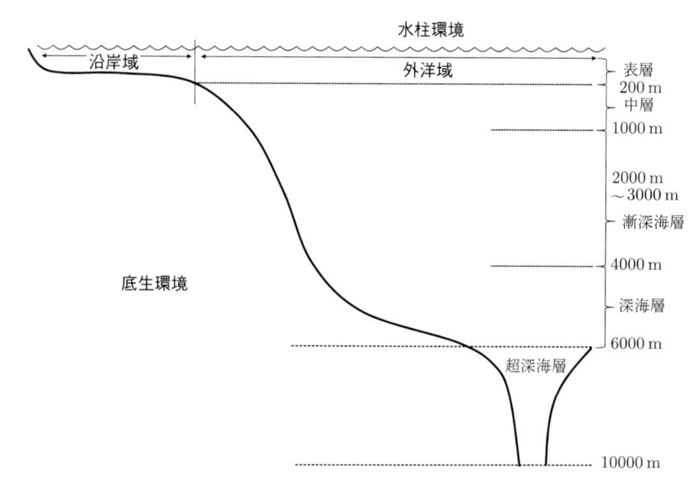

図 24-1　海洋の区分け（Lalli & Parsons 1996 より改変）

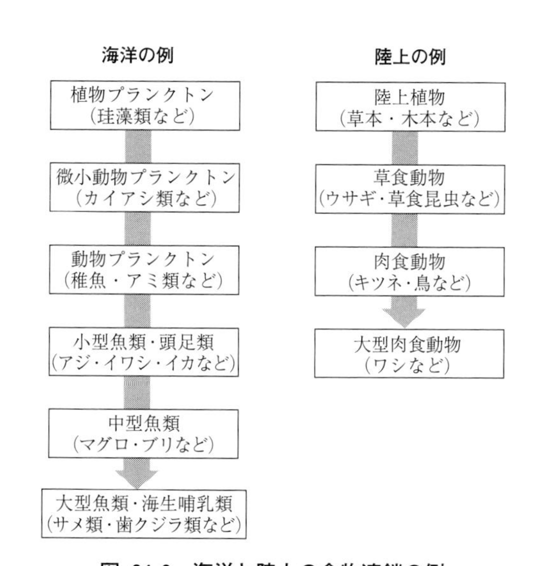

図 24-2　海洋と陸上の食物連鎖の例

光の届かない深海底では，光の代わりに化学反応からエネルギーを得る化学合成による一次生産が行われる場所もある．すなわち，地熱で熱せられた熱水が噴出する熱水噴出孔の近くでは，熱水中の硫化水素を基質として化学合成バクテリアが有機物の合成を行う．それに依存して，ハオリムシ，シロウリガイ，シンカイコシオリエビなど，高圧・低温・暗黒の特異な環境に適応した生物群からなる特殊な生態系が維持されている．

海洋生態系の特徴の1つは，一次生産者の体サイズが小さいことにあり，海洋の一次生産をおもに担う植物プランクトンの大きさは，一般的に μm オーダーである．それを消費する一次消費者も微小な動物プランクトンであり，陸上の代表的な一次消費者である植物食昆虫に比べるとその大きさは何桁も小さい．その一方で，浮力で大きな体を維持しやすい海洋の高次捕食者は，陸上の高次捕食者よりも体サイズが大きいものもみられる．一次消費者と高次消費者の間には，体サイズの異なる何段階もの消費段階からなる長い食物連鎖が存在する（図 24-2）．そのような長い食物連鎖は，生物濃縮による高次消費者の体内への有害物質の蓄積など，海洋生態系特有の環境問題の要因の1つにもなる．

24-2　干潟・サンゴ礁の生物多様性・生態系サービスとその危機

陸地はミネラルに富み，多くの場合，海洋よりも面積あたりのバイオマス生産が大きい．河川水は海水と比較して，植物の一次生産に必要な窒素，リン，鉄などを含む**栄養塩**を豊富に含み，河川水が流入する沿岸域では，外洋と比較すると栄養塩が豊富である．また，水深が浅く，有光層が海底まで届くため，植物プランクトンだけでなく海藻や海草が大きな一次生産を担う．これら大型植物がつくる構造は，動物にとっての多様なミクロな生息環境をつくりだす．そのため，沿岸域はバイオマスも生物多様性も豊かである．その中にあって，特に，生物多様性が高く，その生態系サービスが注目されているのが**干潟** mudflat と**サンゴ礁** coral reef である．

干潟は，河川が運んできた砂泥が潮流の緩やかな河口域などに堆積して形成され，潮の干満に伴い砂泥の表面が海面下に沈んだり露出したりを繰り返す．陸から供給される栄養塩や有機物が豊富で，微生物の他に，多毛類（ゴカイの仲間），甲殻類，二枚貝類，小型魚類，鳥類など多くの生物が生息する．

これらの生物生産を支えているのは，水中および砂泥表面や内部に存在する有機物の粒子であり，それらが干潟の炭素量に占める割合は，通常，砂泥に付着する藻類や植物プランクトンよりも大きい．アナジャコや二枚貝類は水とともに懸濁物を吸い込み，有機物をろ過して利用する．スナガニ類は砂泥表面に堆積した有機物を砂泥とともに取り込み，有機物を濾しとって利用している．この生態系プロセスに伴って発揮される生態系サービス（17章）として，水の浄化（調節サービス）があるが，同時に有機物や栄養塩の循環をもたらす基盤サービスももたらされる．また，干潟に生息するアサリやハマグリなどの二枚貝，シャコやガザミなどの甲殻類，マハゼやニホンウナギなどの魚類は，干潟の恵みともいうべき供給サービスをもたらす．これらを採集する潮干狩りや釣りを人々が楽しむことは，文化的サービスの享受である．

しかし，日本では，干潟の減少が極めて急である．環境省（2007）の報告によれば，1945年に82621 haあった日本の干潟は，1978年には53856 ha，1996年には49380 haにまで減少した．50年で約40％の干潟が失われたことになる．干潟は河口付近の人口集中地域に形成され，遠浅で埋め立てやすいために，土地開発によって失われやすい．

地球規模で最も危機に瀕している沿岸域の生態系は**サンゴ礁**である．造礁サンゴはクラゲと同じ刺胞動物の一種で，細胞内で光合成を行う**褐虫藻** zooxanthellaと共生している．褐虫藻の光合成に光が必要なため，サンゴ礁は浅く透明度の高い海に発達する．褐虫藻が光合成によって生産した有機物は造礁サンゴが利用する他に，サンゴ体外にも放出される．サンゴ礁は，おもに造礁サンゴの炭酸カルシウム骨格によってつくられている．高い生産性と複雑で多様な生息場所が形成されることにより，多種類の魚類と甲殻類が生息する．その高い生物多様性によって安定的にもたらされる生態系サービスは，褐虫藻や植物プランクトンが行う光合成による基盤サービス，魚類や甲殻類などの食料生産の供給サービス，釣りやダイビングなどを楽しむ場としての文化的サービス，光合成によって海水のCO_2を吸収して地球温暖化の緩和に，波を和らげることで防災・減災に寄与する調整サービスなど，多岐にわたる．これらのサービスは，古来，熱帯・亜熱帯域の島嶼に住む人々の生活を支えてきた．

造礁サンゴと共生する褐虫藻は，海水温上昇などのストレスにさらされるとサンゴから脱落し，サンゴの**白化** bleachingが起こる．現在，地球温暖化による海水温の上昇に起因するサンゴの白化現象が世界各地から報告されている．また，ミドリイシ科のサンゴを捕食するオニヒトデの大量発生も，造礁サンゴの脅威の1つとなっている．日本のサンゴ礁の面積は，1978年に36495 haであったが，1990～1992年の調査では34186haと約6％減少している．今後，温暖化が進行すれば，サンゴ礁に依存する生態系は甚大な影響を受けると予測されている．

24-3　漁業・養殖業にかかわる問題

海洋がもたらす生態系サービスの1つに，**漁業**と**養殖業**を通じた供給サービスがある．世界の魚介類の消費量は，1950年代から2010年代にかけて大幅に増加し，2012年には，ヒトが摂取した食料の半分程度を魚介類が占めていた．このうち半分以上が漁業，つまり天然の魚介類の漁獲により，残りは人間の手で魚介類を育てる養殖業によって供給されている．世界の人口が増加する中で，漁獲量は1990年代半ばから頭打ちとなり，水産資源の枯渇が危惧されている．今後，魚介類を持続的に利用していくことは可能なのだろうか．

水産資源の持続的な利用のためには，海洋生態系に深刻なダメージを与えないように，適切な資源管理を行うことが必要になる．国連海洋法条約に基づき，各国は沿岸から200海里（370.4km）を**排他的経済水域** exclusive economic zone：EEZ）として設定し，外国による漁業を含む経済活動を制限することができる．しかし，自国で定めたルールに従って資源管理を行うことができるEEZ内において，適切な資源管理が行われている例は必ずしも多くはない．EEZ外の外洋は，あらゆる国の漁船が漁業を行うことが可能な**共有海域**（**コモンズ**）である．コモンズの生物資源は，適切なルールなしには無秩序な収奪によって早晩枯渇する．すべての利用者にとってその利用可能性が失われる**コモンズの悲劇** tragedy of commons を回避するためには，国際的な協力のもとに資源管理を進める必要がある．

資源量の減少により，漁獲技術の向上にもかかわらず漁獲量が減少する現状のもとで，**栽培漁業**とも称される養殖業が成長している（図24-3）．海産物の養殖には，**無給餌養殖**と**給餌養殖**がある．一次生産者の海藻類，または植食性の貝類やウニなどの養殖は，通常，初期段階の成育基盤となる人工構造物を海中もしくは海面に設置して無給餌で行われる．これに対して，マダイやサケ・マス類，クルマエビなどの肉食性魚類・甲殻類の養殖は，給餌養殖で，小さなサバやイワシなどが与えられる．養殖魚が食べる餌の多くの部分は排出され，あるいは熱エネルギーとして消費されるため，給餌養殖は，漁業よりも多くの天然資源を必要とする．魚種によって大きく異なるが，1kgの魚を育てるため

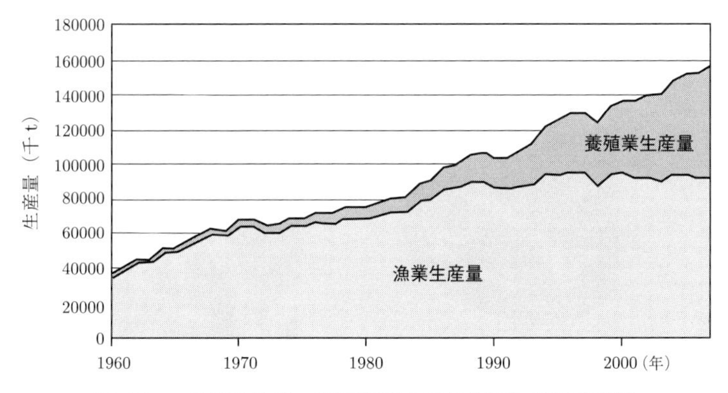

図 24-3　世界の漁業・養殖業による魚介類生産量の変遷
（FAO の HP，農林水産省 1960-2014 より改変）

には，約 5 ～ 15 kgの餌が必要になる．

ブリ，ウナギ，マグロなど，飼育下で産卵・孵化させた個体ではなく，漁業によって捕獲された稚魚を人間の手で育てる養殖形態も多くみられる．例えば，2012 年には，日本全体で 131 t のブリ類の稚魚が，養殖を目的として漁獲された．養殖に利用する稚魚の漁獲によって資源量が減少している可能性も，ウナギ類など一部の魚種で指摘されている．

養殖の問題は，餌や養殖魚の漁獲を通じた天然資源の利用だけにとどまらない．養殖は高密度の生簀（いけす）で行われるため，餌の食べ残しや排泄物，死骸，病害を防ぐために添加される抗生物質や殺菌作用のある化学物質などにより，周囲の水質にさまざまな影響をもたらす場合がある．一方で，単純な環境のもとで定期的に給餌される高密度の養殖では，天然にはない特殊な環境条件に適応した個体が選択される可能性が高い．生き残った養殖個体からなる集団は，天然の個体群を構成する個体とは異なる生活史形質をもつと考えるべきである．他方で，養殖される魚が別の海域などから持ち込まれる際に，同時に病原体を持ち込む可能性も大きい．養殖においては，餌や排泄物，化学物質などによって周囲の水域が汚染されないよう，また，養殖個体が野生個体群に加入する可能性のないように十分な配慮が必要である．

漁業・養殖業による資源の過剰利用や環境汚染を懸念し，持続可能な資源利用を進めようとする動きが国際的には強まっている．これらの動きには，政府が法整備や各種の規制を通じて行うものと，**非政府組織** non-governmental

図 24-4　MSC（左）と ASC（右）の認証ラベル
それぞれの組織の基準を満たした商品に，これらのラベルを貼ることが許される．

organizations：NGO が主導しているものとがある．例えば，各国政府が行っている漁業管理には，**総漁獲量規制** total allowable catch：TAC や漁獲量の**個別割当制度** individual vessel quota：IQ などがある．NGO による取組みとしては，**海洋管理協議会** marine stewardship council：MSC や**水産養殖管理協議会** aquaculture stewardship council：ASC に代表される認証制度が存在する．どちらもエコラベルを利用して，持続可能な漁業・養殖業によって生産・流通された商品であることを消費者に知らせるシステムである（図 24-4）．これらの認証制度は，日本の消費者にはまだ馴染みがあるものとはいえない．2016 年のリオデジャネイロオリンピック・パラリンピックでは，選手を含む大会関係者に対して，認証水産物の提供が予定されているなど，水産物の持続可能な利用をめざす動きは，国際的な広がりをみせつつある．

24-4　放流がもたらす問題

水産資源の増殖を目的として，多くの国の沿岸，河川，湖沼において，魚類，貝類，甲殻類の**放流**が行われている．放流は，水生生物やその卵を水域に放す行為であるが，現在では，その地域の外から持ち込まれた生物が放されることが多い．そのため，① **分布の攪乱**，② **遺伝的多様性の攪乱**，③ **病原体の拡散**などの問題が起こりがちである．

① 食用とするためにアフリカ各地の陸水域に放流されたナイルパーチ，ウシガエルの餌として日本に持ち込まれたアメリカザリガニ，スポーツフィッシ

ングの対象として世界の温帯淡水域に導入されたオオクチバスなど，分布域外に放流された後，侵略的外来種として既存の生態系に悪影響を与えている生物が少なくない．また，放流による国内外来種の生態系への影響も深刻である．

② 限られた数の親魚から多数の卵を採卵し，稚魚にまで育てて放流することが一般的であり，渓流魚やアユなどでは継代飼育された個体が放流されるため遺伝的多様性が低く，飼養環境に適応した放流魚が野生の個体と交配することによる野生個体群への遺伝的な影響も危惧される．

③ 放流に伴う寄生虫を含む病原体の拡散も時に大きな問題を引き起こす．日本では 1990 年代に，アユの放流に伴って冷水病が全国に蔓延し，アユの漁獲量はピーク時の 18093 t（1991 年）から 15 年で 8 割以上減少した（2006 年 3014 t）．また，2000 年代にはコイヘルペスウイルス病が全国に拡散した．ヘルペスの流行で放流用の魚の入手が難しくなったことも影響し，2000 年に 4079 t あったコイの漁獲量は，10 年で約 9 割も減少した（2008 年 468 t）．これらは氷山の一角であり，病原体が放流により拡散している例は少なくないと推測される．

放流は，これらのリスクの大きさと放流による資源増殖のメリットを勘案し，メリットがデメリット（リスク）を確実に上回っている場合にのみ行うべきである．しかし，放流がどの程度，資源を増殖させる効果をもつのかさえ科学的に検証されないままに放流が行われている現実がある．水産資源の持続的利用に資する放流なのかどうか，他の対策オプションとも比べて評価することが必要である．例えば，生息域，特に繁殖に必要な環境を回復させるなどが有効であることも考えられる．

24-5　海から河川上流域までの連続性

水は，地球の表面を循環している．海洋の水は海流によって移動するだけでなく，蒸発して大気に取り込まれ，一部は雨となって陸地に降り注ぎ，川を通じてまた海に戻る．川を流れる水が海と陸地の生態系を連結し，物質循環の一端を担う．

河川水が運んできた栄養塩の豊富な河口付近の沿岸域では，一次生産が盛んなため，ノリなどの海藻類や，二枚貝など植物プランクトンを食べる動物の無給餌養殖の場となる．

表 24-1　通し回遊生物の類型

回遊の類型		例	河川	海
降河回遊		ニホンウナギ オオウナギ	成長	産卵・孵化
遡河回遊		サケ サクラマス	産卵・孵化	成長
両側回遊	淡水性両側回遊	アユ ボウズハゼ	産卵・孵化 成長	稚魚期
	海洋性両側回遊	ボラ	稚魚期	産卵・孵化 成長

図 24-5　魚類などの回遊を妨げるさまざまな河川横断構造物

落差工（左上，静岡県坂口谷川），河口堰（右上，千葉県利根川），大型ダム（左下，岡山県旭川），ファブリダム（右下，静岡県勝間田川）

水や栄養塩の動きとは逆に，下流から上流へ流れに逆らって移動する動物も少なくない．海と川という質的に異なる生息空間の両方を利用して生活史を完結させる水生生物の生態を**通し回遊**という（表 24-1）．生活史段階と生息域の関係によって，サケ科魚類にみられる河川で産卵・孵化し，海洋で成長して，産卵のために河川に戻る**遡河回遊**，ウナギ属魚類に代表される海洋で産卵・孵化し，陸水で成長して，産卵のために海に戻る**降河回遊**，アユ，ハゼ類の一部，甲殻類などに広くみられる海と陸水のどちらか一方を産卵場および主要な成育場としながら，生活史の一時期のみ，もう一方の生息域を利用する**両側回遊**に分類されている．いずれも河川と海の生息場所の連結性が失われると生活史をまっとうできない．

近年，治水や利水を目的として河口堰やダム，落差工などの**河川横断構造物**が建造されたことにより，海と川のつながりが失われつつある（図 24-5）．例えば，日本には 2005 年の時点で，堤高 15 m 以上の大型ダムが 2675 基存在し，世界でも有数の個数と密度を誇っている．これらのダムは内部に土砂を溜め込むため，下流への土砂や栄養塩の供給量が減少し，沿岸域における砂浜の消失や生産性の低下を引き起こす場合がある．また，河口堰やダムは通し回遊生物の移動を阻害し，個体数減少の要因の 1 つとなっている．

通し回遊生物の中でも河川の上流から河口までを幅広く利用するウナギ類は，海と川の連続性を評価するための指標種の 1 つであるともいえる．

25 淡水生態系の危機と保全

植生によって見た目にも環境の不均一性が把握できる陸域の生態系とは異なり，水域の生態系は比較的均一で物理化学的な環境要因が生物の生息・生育に大きな影響を与える．水域のうち淡水域に成立する生態系，すなわち，湖沼，湿地，河川，貯水池（溜池やダム湖）を**淡水生態系**とよぶ．過去数十年間にわたる人間社会の経済的な発展は，淡水生態系に甚大な変化をもたらした．本章では，淡水生態系で進行している危機とそれに対する保全対策について解説する．淡水生態系は，他のどのタイプの生態系よりも劣化が著しいと評価されている．

25-1　限られた淡水の資源

地球の表面積の約７割は水で覆われ，「水の惑星」とよばれるのにふさわしい．水の存在は，地球上に生命が進化した理由の１つと考えられている．しかし，その水のほとんどは海洋にある鹹水（かんすい）（塩水）であり，淡水は非常に限られた量しか存在しない．地球上に存在する水の約97％は海水であり，約２％は極域や氷河などの氷であり，淡水は全体の１％にも満たない．しかも，淡水のほとんどは地下水として存在しており，湖沼や河川など地上にあって利用しやすい淡水資源は限られている．

また，淡水資源の分布は一様ではなく，豊富な淡水資源が利用できる国や地域がある一方で，人間の生存基盤が脅かされるほどまでに淡水資源が不足している国や地域もあるというように，淡水資源は地球上に不均一に分布している．さらに，淡水資源は，それが存在する国や地域でのみ利用されるのではなく，遠く離れた場所において間接的に利用される．すなわち，淡水資源を利用して生産された穀物，畜産物，木材などが，国や地域の境界を越えて移動しているが，それを淡水資源が生物生産物に形を変えて移動しているとみることもできる．

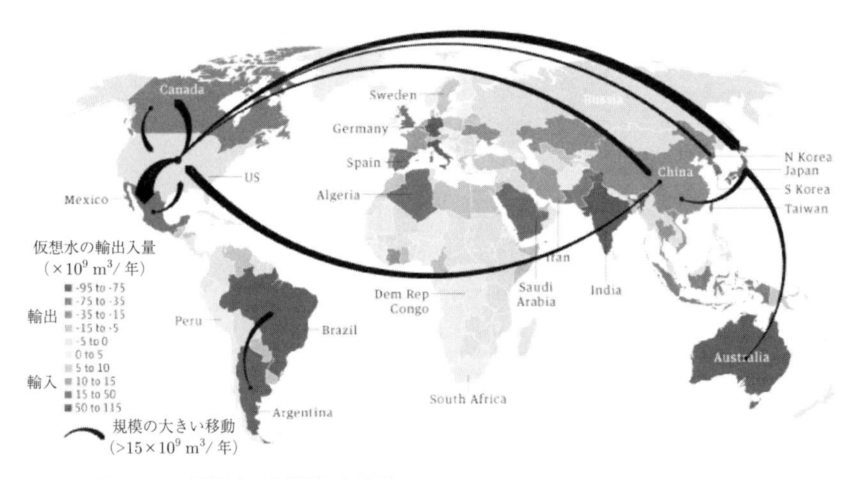

図 25-1　仮想水の国際的な移動
1996～2005 年の期間の分析（Hoekstra & Mekonnen 2012 より改変）

このように，間接的に利用される水を**仮想水**という（図 25-1）．間接的に淡水が存在する場所だけでなく遠隔地でも利用されることは，淡水資源の管理にも大きな影響を及ぼしている．

淡水資源は量だけでなく，質も重要である．例えば，上水道に利用されるための水処理は，水源となる淡水の質に大きな影響を受け，質の低い水を浄化して利用するには多大なコストを要する．淡水資源を持続的に利用していくためには，仮想水や水質を含めて淡水資源に関する理解を深めることが必要である．

25-2　生物多様性の劣化

淡水生態系は，その環境に適応進化した生物種を多く含み，豊かな生物多様性を誇る．単位面積あたりの種数は，陸上や海洋の生態系に比べても多い（図 25-2 (a)）．しかし，近年ではその劣化が著しく，絶滅の危惧に瀕している種の数が，陸上や海洋の生態系に比べて多い．何千種もの脊椎動物の個体群のモニタリングデータをもとにした**生きている地球指数** living planet index：LPI からも，淡水生態系における生物多様性の劣化が陸上や海洋の生態系に比べていっそう進行していることがわかる（図 25-2 (b)）．

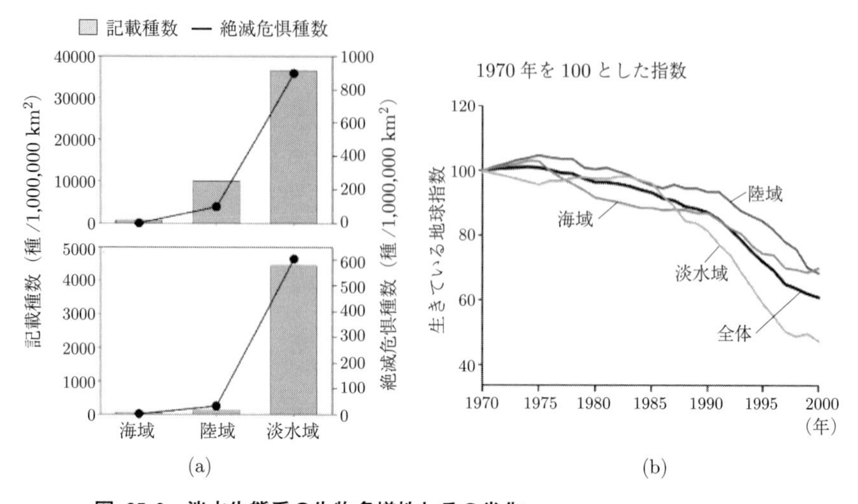

図 25-2 淡水生態系の生物多様性とその劣化
(a) 真核生物(上)と脊索動物(下)の既知の生物種数と絶滅危惧種数(Strayer & Dudgeon 2010 より改変), (b) 生きている地球指数(Secretariat of the CBD 2006 より改変)

淡水生態系での生物多様性の損失は，さまざまな原因によって引き起こされている(図 25-3)．おもな原因は，生息・生育場所の減少・劣化，水の過剰利用，乱獲などの過剰利用，富栄養化，外来種の侵入であり，どの要因も 20 世紀半ば以降，悪化の一途をたどっている．このような劣化は，湖沼，湿地，河川，貯水池(溜池やダム湖)を含む淡水生態系全般で進行しており，特に生息・生育場所の減少・劣化はあまねく起こっている．埋立てなど経済的な開発のために，生息地そのものが消失することもあれば，湖岸の改変や河川の流路変更などもその原因となる．

また，人口増加や経済発展に伴って淡水資源が過剰に利用され，湖が干上がり，河川に水が流れない**瀬切れ**がみられることもある．さらに，さまざまな目的で人間に利用される生物には，過剰な採集・捕獲の影響を受けているものが多い．特に，個体数の少ない大型の生物ほど乱獲の影響を強く受ける．淡水生態系における生物多様性の劣化をもたらすすべての原因をここで逐一説明することはできないが，富栄養化と外来種の侵入については次節以降で少し詳しく説明する．

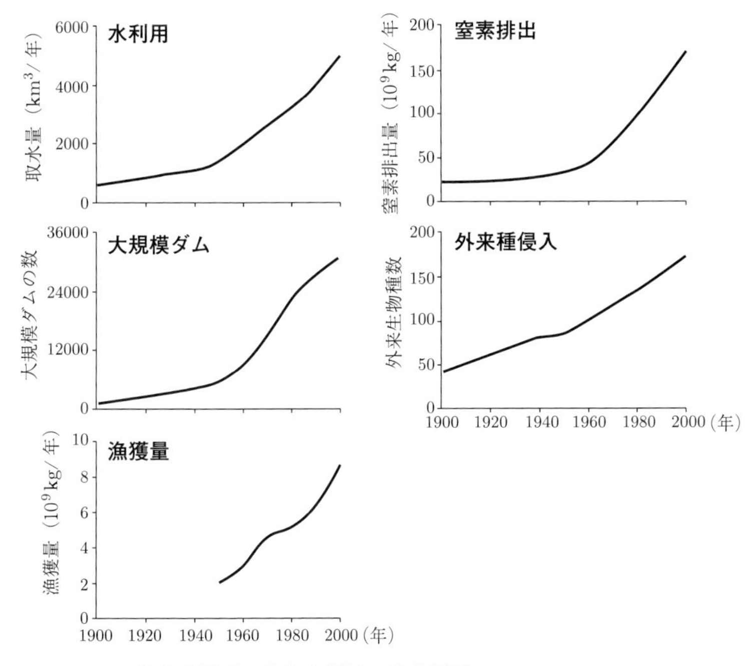

図 25-3　淡水生態系の生物多様性の劣化原因
近年ますます進行しつつある劣化原因の例（Strayer & Dudgeon 2010 より改変）

25-3　富栄養化問題

淡水生態系の**富栄養化**は，湖沼や溜池など，水が滞留しがちな生態系において顕著である．ここでは，おもに湖沼の富栄養化について解説する．

富栄養とは，文字通り，栄養が豊富な状態である．栄養が豊富なことが問題であるということは理解が難しいかもしれない．栄養が豊富な生態系は高い生産力を誇り，多くの生物の命が支えられると思われるだろう．淡水生態系の劣化をもたらす富栄養化は，自然の生態系で長い時間をかけて進む富栄養化（図 25-4）ではなく，人為的に急激に進行する富栄養化である．その原因は，窒素やリンなどの栄養塩の過剰な供給である．窒素はおもにタンパク質に，リンは核酸などに含まれ，いずれも生物にとっては必要な物質である．それらの栄養塩が増えることが，なぜ問題となるのだろうか．生態系全体に目を向けることでその答えが得られる．

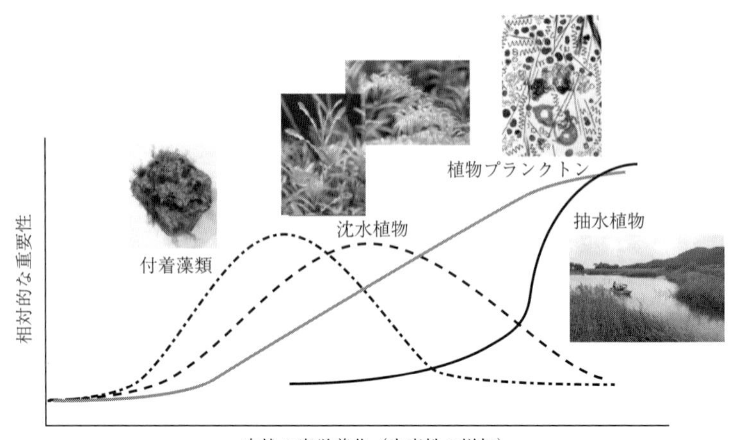

図 25-4　自然の生態系で長い時間をかけて進む富栄養化
（Brönmark & Hasson 2005 より改変）

水域の生態系での一次生産量は，おもに栄養塩の量によって制限されている．そのため，栄養が豊富な湖沼ほど一次生産量が大きく，富栄養化した湖沼では植物プランクトンの密度が非常に高い（図 25-5）．富栄養化した環境で増える植物プランクトンは，多くの場合に**シアノバクテリア**（藍藻ともいう．通常の藻類は真核生物であるが，原核生物で細菌のグループに属す）である．シアノバクテリアは，一部の不飽和脂肪酸などの含有量が少なく動物プランクトンにとっては質の低い餌であり，家畜や人間にとって非常に毒性の強いシアノトキシンを含むこともある．動物プランクトンに消費されにくいことが次のような問題を引き起こす．

シアノバクテリアは，夏の高水温の条件でよく増え，ガス胞をもつものもあり，湖沼の水面に集合して浮遊する．この状態が**アオコ**とよばれ，極端な富栄養の環境では水面上にマットのように浮かんで水面を覆い尽くす．アオコが発生するような富栄養環境では，水の透明度は大きく下がって景観上の問題となるだけでなく，水中・水底に生育する水草や付着藻類は，光が得られなくなり生存が難しくなる．

急激に増え，動物プランクトンにあまり利用されないシアノバクテリアは，死んで多量の**デトリタス** detritus（死骸や生物由来の有機物）となり，湖沼の底に沈んで有機物を多く含む堆積物（ヘドロ）となる．このデトリタスを分解

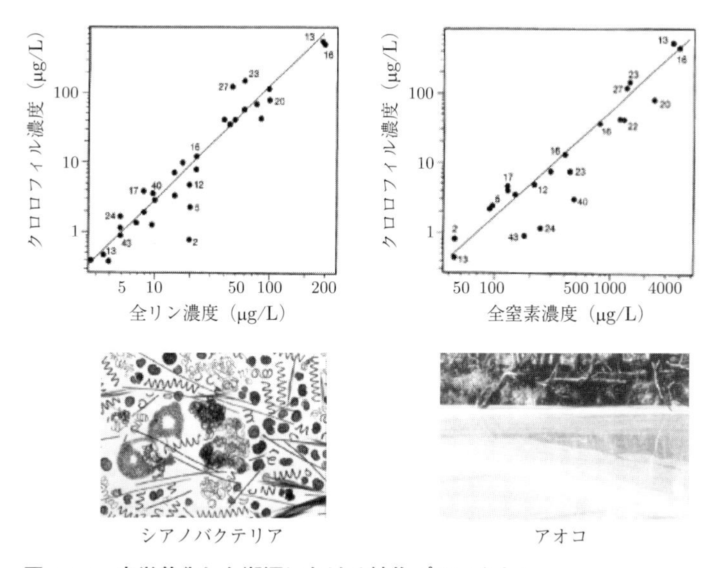

図 25-5　富栄養化した湖沼における植物プランクトン

（上）リンや窒素の栄養塩と植物プランクトン量（クロロフィル濃度）の関係（Sakamoto 1966 より改変），（下）富栄養化によりシアノバクテリアが増えアオコが発生し，生態系に大きな影響を与えた．

するのは従属栄養の細菌などであり，その分解過程で大量の酸素を消費する．湖沼の底への酸素の供給は，大気に触れており溶存酸素濃度が高い表層の水と底近くの深層水が物理的に混合されることでなされる．気候帯や季節，湖沼の形状に応じて，表層水と深層水が成層して混ざりにくい状況が生じると，深層の溶存酸素濃度が低くなる．夏や冬に表層と深層の水温の差が大きくなり（水温躍層の発達），上下の密度の異なる水が混ざりにくくなる場合などである．酸素供給が途絶えると，魚，貝，エビ，水生昆虫などが生息できない低（無）酸素環境が広がり，生物多様性の著しい低下が引き起こされる．これが，富栄養化の深刻な影響の１つである．

富栄養化問題の対策としてまず考えられるのが，淡水生態系への栄養塩の負荷を抑制することである．栄養塩の負荷源には，外部負荷と内部負荷がある．**外部負荷**とは，湖沼の外から流入する栄養塩をさすが，大部分は集水域内における人間活動に由来する．家庭や食品工場などからの栄養塩負荷は，栄養塩の排出源が比較的特定しやすい点源からの負荷であり，経済的なコストはかかるものの下水道による排水集積と下水処理による有機物や窒素，リンの除去などの方法での確実な抑制が可能である．一方，水田・畑・牧畜などの農地や市街地など面的に広がりのある排出源を面源といい，降水によって栄養塩が流出して負荷源となる．面源は，排出源の特定が容易ではなく，栄養塩負荷を抑制するための対策が難しい．

一方，**内部負荷**とは，底泥など湖沼の内部に蓄積した栄養塩が水中に回帰することによる負荷である．富栄養化しやすい水深の浅い湖沼では，風によって上下方向に水が混合しやすく，湖底に堆積した大量の栄養が水中に回帰しやすい．そのため，浅い湖沼がいったん富栄養化してしまうと，もとの状態に戻りにくいだけでなく，さらに富栄養化しやすくなるという正のフィードバック効果が働きやすい．内部負荷の抑制対策として，栄養を多く含む堆積物を取り除く浚渫（しゅんせつ）や，薬剤を用いて堆積物表面を酸化的環境にして栄養塩の溶出を抑える方法があるが，いずれも経済的コストや副次的な環境への影響の懸念から自然の湖沼には適用しにくい．

富栄養化により引き起こされる植物プランクトンの増殖を抑制する対策も提案されている．**生物操作** biomanipulation とよばれる方法で，食物連鎖における栄養カスケード（12 章）を利用する対策である．植物プランクトンを減らすため，ミジンコなど藻類食の動物プランクトンを増やす．そのためには，動物プランクトンを捕食する小魚を減らすことが必要で，小魚を捕食する大型の魚食魚を導入して目的を達成しようというものである．うまくいけば，魚食魚を導入するだけで，栄養カスケードを介して植物プランクトンを抑制できるはずである．しかし，栄養カスケードが起こらない例があり，生物操作による植物プランクトンの抑制は必ずしも成功するとは限らない．さらに，魚食魚として利用する種が外来種である場合には，別の問題を引き起こすことになる．

外部負荷を抑制し同時に湖水中の栄養塩も除去することをねらって，湖岸に湿地を造成するという対策もある．湿地に流れ込んだ栄養や湖水の栄養は，湿地に生育する水生植物によって取り込まれ，有機物として土壌に蓄積されて湖水への流入が抑制される．また，湿地での脱窒の作用によって窒素が大気中に放出される．湿地は，多様な生物の生息・生育場所を提供するため，富栄養化の対策だけでなく，生物多様性の保全再生効果も期待できる．

富栄養化の問題は，経済発展した国では過去から長年にわたって，経済発展途上の国では新たに発生しつつある問題として，現在もなお続いている古くて新しい解決の難しい問題である．

25-4　侵略的外来種の問題

侵略的外来種の生物多様性と生態系サービスへの影響や対策の考え方などは，21 章，22 章で説明した．ここでは淡水生態系における代表例を紹介する．

オオクチバス（以下，ブラックバス）とブルーギルは，おもに意図的な導入により全国各地の淡水生態系に分布を広げて大きな影響をもたらしている．どちらも北米大陸が原産であり，ブラックバスは魚食魚であり，ブルーギルは雑食魚である．ブラックバスは，在来の魚類，甲殻類，水生昆虫などの強力な捕食者となり，それらの個体数減少や絶滅をもたらす．ブルーギルは，在来魚の卵や稚仔魚（ちしぎょ）を捕食する他に，餌を巡る競争により在来魚に負の影響を与えている．

アメリカザリガニも現在では全国各地に分布しており，水生植物に壊滅的な影響を与え，捕食や競争により在来の水生昆虫など水生生物にも大きな影響を与えている．

水生雑草のうち，ボタンウキクサ（ウォーターレタス），ホテイアオイ，コカナダモ，オオカナダモなども現在では広く分布しており，競争により他の水生植物に大きな影響を与える他に，水中の溶存酸素濃度を低下させて魚類や無脊椎動物などを減少させる．これらが繁茂すると航路の障害となり，水の流れを止めて用水路の機能を妨げる．大量に枯死して腐敗臭をもたらすことなども，人間の生活環境への影響としてあげられる．

特定外来生物に指定された外来種（22 章）は，その飼育，栽培，保管，運搬，輸入，野外への導入などが規制されるが，捕まえた後にその場ですぐ放すこと（いわゆる釣りのキャッチアンドリリース）は規制されていない．いったん侵入した水系から外来種を除去することは困難である．外来生物法においても，法に基づいた特定外来生物の防除が取り組まれているが限定的である．一方，各都道府県においても，外来種への対策がなされている．例えば，滋賀県は，琵琶湖ルールともよばれる条例を 2003 年に制定し，外来生物法では規制されていない外来魚（ブラックバス，ブルーギル）のキャッチアンドリリースを規制している．同様の条例の制定は，新潟県や長野県など他の自治体にも広がっている．

25-5 湖沼生態系のレジームシフト

湖沼の富栄養化は，栄養塩濃度の増加に伴い，植物プランクトンの大量発生をもたらす．ある1つの湖沼を考えたとき，富栄養化に伴って植物プランクトンが増えるが，逆に，栄養塩負荷が減少すると植物プランクトンも減少すると予想するだろう．しかし，現実の湖沼では，それとはまったく別の応答をすることがある．ある浅い湖では，富栄養化が進行するとともに，沈水性のシャジクモ群落が大きく減少し，植物プランクトンが増えて透明度が低下した（図25-6）．そのため，富栄養化の対策がとられて栄養塩負荷を減少させた．ところが，湖の栄養塩濃度が低下しても，シャジクモ群落はなかなか再生されず，最初にシャジクモが減少したときよりも，さらに低い栄養塩濃度になって，ようやくシャジクモ群落が戻ってきて，植物プランクトンが減少し透明度も回復したのである．この現象は，環境条件（この場合は栄養塩濃度）と生態系の状態（この場合はシャジクモ群落の量や透明度）が1対1に対応していないことを示している．つまり，同じ環境条件であっても，異なる生態系の状態が存在し，どの状態になるかは，それまでの生態系の履歴に影響されることを示している．

環境条件と生態系の状態が1対1に対応しているときには，環境条件が変化しても生態系の状態は大きく変化しにくく，緩やかに変化する（図25-7（a））．一方，ある環境条件に対して複数の生態系の状態が存在するとき，環境条件が変化すると生態系が急激に変化することがある（図25-7（b））．このように，

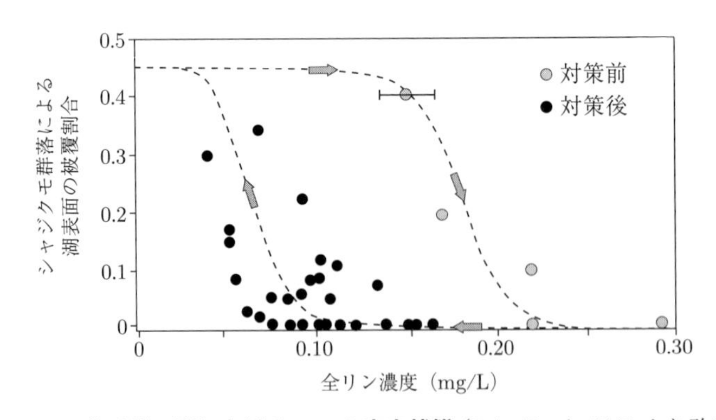

図 25-6 ある浅い湖における2つの安定状態（Scheffer ら 2001 より改変）

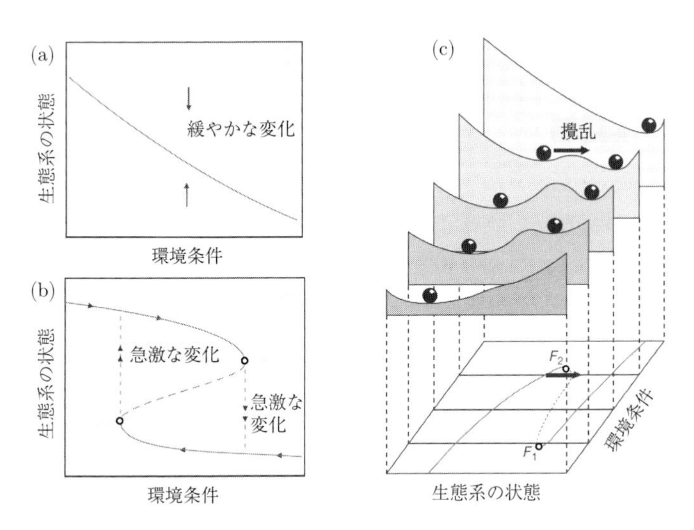

図 25-7　環境条件に対する生態系の応答とレジームシフト
(Scheffer ら 2001 より改変)

ある環境条件に対して複数の状態が存在することを**多重安定**といい，状態が2つの場合は**双安定**であるという．生態系が多重安定である場合は，ある時点での生態系の状態はそれまでの履歴に影響を受けるとともに，環境条件の変化がたとえ緩慢であったとしても，生態系が急激に変化を起こすことがある．この急激な変化を**レジームシフト** regime shift という．浅い湖の例では，おもな一次生産がシャジクモ群落に担われており植物プランクトンが少ない状態と，シャジクモがわずかで植物プランクトンがおもな一次生産者となっている状態が，双安定になっていると考えられる．そのため，栄養塩濃度が低下してもなかなか回復の効果がみられなかったのである．

双安定な状態をわかりやすく表したのが，器の中にあるビー玉モデルである(図 25-7 (c))．環境条件と生態系の状態が1対1のときは，器の中に凹みは1か所だけであり，生態系の状態を表すビー玉はその凹みに位置し，多少の攪乱があってもその凹みに戻ろうとする力が働く．一方，双安定な場合は，器の中の凹みが2か所あり，その間の山によって凹みが分けられているような状態である．環境条件が変化して，1対1から双安定になると，ビー玉はもとの状態に近い方の凹みに位置する(履歴効果)．ここで生態系の状態を大きく変化させる攪乱が起こると，山を越えて別の凹みにビー玉が移動することもある（レジームシフト）．あるいは，さらに環境条件が変化して凹みが1つになると，ビー玉の位置が大きく変化することになる（レジームシフト）．

生態系の双安定やそれに伴うレジームシフトは，湖沼生態系だけではなく，他の生態系でも存在すると考えられている．例えば，海の沿岸のサンゴが多い状態と海藻が多い状態，陸域での森林の状態と草原の状態，砂漠の状態と草原の状態などである．レジームシフトの存在は，生態系の管理において配慮を要する事柄である．環境条件のわずかな違いが生態系の大きな変化をもたらす可能性があり，いったん変化してしまった生態系をもとの状態に戻すためには，変化する前よりもさらに環境条件を改善しなければならないこともある．またさらに，場合によっては，いったん変化してしまった生態系の状態をもとの状態に回復させることがほとんど不可能となることもある．このように，生態系の双安定やそれに伴うレジームシフトは，予期せぬ変化を生態系にもたらしたり，生態系管理に困難な課題をもたらしたりする．

26 さとやまと生物多様性

多くの農業地域では，農業の近代化・大規模化以前に，集落と農地に加えて，生物資源の採集地としての樹林，草原，湿地，放牧地などを配した伝統的なモザイク状の土地利用がみられた．ヒトの最も古くからの営みである採集の場を含むこのような複合生態系は，多様な生息・生育場所の存在に加え，ヒトによる採集・利用と管理の営みが適度な攪乱を与えることで，高い生物多様性を誇る「自然との共生」の場であった．環境政策の用語では「里地・里山」と表現される複合生態系を，ここでは「さとやま」(英語表記のSATOYAMAに相当）とよぶ．

26-1 さとやまの樹林と伝統的利用

日本の**里地・里山**（**さとやま**：里地は集落・農地，里山は採集地をさす）は，集落・農地のまわりに薪炭林・農用林・植林地のほか，茅場などの半自然草原や溜池などが配置された複合生態系である．伝統的な資源利用の営みと農林業によって維持されてきた**文化的景観** cultural landscape（図26-1）として，地域色ある世界のさとやまとも共通する点が少なくない．

里山の主要な樹林は，薪や炭の原料を採る薪炭林や肥料にする枝葉や堆肥用の落ち葉を採集する農用林であり，雑木林ともよばれる．気候帯や立地によって主要な樹種が異なるが，多くは，ミズナラ，コナラ，クヌギ，スダジイなどの広葉樹林である．ブナ林が薪炭林として利用された地域もある．これらの広葉樹林は，季節に応じてキノコや山菜を採集する場でもあった．マツ林は，尾根筋などの貧栄養な土壌や地下水が停滞する過湿地，海岸近くに多くみられ，かつては薪や松葉を採集する場でもあった．

コナラ属の樹木は，伐採されると伐り株から多くの萌芽枝を発生させる性質をもっており，定期的に繰り返し伐採利用するのに適している．伐り株から複数の幹が立ち上がる独特の樹形（図26-2）からは，過去の利用の状況に関する

図 26-1　さとやまの景観

図 26-2　株立ち樹形になった薪炭林の落葉広葉樹
伐採後に萌芽更新した広葉樹は，1つの株から複数の幹が立ち上がる株立ち樹形になる（中央手前はコナラ，その左奥はエゴノキ）

手がかりが得られる．周期的に伐採が行われた関東地方の薪炭林では，コナラの標準的な伐採周期は15年から長くとも30年程度であった（図26-3）．周期的に部分的な伐採が行われた規模の大きい薪炭林では，樹齢の異なる林分（パッチ）のモザイクをなしていた．利用・管理されていた雑木林には全体として樹液がよく出る若い木が多く，樹液を利用するカブトムシやオオムラサキなど，多くの昆虫が生息していた．

定期的に下草が刈られ，落ち葉かきがなされる落葉樹の林では，樹木が葉を開く前の春先は，地表面までよく光が届く季節的な「光の窓」ともいえ，**スプ**

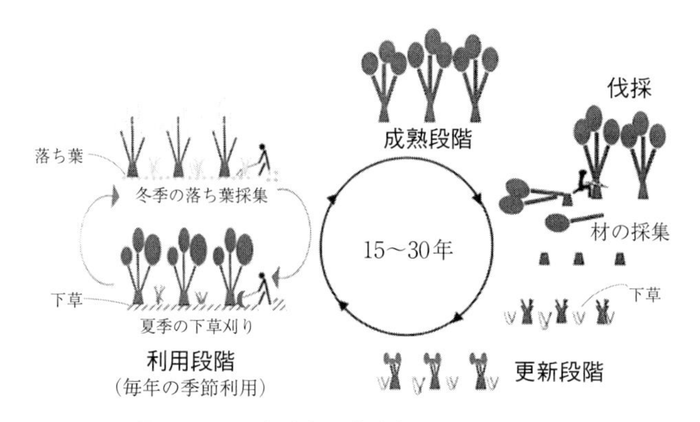

図 26-3　関東地方の薪炭林の標準的な伐採周期

リングエフェメラル spring ephemeral（春植物，春の妖精ともいう）とよばれるカタクリやニリンソウなどが花を咲かせる．それらの多くは気候が冷涼な時代に大陸から日本に分布を広げた植物であり，春先には明るく，夏は木陰となる落葉樹林を**レフュジア** refugia として温暖化した日本列島で存続することができた．

燃料革命と農業の近代化を経て，里山林の利用・管理が放棄されると，老齢木が多くなり，里山に多かった昆虫の生息条件が失われた．また，林の下はアズマネザサなどが茂る藪（やぶ）になり，草丈の小さい春植物は生育できなくなり，フクロウなどの猛禽類も林の中で餌をとることができなくなった．

さとやまは，ヒトの営みによって生物多様性が維持される「自然との共生」の場でもあったが，近年になると資源採集の場としての経済的な価値を失い，管理が放棄され，あるいは開発によって失われた．2010 年に名古屋市で開催された生物多様性条約第 10 回締約国会議（COP10）で，SATOYAMA イニシアティブが日本から提案されて採択された．SATOYAMA イニシアティブは，農林水産業などの営みと結びついて維持されてきた二次的な自然環境に新たな価値を付与して，保全・活用することをめざすものである．

イギリスでは，かつて農用林として利用されていた森が，その経済価値が失われた後も，各地でトラストなどによって保全されている．図 26-4 は，最もよく環境が維持されているとの評価の高い樹林である．すでに，1252 年の史料に記載があり，現在はサフォークのワイルドライフトラストが農用林として

図 26-4　イギリスの代表的な里山林
サフォークのワイルドライフトラストが伝統的な手法で管理している．

利用されていた時代と同様の管理を行っている．

林内にはイングリッシュオークの大木がみられる．イングリッシュオークは，領主の館の建て替えなどに使う用材とするため，一般の伐採が禁じられていたため大木が残された．農民が建材や燃料として利用したのはヨーロッパブナやカンバ類などの低木である．これら低木は数年のサイクルで伐採された．イギリスの雑木林では，家畜に萌芽枝を食べられないように高い位置で伐採することで形成される独特な樹形のブナの木がよくみられるが，ここでは地際で伐採されて萌芽更新されている（図 26-5）．低木層から，イングリッシュオークの樹冠だけが突出する相観の林には，鳥類や昆虫類にとって多様な生息空間が存在する．

イギリスでは，サンザシなどの灌木で仕立てられた生垣にもイングリッシュオークの高木が樹冠を突出させていることが多い．このような生垣は，小規模ながら樹林の代替として哺乳類，鳥類，昆虫類など多くの生物の生息場所となっており，近年の農業環境政策においてその保全・再生が重視されている．

日本では，環境省が「生物多様性保全上重要な里地里山」（略称「重要里地里山」）を全国に 500 か所選定し，地域における保全と活用を促している．

図 26-5　地際で伐採することで萌芽更新させた低木林

26-2　半自然草原

草原は，古来，暮らしと生産になくてはならない植物資源採集の場であった．丘陵地から山地にかけて生育するススキや氾濫原に生育するオギは，茅として屋根を葺く材料であり，茅を採る草原は茅場とよばれていた．これらイネ科草本は，農業機械普及前の農耕や荷役に欠かせなかった牛馬の飼料，堆肥や厩肥の材料，刈った草をそのまま農地に入れる刈敷（肥料）としても利用された．

このような草原は，古来，火入れによって管理されてきた．降水量が多く比較的温暖な日本のほとんどの地域では，採草・火入れなどの人為的な干渉がなければ，草原は維持されず森林に移行する．古代には，火入れ（野焼き，山焼きなど）で維持される草原が身近な環境であったことは，万葉集の歌に詠み込まれている植物から窺い知ることができる．万葉集に最も多く詠まれている植物のハギ（142 首）は，火入れや山火事に適応した植物である．また，山上憶良の有名な歌の「萩の花尾花葛花撫子の花女郎花また藤袴朝顔の花」のハギ，ススキ，クズ，カワラナデシコ，オミナエシ，フジバカマ，キキョウは，いずれも火入れや採草で維持されるススキ群落などの半自然草原に生育する植物である．

このような草原は，100 年前までは比較的多く残されており，草原面積は国土の 1 割以上を占めていた．その後は減少が著しく，1960 年代には 10500 km^2 になり，2000 年代にはわずか 3600 km^2 にまで減少した．牛馬が必要なくなったこと，化学肥料や新たな屋根葺き材料の普及などにより，草原の植物資源の経済価値が失われたことなどがその理由である．草原の利用・管理が行われなくなったため，秋の七草のキキョウ，フジバカマを含む，多くの草原の植物が，国のレッドリストに掲載されるまでに減少した．

熊本県の阿蘇の外輪山には，平安時代中期に編纂された法令集「延喜式（えんぎしき）」に２つの牧（国営牧場）が置かれていたことが記されており，古くから広大な半自然草原が維持されてきた．現在は，その景観と生物多様性を保全するために，一部の草原で，ボランティアの協力を得て火入れが続けられている．

なお，草原の保全が課題になっているのは日本だけではない．ヨーロッパ連合（EU）の生物多様性政策でも，採草地や粗放的な放牧がなされていた草原などを文化的価値とチョウなどの生息場所としての価値から保全の対象としている．

26-3　α, β, γ 多様性と中程度攪乱説

北アメリカの植生を広く調査したホイッタカーは，地域の種の多様性（種数）に寄与する要素として α，β，γ の３つの多様性を区別した．**α 多様性**は**ハビタット**（生息・生育場所）内の多様性（種数），すなわち，同じ生息・生育環境のもとでの多様性，**β 多様性**はハビタット間の多様性，すなわち，生息・生育環境が異なることに由来する多様性，**γ 多様性**は地理的な制約のもとにそこに見いだせる可能性のある種すべて，すなわち，地域の**フロラ**（植物相）や**ファウナ**（動物相）に含まれるすべての種を意味する．

日本のさとやまの γ 多様性の高さは，日本列島の地史や火山列島としての成立ちともかかわるフロラやファウナの豊かさによる．さとやまの β 多様性は，森林，草原，水田を含む湿地，溜池などの止水および用水などの流水の水域など，異なるタイプの植生と水域が組み合わされていることで高く保たれる．それら異なるハビタットが接していることは，２つ以上の異なるハビタットを利用する両生類や猛禽類などの生息を可能にする．機械化が進んでから拓かれた北海道や秋田県大潟村（八郎潟）のように，広大な近代的農地が広がっている地域では，β 多様性は低い．

中程度攪乱説は，攪乱の強さや頻度が中程度のときに種多様性が最大になるという仮説（図 26-6）であるが，それはさとやまにおける生物資源の採集がもたらす効果にも適用できる．すなわち，さとやまにおける生物資源の採集地では，採集や利用のための管理が適度な攪乱をもたらして α 多様性を高めている．

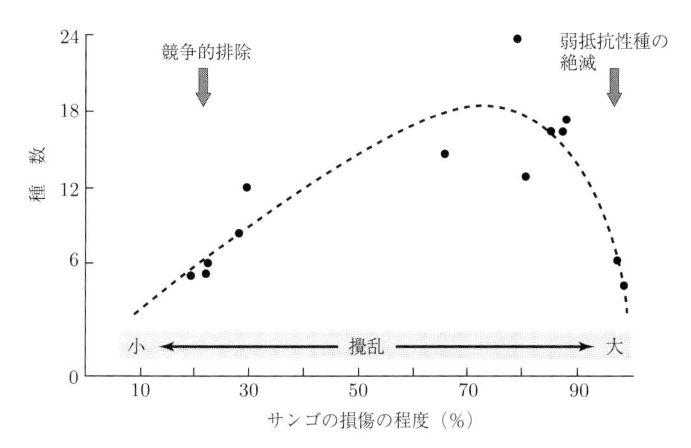

図 26-6　中程度攪乱説による種数と攪乱の関係
サンゴ礁の場合（Connell 1978 より改変）

さとやまの保全に向けた評価には，その地域が地理的に生息・生育可能な種のどのくらいを含んでいるかという γ 多様性の視点，土地利用からみたハビタット多様性（モザイク性）すなわち β 多様性の視点，α 多様性に寄与する適度な攪乱を保全管理に取り入れる視点などが欠かせない．このうち，土地利用のモザイク性の評価のための定量化指標としては，**さとやま指数** SATOYAMA index が提案されている（コラム参照）．

さとやま指数

さとやまらしい複合生態系モザイクを定量的にとらえる指数が**さとやま指数**である．さとやま指数は，ある空間的な範囲内にどのくらい土地利用の多様性があるか，またその土地利用の中に資源採集地となる樹林や草原などがどのくらい含まれているかを数値化したものである．1 km^2 の格子状の土地利用データを用い，基礎空間単位を 6×6 km^2 として計算した指数は，世界的には，日本を含む東アジアから東南アジアの沿岸域・島嶼，イベリア半島の北部，スコットランド，東欧，北アメリカ東部などで比較的高い値を示す．それに対して，北アメリカ中央平原，インド，オーストラリアなどは指数の値が低く，モノカルチャー（単一栽培）の農地が広がっていることがわかる．

日本国内ではこの指数が高い場所ほど，サシバの生息ポテンシャル，両生類の種数，イトトンボの種数などが高いことが示されている（国立環境研究所 HP 参照）.

〈さとやま指数の計算法〉

さとやま指数＝土地被覆の多様度 × 土地被覆の自然・半自然性

ただし

土地被覆の多様度＝土地利用のシンプソン多様度指数,

土地被覆の自然・半自然性＝

（農地・針葉樹・市街地以外の土地被覆数）／全土地被覆数

27 農業がもたらす問題とその対策

現代の農業は，土地と物質循環の大幅な改変，化学肥料・農薬の多投入による汚染など，いくつもの駆動因を通じて地域および地球規模での生物多様性の損失の主要な原因となっている．環境保全と矛盾しない農業のあり方を探ることは，持続可能性のための重要な課題である．欧米では，国や州が農家への直接支払いを含む農業環境政策により，環境保全と矛盾しない農業を広げようとしている．日本では，地域や自治体がマガンやコウノトリなどをシンボルとして生産物をブランド化する手法が広がりつつあり，保全生態学の知見を活かした環境保全型農業のための害虫対策の研究も始まっている．

27-1 現代の農業の持続不可能性

現在は，多様な生態系サービスをバランスよく，過不足なく提供する潜在的な可能性をもつ「健全な生態系」を維持することが困難になっている（15章）．生態系サービスのうち，市場のある供給サービスの強化への経済的動機が強く働くことがその理由である．

農業分野では，化学肥料や農薬を多く投入するモノカルチャー（単作）の農業が営まれるようになったことがその一因となっている．19世紀にヨーロッパ列強は，植民地で，特定のコモディティ（商品作物）をモノカルチャーで生産する農業を経営した．遠隔地で消費される生産物の生産のための土地利用の単一化は，地域社会にとって重要であった多様な生態系サービスの供給ポテンシャルを失わせた．

植民地支配の時代が終わっても，モノカルチャーの生産システムは持続し，むしろ拡大した．かつて伝統的な農業が行われていたヨーロッパや日本などでも，農地の大規模化や効率化がめざされ，単作で農薬・化学肥料を多投入する農業が一般的になった（図27-1）．

採集や伝統的な小規模農業は，α多様性を高める適度な撹乱とβ多様性に寄

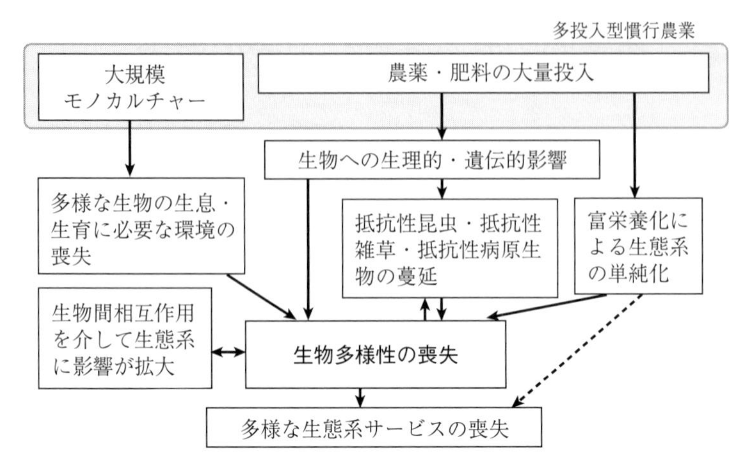

図 27-1　慣行農業がもたらす生物多様性への潜在的な悪影響を示す概念図
点線は生物多様性の喪失を介さない影響

与するモザイク状の生態系複合の形成を通じて生物多様性に寄与してきた（26章）．経済のグローバル化による市場での競争は，コストあたりの収量と環境保全のトレードオフを介して，生物多様性の損失，地球温暖化，窒素循環のゆがみなど，多くの地球環境問題の駆動因となる農業を広げている（15章）．

アメリカでは，ヨーロッパからの入植が始まってから農場（農家）数が増え続け，1930年頃に600万に達した後，減少に転じた．現在では，その数は200万以下になっている．減少は，家族経営の小規模な農家が消えることでもたらされた．小規模農家は，土地や自然との絆に価値をおき，農業を自らの「生き方」として実践してきた．それが，市場重視の大規模経営にとって代わられ，農業は「生き方」から「経済的手段」となった．家族経営の小規模農家の減少は，日本でも顕著である．1950年に618万戸だった日本の総農家数は，2010年には141万戸にまで減少し，その中で農業所得をおもな所得とする主業農家はわずか36万戸となった．2014年にはさらに減少して30万戸となっている．

日本国内で，現在，自然環境の劇的な変化が起こっているのは農業地域である．それは，かつて生物多様性豊かであった農業地域で普通にみられたメダカやゲンゴロウなどの種が絶滅危惧種としてレッドリストに掲載されるような変化である．同時に，地方ごとに作物の品種にも景観にも特色があった農業地域

図 27-2　近代的な整備のなされていない生物多様性豊かな小規模農地

(図 27-2) は，現在では，画一化し地方色を失っている．

持続可能な農業，すなわち地球環境とも調和可能な農業を構築することは，持続可能な社会を築くための最も重要な課題の１つである．農業は，市場経済の圧力のもとで短期的な多収量を追及する限りでは，環境負荷の大きい産業とならざるを得ない．その負荷を減じて持続可能性を高めるための社会的方策の１つは，「環境への負荷の小さい行為」に対して国・州などが直接支払いをする農業環境政策である．欧米ではその方策がすでに主流になっている．一方で，農業政策の主要な領域が現在でも競争力を高めることにおかれている日本では，後述するように，地域の創意によるボトムアップの活動が生物多様性の保全に寄与している．例えば，作物の商品価値を「生物多様性」によってブランド化する手法である．

27-2　欧米の農業環境政策

ヨーロッパの農業政策は，1980 年代から環境への配慮を求めるものに変わり始めた．農業環境政策は，生産過剰への対策としての効果も期待され，収量を犠牲にしても環境面を優先する農地の利用方式が推奨されるようになった．この分野の EU (ヨーロッパ連合) 指令では，生物の生育場所の保全・再生が重視され，加盟国には，そのための農業所得の損失の補填や環境保全に寄与する農法を奨励するための農家への直接支払いなどを求めている．国別の事情や生態系の現状の違いによって具体的な政策は異なるが，農業生態系における生物多様性の保全と持続可能な利用を促すように，環境直接支払い制度が設計されている点は共通である．それに伴い，農業分野における生物多様性の指標と評価手法，保全計画などに関する科学的な研究が活発化している．

2005年に始まったイギリスの農業環境政策は，農地の望ましい環境管理に対して政府が支払いを行う制度であり，管理レベルの異なる3つのスキームが設定されている．そのうち，最も**高度なレベルのスチュワードシップ** higher level stewardship：HLSでは，地域の特性に合わせた管理オプション（表27-1）を選択し，希少種のハビタットを整備するなど，生物多様性に資する農場の「自然再生」ともいえるような**農場環境計画** farm environment planを策定し，審査を受けたうえで政府と協定を結んで支払いを受ける．計画の策定における助言や審査にはイギリスの自然環境保全の公的な専門機関であるナチュラル・イングランドがあたり，効果を確かめるためのモニタリングも義務づけられている．2016年には後継のカントリーサイドスチュワードシップが始まった．

スイスの農業環境政策では，直接支払いの要件の1つとして，農地のうちの一定面積（一般の農地では農地面積の7％，果樹園では3.5％）を「生態的調整地」として生物多様性と持続可能性のために担保し，そこでは化学肥料や農薬を用いず，野生動植物のハビタットとして管理することが求められる．

アメリカの農業環境政策の中には，すでに1980年代から農場の生物多様性の保全や自然再生に寄与するものが少なくなかった．例えば，**保全休耕プログラム**（**土壌保全留保計画**ともいう）conservation reserve program：CRPは，土壌保全，河川・湖沼の水質改善，野生動植物のハビタットの保全を目的して，10～15年の間農業を休止して農地を草地や樹林地に戻す契約を農務省と結ぶと，農家に土地代金と自然再生に要した費用の一部が助成されるものである．1990年代から始まった湿地再生プログラムは，湿地を干拓してつくられた農地を湿地に戻すためのもので，土地代金と再生費用の一部を助成する．その他，絶滅危惧種のハビタットを回復させることを目的としたプログラムや，2002年に始まった土壌，水質，野生生物の保全などの環境保全の水準に応じて助成金が払われる**保全保障プログラム** conservation security program：CSPなどが実施され，現在は保全スチュワードシッププログラムに引き継がれている．

日本は，農業環境政策の分野では，欧米に大きく遅れをとっており，農業政策は，基本的には生物多様性に厳しい「農業の大規模化」や効率化のための農地整備を重視するものとなっている．基礎自治体の認識と方針次第で生物多様

表 27-1　カントリーサイドスチュワードシップにおいて支払対象になる可能性のある土地管理オプションの例（2016 年開始）

耕作地	花蜜豊かな花を多種植栽	ポリネータに餌資源を提供
	冬期刈り株	冬期，鳥類やノウサギに餌資源を提供
	甲虫用の土手	昆虫，小型哺乳類，農場の鳥類に餌資源，営巣環境を提供，昆虫は穀物の害虫を採餌
	ヒバリ用の区画	ヒバリ類に営巣環境を提供
境界地，果樹園	伝統的な果樹園の創出*	無脊椎動物，鳥類，野生の花が豊かな植生の創出
	生垣の管理	無脊椎動物，越冬鳥類に餌資源を提供
草地	隅の部分を低利用もしくは未利用で放置	通年，さまざまな野生生物に生息地および餌資源を提供
	肥料などをほとんど投入しない永久草地	野生の花が豊かになり，無脊椎動物に花蜜や隠れ場所を提供，鳥類の餌資源も増加
	冬期の鳥類の餌資源としてのドクムギ栽培	秋から晩冬にかけて多種の鳥類に餌資源を提供
	多種の生物が生息できる草地管理*	重要な植物種の増加，特に夏期を通じて花を咲かす植物種の増加．マルハナバチ，鳥類，コウモリ類が利用
	越冬する鳥類のための湿った草地管理*	水鳥や渉禽類に生息地を提供
有機農業地	野鳥のための種子供給	農場の鳥類，ポリネータ類などに，年間を通じて餌資源，生息地を提供
	農場の鳥類への補助的な給餌	農場の鳥類に，晩冬から初春にかけて重要な餌資源を提供
	多種による輪作草地	農場の鳥類，ポリネータ類などに，年間を通じて餌資源，生息地を提供
土壌，水質	耕作地における 4 ～ 6 m の緩衝地帯	野生生物に生息地を提供し，他の生息地間との回廊ともなる．景観を保護し，水質の向上に寄与する
	肥料低投入による耕地から草地への転換	密な草地を創出し，土壌浸食や表面流出を防止
樹林帯，藪（やぶ）	耕地の角における樹林帯	鳥類，無脊椎動物，小型哺乳類などの野生生物の増加
	樹林帯のある放牧地の創出*	立木および古木が無脊椎動物に生息地を提供，花を咲かす木本は餌資源，花蜜を野生生物に提供

＊高次レベルの申請者のみ選択可能

性保全活動の支援に利用できる可能性があるのは，多面的機能支払交付金である．

27-3　日本の農業生態系の生物多様性の危機

日本の主要な農地は湿地である**水田**であり，本来は，生産と環境保全を両立しやすい（23 章）．しかし，1970 年代以降，農業の近代化のための「構造改善」として，水田の乾田化，用水のパイプライン化，排水路のコンクリート護岸化などが全国で進められた．同時に，化学肥料と農薬を多用する「化学化された農業」が普及し，ミズアオイをはじめとする水田雑草，メダカ，タガメなどの淡水魚や水生昆虫などのかつての普通種の多くが絶滅危惧種となり，アカトンボが激減するなどの急激な生物多様性の低下が起こった．

水田地帯の**畦畔**（けいはん）は，かつては丁寧な草刈りによって管理され，湿地植物を含む在来植物の多様性を誇っていた．しかし，省力化のためにコンクリートの敷設，除草剤による管理，カバープランツとしての外来植物の導入などにより，かつての在来植物豊かな畦畔は今ではほとんど見られなくなった．

畦畔は田面に接する小規模な湿地であるといえ，昔ながらの草刈りによる管理がなされていれば，生物多様性保全に大きく寄与するハビタットとなる．そのような管理が今でも継続している地域では，絶滅危惧植物が多数生育する畦がみられる（図 27-3）．

図 27-3　多くの絶滅危惧種を含む植物の種多様性の高い畦畔の例

氾濫原湿地の代替としての水田

日本各地で発見された水田の遺跡から，日本列島では2000年以上も前から水田稲作が行われてきたことが明らかにされている．土木工事の技術が進歩する近世以前には，水田は，川のつくる谷筋や沖積平野の氾濫原に，その場所の自然条件を活かしてつくられた．水田が整備されるようになると，氾濫原湿地を生活の場としていた動植物の多くが水田を生息・生育場所とするようになった．池沼の植物は水田雑草となり，氾濫原の沼と川を行き来していた淡水魚は，池沼や一時的な止水域と同じように水田を産卵場所とするようになった．ゲンゴロウなどの水生昆虫や水草などにとっても，池沼だけでなく水田が重要なハビタットとなった．

樹林とも隣接し，毎年，同じ場所にほぼ同じ時期に水が張られ，一定の水深が維持される安定した水域は，トンボやカエルなどに好適な生息環境を提供する．本州，四国，九州に生息するカエル14種のうち9種が田んぼを産卵場所とする．

水田のまわりにも，用水を得るための溜池や水路があり，水生昆虫にとっては多様なハビタットとそのネットワークが存在する．農業生態系におけるかつての水生昆虫の豊かさは，水田を中心とする水系ネットワークに支えられていた．また，雑木林や草原などを含む多様な環境からなる複合的な農業生態系は，氾濫原の複合的な生態系（26章）を大きく改変することなく成立した．そのため，日本は古来，秋津州豊葦原瑞穂（あきつしまとよあしはらみずほ）の国，すなわちトンボの集うヨシと水田の国であり続けた．水田が氾濫原湿地の代替的なハビタットでなくなったのは，乾田化のための圃場整備が行われ，農薬が多用される農業が慣行農業となった比較的最近のことである．

27-4　水田の自然再生と「いきものブランド」による持続可能な農業への挑戦

日本の農地の主要な形態である水田は，伝統的な稲作が行われていれば，ネットワーク化された生物多様性豊かな湿地であるといえる．生物多様性と生態系サービスの供給面から高い価値をもつ湿地の減少は世界中で顕著であり，湿地の自然再生は，ラムサール条約や生物多様性条約などの国際的な枠組みにおいても重要な社会的な目標になっている（25章）．地域における持続可能な水田農業への挑戦は**自然再生**としても大きな意義をもつ．マガン，コウノトリ，トキなどの水鳥をシンボルとした農業生態系の生物多様性に目を向けた地域づくりが広がり，生物多様性保全上の効果に加えて，地域に経済的な利益をもたらし始めている（コラム参照）．直接的な経済効果よりもいっそう地域にとって重要と考えられるのは，社会的な意義である．地域固有の価値を地域の人々が再確認し，誇りをもってそれを守る共同活動に取り組む動機を与え，現代の暮らしにおいては薄れがちな**集落の団結**を固めることにも寄与する．

ふゆみずたんぼ（冬期湛水農法）

宮城県大崎市田尻地区（旧 田尻町）の蕪栗沼（かぶくりぬま）は，冬鳥としてシベリアから日本に渡ってくるマガンの日本における最大の越冬地である．「雁が渡る鳴いて渡る　鳴くは嘆きか喜びか」と小学唱歌に歌われたように，雁（かり）ともよばれたガン類の渡りは，秋の風物詩として明治時代には東京を含む全国でみることができた．しかし，湿地開発と農業の近代化がその越冬地の生息の場を奪い，現在では，主要な越冬地は北日本の一部に限られるようになった．

蕪栗沼は，マガン数万羽の越冬時のねぐらとなる．マガンは昼間は田んぼで落ち穂などの餌をとり，夜は沼に戻って休む．現在では，ねぐらは蕪栗沼や近隣の沼に集中している（図 27-4）．それは，ねぐらに適した沼が少なくなったからである．このような一極集中による病気の流行や水質悪化の影響が懸念される．この問題の解決と治水のための容量確保を目的として，沼に隣接する耕作放棄水田を湿地に戻す自然再生が行われた．さらに，現在でも耕作されている近隣の水田を冬期にも湛水して沼の代替にする計画が立てられ，実行されている．

湿地としての機能をもつ湿田を農地整備により乾田に変える近代化の方向

図 27-4　蕪栗沼から飛び立つマガンの群れ
（NPO 法人蕪栗ぬまっこくらぶ 提供）

とは異なる冬期湛水は，**ふゆみずたんぼ**と名づけられ，環境保全型農法の1つとしてこの地域で確立した．ふゆみずたんぼは，伝統的な農法を現代の目的に合わせて改変したものだが，冬期に水が張られているため，微生物から水鳥まで，多様な生き物が水田を沼と同等の生活の場として利用できることで生物多様性保全上の効果が大きい．

ふゆみずたんぼで生産される米はブランド化され，自然を守りたいと願う消費者に歓迎されている．この農法は，除草効果や施肥効果など，農業上のメリットも大きいことが認識され，現在では全国に広がりつつある．このような画期的な取組みを始めた蕪栗沼周辺の水田は，2005年に沼とともにラムサール条約登録湿地となり，この新しい稲作への取組みは，日本のみならず韓国など東アジアに広がりつつある．

農薬を控えた農業を進めるため，斑点米カメムシ対策に資するカメムシの生態と管理に関する研究が農家の協力を得て進められ，研究成果に基づく生態系レベルでの害虫対策が検討されている．

コウノトリ育む農法と湿地再生

兵庫県豊岡市は，コウノトリの保護の長い歴史をもつが，人工繁殖させたコウノトリの放鳥による野生復帰に成功した．その取組みは環境保全型農業や環境産業の振興と結びつけて進められ，「ふゆみずたんぼ」は独自の「コウノトリ育む農法」に発展させられている．

コウノトリは，翼を広げると2mにもなる大型の水鳥である．農薬の影響や営巣に適したマツの木の不足などにより，日本では1980年代に絶滅した．その後，ロシアから譲り受けた個体をもとに増殖の努力が続けられ，2005年に初めて，放鳥（飼育した鳥を野生に放すこと）による野生復帰が成功した．野外での繁殖も順調に進み，2015年現在，約80羽の野生のコウノトリが豊岡市とその周辺に生息しているのみならず，日本各地に飛来し，韓国にすみ着いた個体もいる．奄美大島には3年以上も滞在して干潟で餌をとっている個体もいる（図27-5）．

豊岡市では，いくつかのタイプの湿地再生を進めているが，その1つが，水田をかつてのようにコウノトリの餌場とするための「コウノトリ育む農法」によるものである．この農法は，できるだけ長い期間水田に水を張り，また農薬や化学肥料の使用を抑制することで，コウノトリの餌ともなる多くの生き物の生息条件を確保しようとするものである．魚には，魚道を設けて川と水田の間を行き来できるようにし，オタマジャクシがカエルになって出て行

図 27-5　奄美大島の北部の干潟で餌をとる豊岡生まれの野生のコウノトリ（井上遠 提供）

く頃まで中干しを延期することなども含め，水田とそのまわりの湿地としての機能の向上が図られる．このような取組みは，米のみならず多くの産品をコウノトリによってブランド化することに成功する一方で，観光客にアピールすることを通じて地域の経済に貢献している．

豊岡市は，生産性の低い農地を湿地に再生する独自の取組みも行い，再生した湿地を適切に管理するための方法を，実験的に研究する場所として研究者に提供している．また，野生復帰の取組みで増加した野生のコウノトリをシンボルとした水田農業の自然再生と地域間の取組みのネットワーク化が広がりをみせている．2015 年には，千葉県野田市や福井県越前市でも放鳥が行われ，野生復帰に向けた取組みが拡大している．

27-5　保全生態学を基礎とした害虫防除

現代の農業における害虫防除では，害虫を殺す農薬に頼るのが通常の手法になっている．しかし，農薬は標的とする生物（害虫・雑草）だけを殺すわけではない．多くの他の生物の個体群に影響を与えて生物多様性を損ない，生態系のバランスを崩すことになりがちである．侵略性の高い害虫・雑草は，個体数が多く世代時間が短いことから適応進化を起こしやすく，大量に使われる農薬への抵抗性は短期間のうちに進化する．そのため，絶えず新たな農薬を開発して利用せざるをえなくなる．殺虫剤に抵抗性のある害虫や除草剤に抵抗性をも

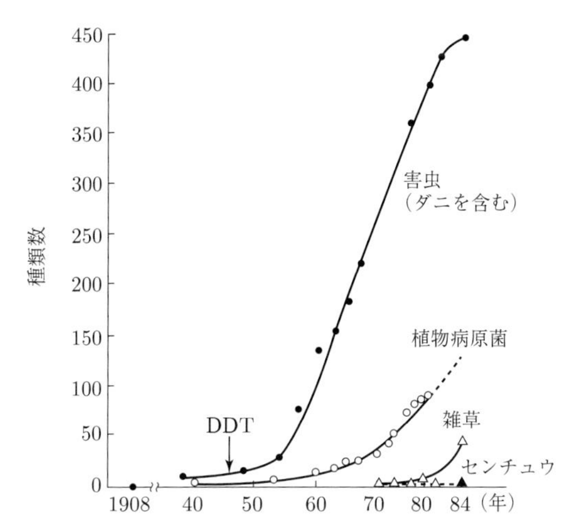

図 27-6 農薬（殺虫剤，除草剤）に抵抗性のある害虫の増加
（Geoghiou & Mellon 1983 より改変）

つ雑草は増加の一途をたどっており（図 27-6），軍拡競走ともいえる事態に陥っている．化学的な手段に頼ることは，生物一般に害作用のある多様な化学物質を環境中にまき散らして蓄積させることでもある．地下水や井戸水の水質調査では，肥料に由来する硝酸塩とともに，何種類もの農薬が検出されることが少なくない．

害虫の生活史全体，農地内のみならず農業生態系全体に目を向け，化学的な手段に頼らない害虫防除の方法を開発することは，生物多様性の保全にとっても，農業，ひいては人類の持続可能性にとって重要な課題となっている．絶滅に関する生態学知見を蓄積してきた保全生態学は，害虫を適切に管理するための手法も提案することができるはずである．

近年，日本では，アカスジカスミカメ *Stenotus rubrovittatus* が，影響力の大きいイネの害虫となっている．その防除のためにネオニコチノイド系の農薬が大量に使用されている．ネオニコチノイド系農薬のミツバチや人間の健康に対する影響が懸念されているが，それに限らず，空中散布に伴い，害虫の天敵やその餌生物を含めて，水田と周辺に生息する多くの昆虫が犠牲にならざるをえない．

アカスジカスミカメは，水田で繁殖することはない．おもな発生源は，外来牧草のネズミムギ，ホソムギなどが繁茂する休耕地や牧草地である．アカスジカスミカメは，それら牧草の穂を餌および産卵基質とし，1年に数回発生する．外来牧草の草地で越冬し，その後そこで増殖して，稲の出穂が起こる頃に一時的に水田に侵入して斑点米被害をもたらす．

現在では，河川域のみならず，減反政策で増加した休耕地や転作牧草地など，アカスジカスミカメの発生源となる可能性のある外来牧草が優占する草地が多く存在する．斑点米カメムシの被害の拡大は，そのような発生源の増加によるものと考えられる．

害虫の影響を低減する根本的な対策は，発生源における個体群成長を抑制することである．牧草は出穂したらすぐに刈り取る，越冬ハビタットの草地の火入れを行うなどがその方策となる．それに加えて，水田でアカスジカスミカメを連係プレーで捕食するクモ類の生息が可能となるように農薬の使用を控えること，なども推奨できる対策である．

生物多様性の保全と矛盾することのない「生態学的な原理に基づく害虫防除」を広げるための害虫研究は，保全生態学の重要な研究テーマともなっている．

28 自然再生と生態系の管理

人間活動の影響を受けて生物多様性の損失が急速に進行している今日，健全な生態系を回復させ，生物多様性を保全することが急務となっている．そのための適切な人為的干渉による生態系修復を日本では**自然再生**とよぶ．欧米ではすでに長期にわたる実践も行われている自然再生は，生態系の劣化の様態に応じて多様な生態的・社会的手法が用いられる．一方，国立公園・国定公園などの自然保護区の管理において，生物多様性の保全と持続可能な利用という新たな目的に合った管理のあり方が模索されている．

28-1 攪乱後の植生・生態系の回復

自然林の皆伐など，大規模な攪乱により植生が破壊された生態系も，時間がたてば植生を回復させる．しかし，攪乱後に回復する植生は，植物の種組成やそこに生息可能な潜在的な動物のファウナなどの点で，攪乱前と同じであるとはかぎらない．見た目によく似た森林や湿原が回復したとしても，その組成は変化しており，環境変化に対して脆弱な種や移動分散能力が小さい種が失われている可能性がある．

鹿児島県の奄美大島は，島の80％以上が亜熱帯広葉樹林に覆われており，その風景（図28-1）は，古くからそれほど変わっていないように見える．しかし，江戸時代には製糖用の燃料や樽をつくるため，明治時代から戦後にかけては鉄道の枕木をとるため，それ以降はパルプ生産のために頻繁に伐採がなされてきた．伐採後に見た目は回復した森林でも，高木層の樹種から林床の植物まで変化は免れていない．現在の高木層は，スダジイ（ブナ科）が圧倒的に優占している．それに次いで多いのはイジュ（ツバキ科），イスノキ（マンサク科）である．過去60年間に皆伐された履歴をもつ森林域と皆伐の履歴のない森林域を比べてみると，高木層では，オキナワウラジロガシやイスノキが欠落し，林床のシダ植物や着生植物がみられない．また，樹洞など，動物のミクロハビタットも

図 28-1 奄美大島の森林地帯
現在では，スダジイが主要な樹種となっている．

乏しく，森林特有の生物多様性は大きく低下している．

一般に，攪乱後の裸地からの植生発達は，2つの個体供給源に依存する．残存している植物の栄養体・種子バンクなどの**生物学的遺産** biological legacy と外部にあって種子などの分散体を供給する**シードソース** seed source である．これらの供給源の機能が活発であれば比較的早期に植生が回復する．このうち外部シードソースに関しては，適切な種子分散者が存在すれば，供給力（種子生産量など）が大きいほど，また空間的な距離が近いほど，供給源としての大きな効果を期待できる．

大規模攪乱後の裸地環境は，強光，高温，乾燥，大きな温度変化などのストレス（4章）を特徴とする．そのため，攪乱後に最初の植生をつくるのは，明るい環境に特有なそれらのストレスに適応した種である．初期の植生が成立した後には，偶然にも大きく左右される供給源からの個体の供給，種間の**競争** competition，ある種の存在が他の種の生育を助ける効果である**ファシリテーション** facilitation（7章）など，生物間相互作用の影響を受けながら植生の発達と種組成の変化が続く．攪乱後の植生の変化は，気候帯や土地の条件（地下の不透水層の深さなど）の影響により異なる．

自然の攪乱は，それに適応した種群に更新の機会を与える．それぞれの種が攪乱やストレスに対してどのような戦略をもっているか（4章）を理解することは，自然や人為による大規模攪乱の後に，どのような植生や生態系が回復するかを予測するうえで欠かせない.

自然再生では，自然の回復力による植生回復や個体群・群集の動態を科学的な見地から予測をしたうえで，望ましい方向に生態系が再生されるように人為的な干渉（援助）を行う．それは，生態学や関連分野に蓄積されているあらゆる知識を統合して計画・実践されることが望ましい.

28-2　世界の自然再生：長期的な実践の例

科学的な知見を活用して，積極的に生物多様性や生態系の機能を取り戻そうとする自然再生は，北アメリカではすでに1930年代に生態学の研究の一環として始まった（16章）.

イギリスでも1930年代には，生態学研究者が保全や再生の取組みに科学面から参画するようになった．「**生態系**」という用語を提案したタンスレーもケンブリッジ大学の教授として，東イングランドの湿地帯の保全・再生に尽力した.

東イングランド地域では，19世紀に広大な**フェンランド** fenland とよばれる泥炭湿地が干拓されて農地となった．しかし，泥炭が乾くと，有機炭素が酸化され，水分と炭素の両方が失われて地盤沈下が進む．この地域では，開発が開始されて十数年しかたたないうちに，すでに数 m の地盤低下が起こった．その後も地盤は沈下し続け，今では海面よりも標高が低い，災害に脆弱な土地が

(a)

(b)

図 28-2　東イングランドの泥炭湿地干拓後の地盤沈下

(a) 地盤沈下前の地表面の高さを示すポール．すでに十数 m の地盤沈下が起こっていることがわかる．(b) 広大なトラスト湿地の中にあるロスチャイルドの小屋．昆虫採集のためにしばしば滞在されたとされる．高床式のような構造は地盤沈下のため.

広がっている（図 28-2）.

現在，イギリスの国家プロジェクトともなっている**グレートフェンプロジェクト** Great Fen Project は，農地として開発された泥炭湿地を湿地に戻し，古くからトラストで保全されてきた湿地をネットワーク化する事業である．この地域の湿地保全は 100 年を超える歴史をもっている．

1900 年代のはじめに，イギリスきっての財閥ロスチャイルド家の当時の当主チャールズ・ロスチャイルドは，この地域の広大な土地を購入してフェンを保全するイギリス初のトラストをつくった．

ケンブリッジ州にある別のトラスト地では，タンスレーをはじめとするケンブリッジ大学の研究者たちが保全・再生計画づくりやモニタリングに尽力した．研究を通じた湿地の保全再生へのケンブリッジ大学の社会貢献は，90 年近い歳月を経た今日まで続いている．

28-3 日本の自然再生

日本においても 2000 年代になると，過去には良好な自然環境が保たれていたのに，さまざまな原因により健全性を失い生物多様性が損なわれた場所で，自然を再生する取組みが実施されるようになった．その中には，**自然再生推進法**（2003 年より施行）に則って実施されている事業もある（コラム参照）.

自然再生推進法

自然再生推進法は，自然再生事業が「生物多様性の確保」「自然と共生する社会の実現」「地球環境の保全に寄与」などを目的として実施されるべきであるとする理念，実施者の責務，自然再生の推進に必要な事項などを定めた法律である（第 1 条）．自然再生を，「過去に損なわれた河川，湿原，干潟，藻場，里山，里地，森林などの自然環境を取り戻すために，行政，住民，NPO，研究者などが参加して行う事業である」と定義し（第 2 条），行政機関だけでなく多様な関係者（組織）の参加と連携により，科学的知見に基づき推進され，自然環境学習にも活用されるべき（第 3 条）ことなどを定めている．国は，同法に則って自然再生事業を実施するために必要な事項をまとめた**自然再生基本方針**を策定している．法律に則って組織される自然再生協議会は，自然再生のやや長期的な計画である「全体構想」と具体的な「実施計画」を決めて事業を実施するが，「実施計画」は環境大臣に提出され，必要に応じて助言を受けることになる．

国の直轄事業としては，阿蘇の草原再生，大台ヶ原の森林再生，釧路湿原の再生などがある．一方で，民間主導のボトムアップで開始された事業の代表は，岩手県一関市で樹木葬墓地を営む寺院が自然再生に関する研究所をつくって実施している「久保川イーハトーブ自然再生事業」である．この事業は保全生態学の研究に基づいて，外来種対策，湿地再生などのモデル事業が進められている．なお，半自然草原や雑木林など，さとやまの文化的な景観要素の保全・再生の事業は多様な主体によって実施されている（26 章）．

自然再生事業は，自然に似せた生態系を人工的に作り出す事業ではなく，自然の回復力に委ね，必要不可欠な人為的干渉を科学的な根拠に基づいて加える実践である．生態学の野外実験ともなるように仮説を立てて計画される必要がある．そのように実施された事業としては，国土交通省が行った霞ヶ浦の湖岸植生再生事業がある（コラム参照）．

土壌シードバンクを用いた湖岸植生の再生

生物多様性の保全の実践や自然再生事業は，生態系規模の実験として計画することが望ましい．すなわち，科学的に問題を把握して，仮説を立てて検証することができるように計画すれば，大規模な野外実験として生態学の発展に役立つだけでなく，科学的な基礎を固め，事業を成功させやすい．生物多様性の保全や自然再生の事業を科学的な面で支援することは，生態学の最も本質的な社会貢献だが，野外での個体群・生物群集を対象とした実験の機会が乏しい生態学にとって，理論を検証し，新たな理論を構築する絶好の機会でもある．

しかし，実験室や実験圃場の中で研究者の意図だけに基づいて条件を設定して行う実験とは異なり，その「実験」は，多様な主体との間で十分に情報を交換し，合意形成をしたうえで実施することになるため，研究者には科学的な事項を多様な主体と情報交換するための努力が求められる．さらに，実施段階におけるモニタリングを通じて，仮説検証が可能となるように計画を立てることが必要である．

植物の繁殖戦略において，土壌中の休眠種子（集合的には**土壌シードバンク**と表現）の段階は謎の多いステージである．土中にあって空間的な不均一性も高く，それを量的に把握することも難しい．一方，土壌中には地上植生から消えた植物種の種子も残されているので，植生を再生させる材料として効果的であると考えられる．

湖の周囲のほとんどにコンクリートの直立護岸が整備され，沈水植物，浮葉植物，抽水植物の移行帯からなる湖岸の植生が失われていた霞ヶ浦において，2000年に絶滅危惧植物のアサザの保全を目的とした湖岸植生帯の再生「霞ヶ浦湖岸植生帯緊急保全対策」が公共事業として実施された．その手法として，保全生態学の研究者は，植生回復の材料として土壌シードバンクを用いることを提案し，合意形成を通じて，事業を仮説に基づく科学的実験として計画することに尽力した．仮説の1つは，「湖底に残されている土壌シードバンクを微地形に変化をもたせた造成湖岸に撒き出せば，多様な水生植物が発芽して自然の湖岸植生が取り戻される」というものであった（図28-3）．事業の一部において，航路浚渫（しゅんせつ）で得られたシードバンクを含む砂（浚渫土）を植生復元材料とする工法が用いられた．浚渫土は緩傾斜をつけた人工湖岸に撒き

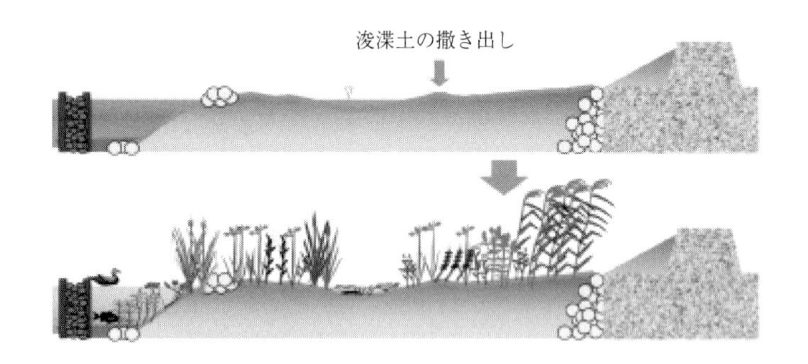

図 28-3　浚渫土を撒き出した造成湖岸の断面模式図

図 28-4　霞ヶ浦湖岸植生帯再生事業と再生された植生

表 28-1 霞ヶ浦湖岸植生帯緊急保全対策により再生した植物種

種名	過去の分布記録											再生
	1899	1958	1971	1972	1978	1996	1997	1998	1999	2000	2001	2002
シャジクモ	○	○		○								○
キクモ	○	○	○		○							○
コウガイモ		○	○		○							○
クロモ	○	○	○	○	○							○
ヤナギモ	○				○	○						○
オオササエビモ	○	○	○	○	○		○					○
セキショウモ	○	○	○	○	○		○					○
ササバモ	○	○	○	○	○	○	○	○				○
エビモ	○	○	○	○	○		○	○				○
オオトリゲモ	○	○	○	○	○			○				○
リュウノヒゲモ	○	○	○	○	○			○				○

(Nishihiro ら 2006 より改変)

出され，予測通り短期間のうちに多様な植物からなる水辺の植生が再生された（図 28-4）．それは，**実生出現法**という土壌シードバンクを研究するための実験の大規模な実施そのものである．

この再生事業では，その他の対策も含めて，霞ヶ浦で失われていた水生植物（表 28-1）と植生帯が取り戻された．植生帯の面積は，約 7 ha（2001 年）だったものが約 16ha（2005 年）に増加し，その後も維持されている．

28-4 自然保護区と管理

20 世紀のはじめ頃までは，「自然を守る」には保護区を設置して極力人為的干渉を避ける必要があるとの考え方が一般的であった．1930 年代には北アメリカにおいて，原生的な自然の保護を重んじる一方で，自然を望ましい状態に保つには，適切な管理が必要であるとの理解が広がった．現在では，人為の影響を完全に免れている生態系は地球上には存在しないことが認識されている．最も人為が少ないと考えられる南極でも，汚染などの人為的な変化が深刻化しつつある．

人為干渉が少なく原生的な要素がある程度残されている自然，「原生的な自然」

については，その状態を改変し生物多様性の損失をもたらすような人為的な干渉を避けるように保護していくことが望まれる．しかし，生物多様性の視点から問題になる影響が生じていないかどうかを監視し，必要に応じて積極的な保全策を講じることが必要な場合もある．

日本における原生的な自然の代表とされる知床半島の原生林，尾瀬ヶ原，アルプスの高山帯なども，林業や観光業などがもたらす人為的干渉を免れてはいない．原生的な要素が多く残されている地域は，国立公園の特別保護地区など，行為に規制のかかる自然保護地域に指定されている．

国立公園は優れた風景地を保護する目的で設置されたが，今後は，生物多様性の保全を目的に含めた管理が望まれる．そのため，現状を的確に把握するための指標，科学的な評価，モニタリング手法の開発などは，保全生態学の研究の重要なテーマともなっている．

火入れによる草原自然再生と管理

阿蘇くじゅう国立公園は，世界最大のカルデラをもつ阿蘇山と久住（くじゅう）火山群に広がる半自然草原を含む．その生物多様性保全上の価値を維持するためには，定期的な火入れが必要である．農業者の高齢化などにより草原の管理が放棄され，人工林の造成も相まって樹林化が進んでいる（図 28-5）．同様に，樹

図 28-5　樹林化が進む阿蘇外輪山内壁

かつては全域が牧草地だったが，現在では斜面上部と写真の右奥にはススキの半自然草原が残されているものの，急斜面はスギの人工林と草原放棄後に成立した落葉広葉樹林が占めている．

林化など半自然草原劣化の問題は，秋吉台（秋吉台国定公園），小清水原生花園（網走国定公園）など多くの草原生態系でもみられる．

小清水原生花園では，1970年代頃までは，園内を通過する釧網本線の蒸気機関車によるたび重なる失火による非意図的な火入れで，草原の景観が維持されていた．しかし，蒸気機関車がディーゼル化されて野火が起きなくなったこと，草や木の芽生えを食べて植生をコントロールしていた牛馬の放牧がされなくなったことが重なり，草原の維持が難しくなった．1990年以降は，管理のための意図的な火入れがなされるようになり，原生花園にふさわしい景観が取り戻された．

男鹿半島国定公園にある寒風山の半自然草原では，地域住民による草資源の利用がなくなり，草原が低木の藪（やぶ）や樹林に変化した．2001年に発生した山火事を機に火入れによる管理が行われるようになったが，男鹿市の経済的負担が大きくなったため2016年春には取りやめになってしまった．

自然再生における参加型モニタリング

自然再生のみならず，生物多様性の保全・再生にかかわるすべての取組みに必要なことは，多様な主体の参加により実践・事業を科学的な知見に基づいて進めることである．取組みを順応的に進めるためには，実践・事業の結果をモニタリング（監視）して，その結果に基づき計画を見直すことが必要となる．そのための生物多様性指標や多様な主体がモニタリングに参加するためのしくみを開発することは，保全生態学にとって重要な研究課題の1つになっている．

自然再生推進法に則った自然再生事業を実施している三方五湖自然再生協議会に参加する研究者は，多様な主体が参加できるモニタリングのあり方を検討し，行事型のモニタリングがその場で情報を共有するうえで有効であることを見いだした．

この自然再生では，湖の希少魚類の保全が課題の1つとなっている．湖への外来魚の侵入および水田を氾濫原の代替の産卵場所としていたフナなど，湖のコイ科魚類が整備により水路との間にできた大きな段差が障害となり水田を産卵に利用できなくなったことは，2つの負の要因である．後者に対しては，一部で，水田魚道の設置などの再生のための技術的な検討が行われてきた．これらの問題を認識・監視するための参加型モニタリングプログラムとして，春の産卵期に魚道などにより水田に上がる魚の種類と数のモニタリ

図 28-6　三方五湖自然再生協議会の参加型モニタリング（秋の調査）
伝統的な漁法による湖の魚類相の調査

ング，晩秋には湖で伝統漁法により魚類組成を調べる行事（図 28-6）が行われ，これらの問題を共通の認識にすることができた．また，新たに湖に侵入したブルーギルが急速に増加しつつあることが，晩秋の調査で把握され，その場で情報の共有がなされたことで，対策をいち早く開始することができた．

29 気候変動と保全生態学からみた対策

気候変動が人類社会と生態系にますます深刻な影響をもたらすことが予測されている現在，国際的にも日本国内でも，その対策が強化されようとしている．対策としては，異常気象の頻発や海面上昇などに対する適応策と，気候を安定させるために二酸化炭素を少なくとも 450 ～ 550 ppm 程度に抑えるための緩和策があるが，いずれも生物多様性の保全と相互に望ましい効果がもたらされるよう計画・実行される必要がある．

29-1 気候変動の科学的評価と求められる対策

日本では**地球温暖化**とよばれている，人為的原因の寄与による気候変動は，温度や**温室効果ガス濃度**という明瞭な指標があり，科学的な現状把握と将来予測が進んでいる．科学的情報を各国の政策に反映させるための活動をしている**気候変動に関する政府間パネル** intergovernmental panel on climate change：**IPCC** が，2007 年に公表した第 4 次報告書では，最近の 100 年間に世界の平均気温が 0.74℃上昇していること，シナリオ予測では，人類がこれまで通りの経済活動を続ければ，今世紀末までに約 4℃（2.4 ～ 6.4℃）の気温上昇と 26 ～ 59 cm の海面上昇が起こること，経済優先の姿勢を改め環境保全と経済発展との両立を図った場合でも，気温は約 1.8℃（1.1 ～ 2.9℃）上昇，海面は 18 ～ 38 cm 上昇することを予測した．温暖化はすでに防ぎようもないところまで進行しており，社会と個人がその状況に適応するための**適応策** adaptation と気候を安定させるために二酸化炭素濃度を少なくとも 450 ～ 550 ppm の範囲に収めるための**緩和策** mitigation の両方を進める必要があるとした．

2014 年に公表された IPCC 第 5 次報告書では，より確実性の高いデータに基づいて，気候システムの温暖化が進行していることは，もはや疑う余地がないだけでなく，温暖化のスピードは確実に速まっているとし，早急に適切な適応策と緩和策を立案して実施する必要があるとしている．1950 年代以降に観察された気候上の多くの変化が人為的な原因を反映したものであり，その期間に大気中の温室効果ガスは増加し（図 29-1），大気も海洋も暖められており（図 29-2），雪や氷の量は減少し，海面は上昇している（図 29-3）．1983 ～ 2012 年の 30 年間は，最近 1400 年間における最も暖かい 30 年間だった．これらの現象は，1000 年オーダーの時間スケールでみて，前例のないものであるという．

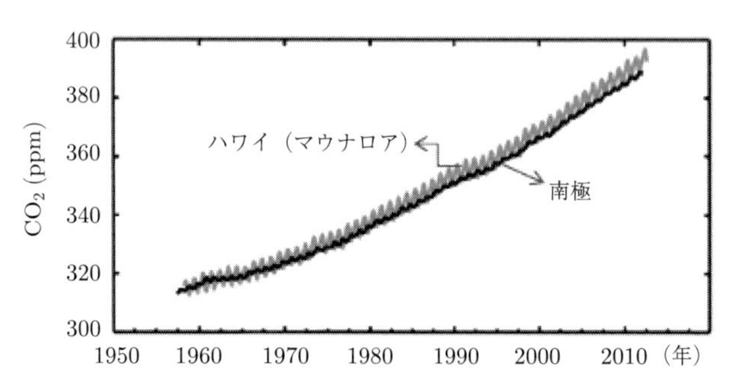

図 29-1 大気中の温室効果ガスの増加（IPCC 2014 より改変）

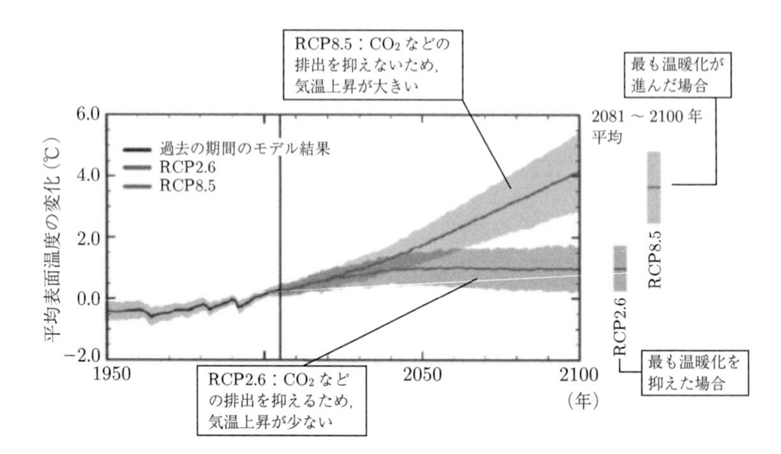

図 29-2 世界の平均表面温度の変化と将来予測

基準値は 1986 ～ 2005 年の平均．RCP（representative concentration pathway）は温室効果ガスの放出に関するシナリオ．数字は 2100 年と 1950 年を比較した放射力を表す．例えば，RCP2.6 では 2.6 Wm^{-2} で 2100 年の二酸化炭素濃度 421ppm になるように人間活動を調整するシナリオ，RCP8.5 では 936ppm となる．陰影は不確実性の幅を表す（IPCC 2014 より改変）

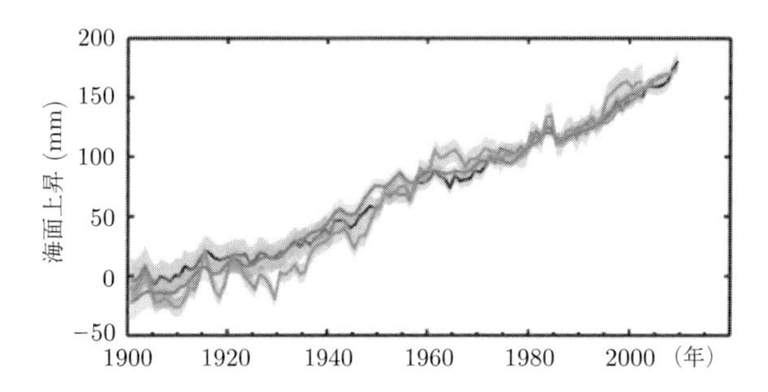

図 29-3 海面の上昇（地球全体の平均）
各線は使用している観測データの違い．陰影は不確実性の幅を表す
（IPCC 2014 より改変）

このような科学的評価に基づき 2015 年に開催された気候変動枠組条約の第 21 回締約国会議（COP21）では，産業革命以降の気温の上昇を 1.5℃にとどめることを目標として，先進国も発展途上国も努力することを義務づける「パリ協定」が採択された．

温室効果ガスの排出を抑制し二酸化炭素の吸収源を増加させる緩和策は，パリ協定でめざされているような国際的な協力によってはじめて効果を上げることができる．それに対して，適応策は，各地域における影響と事情に応じて，確実にリスクを軽減させる対策をとる必要がある．

29-2 適応策の基本的な考え方

温暖化がもたらす多様なリスクから社会を守る適応策を立案するうえで，異常気象など**ハザード** hazard（**危険事象**）は，それ自体がリスクなのではなく，**リスク** risk は，危険事象とそれに対する**暴露** exposure（危険事象に個人もしくは地域社会がさらされる程度）および**脆弱性** vulnerability（暴露された場合の弱さ）の相乗的な効果として捉えることにより，とるべき対策を明瞭にすることが提案されている．

リスク＝危険事象 × 暴露 × 脆弱性

このモデルによれば，リスクは，危険事象，暴露，脆弱性のいずれかを小さくすることで低減できる．

気候システムの変化がもたらすハザードの低減には，国際的な協力による実効性のある緩和策が必要である．それには，合意にも，実践が行われてから効果が表れるまでにも，時間を要する．したがって，ハザードの低減がすぐに実現するとは考えにくい．地域社会の安全確保のためには，暴露と脆弱性をできるかぎり低く抑えるための適応策が必要になる．すなわち，異常気象や海面上昇などがもたらす自然災害に対しては，被害を受けやすい場所には居住しないなど，暴露を抑える対策をとり，さらに，たとえ暴露されても，それに対処する備えによって脆弱性を克服することで，リスクを低く抑えることが必要となる．

暴露を抑えるための土地利用は，「生態系を活用した防災・減災」(30 章) であり，自然災害の増加に対して最も有効な適応策の 1 つである．

アジアで求められる適応策

IPCC の報告書では，地球温暖化がアジア地域にもたらす重大なハザード (危険事象) として「洪水の増加」をあげている．台風などにより降水量が特定時期に集中する季節的な気象の特徴に海面上昇が加わることが，その理由である．「リスク＝危険事象×暴露×脆弱性」というモデルに基づけば，堤防の強化や高台に住居を移すなどで「暴露」を低減させ，ライフラインにかかわるインフラとサービス (水，エネルギー，廃棄物管理，食料，移動手段，通信など) の「脆弱性」を改善することで，洪水がもたらす「リスク」を抑制できる．

地球温暖化がアジア地域に与えるリスクには，熱中症などの「暑さによる死亡率の増加」も予測される．これに対する適応策としては，警報システムの構築，ヒートアイランド緩和のための都市環境の改善，野外で働く労働者の熱ストレス回避のために労働慣行を改めるなどの対策が必要である．

29-3　生物多様性への影響

地球温暖化は，人間社会のみならず生物多様性にもさまざまな影響をもたらすことが予想されている．気候変動の生物への影響は多岐にわたる．すでに地球温暖化が主因とされる種の絶滅も報告されている．1980 年代に中米コスタリカのモンテベルデ雲霧林で起きたオレンジヒキガエルをはじめとするカエル類の一斉絶滅は，温暖化に伴う異常気象による旱魃(かんばつ)がおもな要因であると推測されている．

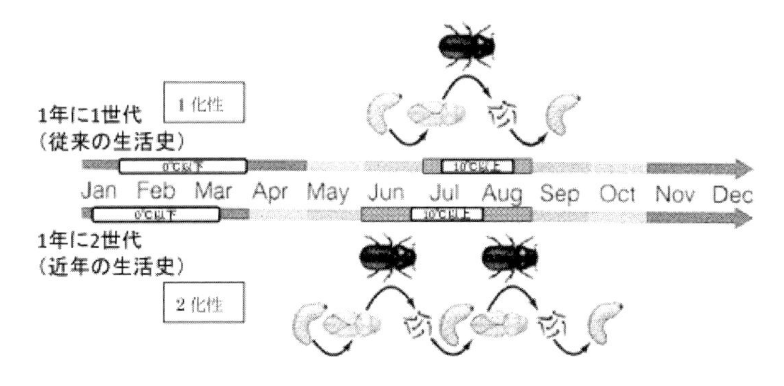

図 29-4　アメリカマツノキクイムシの化性の変化
高温期が長く続くようになり2化性に変化
（Mitton & Ferrenberg 2012より改変）

温暖化の影響としてすでに数多くの報告がなされているのは，動物の分布域や**フェノロジー** phenology（生物季節）の変化である．チョウの分布域の変化，鳥の渡りや春の植物の開花など生物季節の変化は，自然に目を向けていれば誰もが気づくことのできる変化である．1年1化性であった害虫などが生息可能な期間が延びることで，2化性になるなどの変化も報告されている（図29-4）．

最近数十年間の気候変動に伴い，陸上・淡水・海洋生態系を問わず，生物がその分布域，季節的な活動や渡りなどの移動時期などを変化させていることを示す報告も多い．これら，時間的・空間的な変化は，進化の歴史で試されていない生物間相互作用の出現などの不調和を介して，生態系にさまざまな影響をもたらす可能性がある．

地球温暖化に由来する生物分布域の変化は，必ずしも気温の変化によるものだけとはかぎらない．気候モデルによる予測からは，降水量が増える地域がある一方で，降水量が減少して乾燥が強まる地域があることが示されている．後者の場合には，気温から予想されるのとは逆に低い標高へと分布が変化する．実際に，アメリカ・カリフォルニア州のシェラネバダ山脈西部から北アメリカ大陸のロッキー山脈東部に至る地域において約300種の植物の分布変化を調べたところ，60％以上の種が過去40年間に，温度はより高いが降水量の多い低標高方向に分布を移していた．このように，乾燥が植物の生育を制限している地域では，植物は雨や雪など降水の多い方向に分布を移動させる．

大都市では，人為的気候変動と**ヒートアイランド現象**ともよばれる都市気候が相まって温暖化が急速に進行しつつある．この100年間に世界の年平均気温は0.74℃上昇しており，日本の年平均気温も1.15℃上昇しているが，東京では約3℃も気温が上昇した．市民参加による東京の蝶モニタリングは，かつては東京には分布していなかった南方系の蝶ツマグロヒョウモンが，現在では東京で最も普通に見られる種の1つになっていることを明らかにした．さらに，現在，東京で最も多く観察される蝶であるヤマトシジミの化性が増えていることも示唆されている（中央大学・東京大学・パルシステム東京協働プロジェクトHP参照）．

環境変化に対する生物の応答に関する生態・進化の知見をもとに予想すると，温暖化を含む現在の急激な環境変化に対する反応は，生態特性の異なる生物グループごとに大きく異なる．世代時間が短く，薬剤抵抗性を進化させるなど，すでに人間活動に適応進化しており，個体数も多い害虫，雑草，微生物などは，今後に予想される急速な環境変化にも適応進化することが予測される．それに対して，大型哺乳類など世代時間が長い生物で，個体密度がすでに低下し遺伝的変異を失っている絶滅危惧種などは，適応進化は望めず，不適な環境のストレスにより絶滅リスクをいっそう高めるであろう．生態特性の異なる生物グループの反応が大きく異なることから，今後予測される生物の絶滅率の上昇は，その数字以上に顕著な影響を生態系に与えると推測される．

絶滅リスクなど生物多様性への負の影響は，温暖化だけでなく，環境汚染や外来種の影響などと相乗的に作用する複合影響である．したがって，輻輳して絶滅リスクを高める要因のうち，地域で対処・操作ができる要因を除去・低減させることが適応策として有効性が大きい．すなわち，保護区など生物多様性の保全・再生を目的として管理する土地の拡張，生態系ネットワーク（生態系の連結性）の保全・回復，外来生物の影響排除など，地域で効果を上げることのできる対策を実施することは，生物多様性への地球温暖化の影響を低減するための最も有効な適応策となるだろう．

一方で，気候変動の人間社会への被害を軽減する適応策の実施が，生物多様性を損なうことのないように十分な配慮が欠かせない．また，河畔や沿岸の自然植生が，洪水，津波などの自然災害から地域社会を守る効果が高いことなどを考えれば，自然植生の保全は，効果の高い気候変動への適応策とみなすことができるだろう（30章）．

29-4　緩和策と生態系

気候変動の緩和策としては，化石燃料由来の温室効果ガス排出の大幅削減はもとより，有機炭素の貯蔵庫としての森林，湿地，土壌（12 章）の保全と再生を重視する必要がある．植生と土壌には，大気の 2.7 倍もの炭素が有機物として貯留されている（12 章）．熱帯雨林や泥炭湿地のような生物多様性が高く同時に炭素の貯留機能も大きい生態系を保全すれば，気候変動の緩和に寄与するだけでなく，生物多様性の喪失も緩和できる．

2000 年代になって欧米で，石油などの化石燃料の代替として，植物を原料としたバイオ燃料の普及が政策化された．それに伴い，熱帯雨林や泥炭湿地をバイオ燃料生産のための穀物畑やパームヤシ林などへ転換する圧力が強まった．このような農地開発は，生物多様性を損なうだけでなく，植生と土壌に蓄積されていた有機炭素の放出をもたらす．例えば，泥炭湿地を農地として開発すると何千年もの間に植物が光合成で生産して泥炭として蓄積してきた有機炭素が分解され，大気に放出される．このような，土地転換による**炭素負債**（二酸化炭素放出量）の指標としては，農地開発から 50 年後までの放出量が用いられる．炭素負債は，どのような生態系を開発し，どのような農業をするかで大きく異なる（コラム参照）．

バイオ燃料の炭素負債の見積もり

気候変動の緩和策として，化石燃料から低炭素燃料への切替えが優先度の高い課題となっている．欧米では，化石燃料の使用を抑えるための代替的燃料としてバイオ燃料の利用が政策化されている．しかし，バイオ燃料が炭素節減に寄与するかどうかは，その材料と生産方法に大きく依存する．さらに，材料と生産のあり方によっては，生物多様性への多大な影響も懸念される．

バイオ燃料が政策化されてから，ブラジル，東南アジア，アメリカ，ヨーロッパでは，熱帯雨林，泥炭湿地，サバンナ，草原，湿地をバイオ燃料生産のための穀物畑へと転換する開発圧力が急速に高まった．これらバイオ燃料のための農地開発は，植生や土壌に蓄積されていた炭素の放出をもたらす．土壌と植生のバイオマスは，陸上の主要な炭素プールであり，大気の 2.7 倍もの炭素を貯留している．森林や湿地など自然の生息・生育場所を農地に転換する際には，火入れや微生物による分解過程により，これらのプールに貯留されていた有機炭素が放出される．農地転換時のこのような急激な放出に引き続き，さらに農地として，そこで慣行農業（化学肥料と農薬に頼る農業）

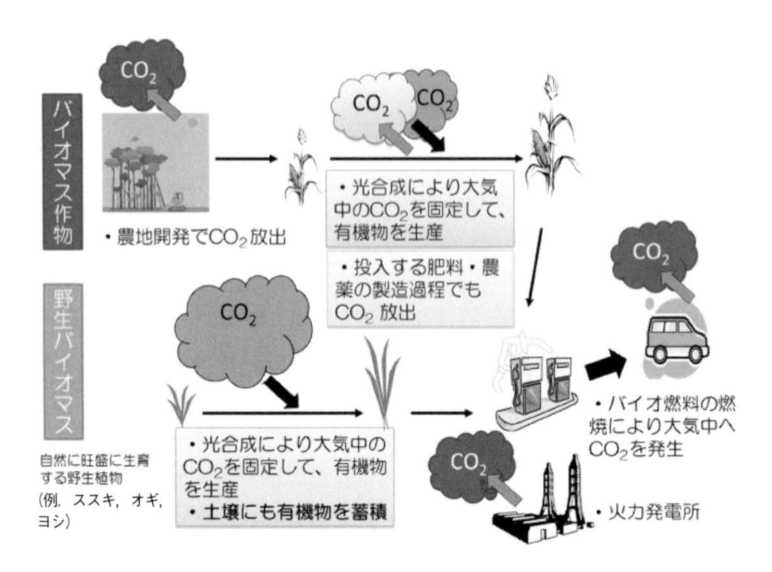

図 29-5 野生植生のバイオマスエネルギーにおける優位性
(Tilman ら 2006 より改変)

が続けられれば, 長期的に土壌の有機炭素から無機炭素の放出が持続する.

アメリカのティルマンらの研究グループは, バイオ燃料生産に伴う炭素負債を見積もった. 最も炭素負債が大きいのは, 熱帯の泥炭湿地を開発してパーム油バイオディーゼルを生産する場合で, 生産されたバイオ燃料を使用することで得られる二酸化炭素排出量の年間削減量の 420 倍にも及ぶと推算された. 負債がほとんどなく, 持続的な二酸化炭素削減効果が期待できるのは, 汚泥, 廃棄物 (ゴミ), 非栽培 (野生) のイネ科多年草の**バイオマス** (もともとは乾燥重量で表した生物量の意味だが, ここでは生物由来の資源の意味) を利用する場合である. これらは, 化学肥料や農薬を投入する必要がなく, あらゆる意味で最も環境に負荷の少ないバイオ燃料となる (図 29-5).

日本では, 古来, 燃料・建材・飼料としてのヨシやオギ・ススキなど茅のバイオマスの採集利用がなされ, それに伴う草原の利用・管理が生物多様性の維持にとって重要な役割を果たしてきた (26 章). 最近では利用が放棄され, 生物多様性保全上の問題が生じている. これらのバイオマス資源を利用するようにすれば, 地球温暖化の緩和策と生物多様性の保全の両方に寄与する.

また, ヨシやオギが生育する氾濫原の湿生草原を保全し活用することは, 洪水などの自然災害のリスクを軽減するための方策 (30 章) としても意義が大きい.

30 生態系インフラストラクチャーと防災・減災

従来のインフラストラクチャーは人工的な構造物に頼るものであった．現在では，生物多様性の保全と持続可能な利用という社会的な目標に合致した，生態系を活用したインフラストラクチャーの可能性が注目されている．「グリーンインフラストラクチャー」として欧米で広がりつつある生態系インフラストラクチャーは，地球温暖化に伴う自然災害増加の適応策の防災・減災の手法としても意義がある．生態系を活用した防災・減災（Eco-DRR）は，低コストで社会に多様な生態系サービスをもたらすことが期待される．

30-1 グリーンインフラストラクチャーから生態系インフラストラクチャーへ

ヨーロッパ委員会（EUの行政機関）は，2013年に**グリーンインフラストラクチャー**（緑のインフラ）を積極的に利用していくための戦略を採択した．緑のインフラは，空間計画（土地利用計画）において，自然のプロセスを尊重するインフラ整備の手法であり，経済的，社会的な利益のみならず生態的利益を考慮して，それらのバランスよい確保をめざす．例えば，洪水防止には，従来一般的であったダムや堤防などの建設に代えて，大雨の際にスポンジのように水を吸収する湿地を活用するなどの手法をとる．湿地は，二酸化炭素の吸収源となり生物多様性の維持に大きく貢献するだけでなく，水質浄化にも役立ち，また質の高い緑地として，バードウォッチングなどの自然とのふれあい活動を含むレクリエーションの機会を提供する．

緑のインフラが欧米で広がったのは，1990年代以降である．ヨーロッパ委員会の戦略では，それを，「価値の高い自然・半自然空間をその他の環境要素とつなぐ戦略的に計画されたネットワークであり，都市と農村の双方において，広範囲にわたる生態系サービスを提供し，生物多様性を保全するように計画され，管理されるもの」としている．

一方で，アメリカ環境保護局（EPA）は，グリーンインフラストラクチャーを地域社会が健全な水環境を維持し，環境からの多様な利益を得つつ持続可能な地域社会を維持する手法と定義している．例えば，都市のゲリラ洪水対策として排水を処理するパイプなど単一機能の**グレイインフラストラクチャー**ではなく，植生や土壌を活用して制御すれば，緑地としての多様な生態系サービスも期待できる．このようなインフラの考え方は，必ずしも目新しいものではない．それを「グリーン」インフラストラクチャーという用語でよぶのは，従来の「グレイ」インフラストラクチャーと対比する意図からである．

日本では，復興，防災・減災と関連した政策のキャッチフレーズとして**国土強靱化**が用いられている．強靱化が英語の resilience の和訳であるとすれば，持続可能な社会の構築という目標のもとに推奨される緑のインフラや，とりわけ生態系の活用を強く意識する**生態系インフラストラクチャー**は，その手法として特に有効性が高いといえるだろう．

ドナウ川の洪水対策としての生態系インフラストラクチャー

ドナウ川は，ドイツの黒い森（Schwarzwald）を源流とし，ルーマニアとウクライナにまたがるドナウデルタを経て黒海に注ぐ，ヨーロッパ第２の流路延長（2850 km）をもつ河川である．16 か国を流域に含む国際河川であり，３か国の首都，ウィーン，ブラチスラバ，ブダペストがドナウ川河畔にある．欧州連合（EU）の近年の東への拡大により，現在ではドナウ川流域の大部分が EU に取り込まれている．

ドナウ川は春の雪解けの季節にたびたび洪水を起こす．上流で起こった洪水は，何日もかけて流下し，下流域にも影響を及ぼす．洪水に悩まされてきた中流域に位置するウィーンは，19 世紀後半から本格的な洪水対策を実施してきた．流路が直線化され，河川の複線化のための新河道が掘削されたことに伴い，土砂で堤防が建設された．第二次世界大戦直後の 1954 年に，ウィーンの中心市街地が水没するような大洪水を経験したことから，洪水対策がいっそう強化された．その際，ウィーン市内や上流部の水門建設などの土木工学的な対策に加え，遊水機能をもつ流域の氾濫原の保全・再生が進められた（図 30-1）．ウィーンとブラチスラバの間の氾濫原に 1996 年に指定されたドナウ・アウエン国立公園は，ウィーン市内を含む長さ約 36 km，面積 9300 ha を国立公園区域としており，オジロワシやユーラシアカワウソなどの希少な種の生息・生育場所ともなっている．

図 30-1　ドナウ川の河畔林内の増水時の流路
（ドナウ・アウエン国立公園において 2003 年 6 月撮影）

2013 年 6 月上旬にオーストリア領内で大規模な洪水が起こり，ザルツブルクが大きな浸水被害を受けた．この増水時に記録された時間あたりの流量は，記録を取り始めて以来過去最大であったにもかかわらず，ウィーンは市街地の浸水を免れ，堤外地のカフェやレストランが被害を受けただけであった．

ドナウ川流域では，各国の協力のもとに 100 年に 1 度程度の洪水を想定したハザードマップが作成されている．オーストリアの洪水対策では，適正な土地利用によるものを最優先としており，浸水が予測される地域からの住居やその他の財産の移転が進められている．すなわち，生態系インフラストラクチャーを重視した対策が進められている．

30-2　大規模攪乱と災害リスク

近年，世界的に自然災害の増加がみられる（図 30-2）．それには，人為的気候変動による異常気象の頻発なども関与しているが，それ以上に重要な要因の 1 つに大都市への急速な人口集中がある．大都市の多くは，河川の氾濫原や沿岸域，それらの両方の特徴を合わせもつ河口域に発達している．そこへの人口集中は，必然的に洪水や津波などの自然の**危険事象**（**ハザード**）への人間社会の**暴露**を増大させる．

水域と陸域の狭間は災害が起こりやすい場所の 1 つである．沿岸などが人間活動のおもな場となると，津波や洪水によってインフラ設備や社会機能が破壊されて自然災害が発生する．しかし，津波，洪水，地滑りなど，災害につなが

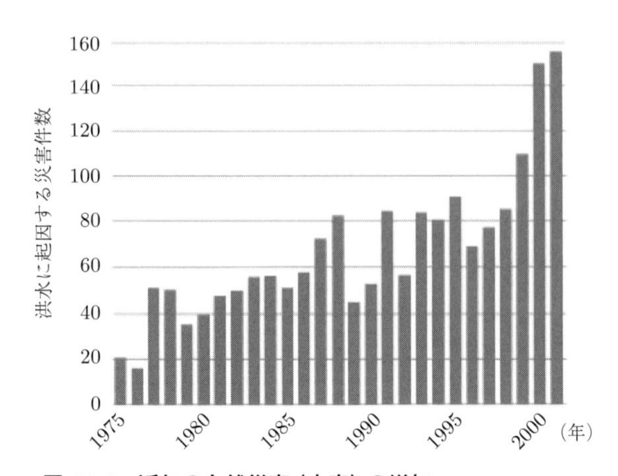

図 30-2　近年の自然災害（水害）の増加
（Millennium Ecosystem Assessment 2005 より改変）

るハザードの発生率の高い場所でも，そこに人間活動が存在しなければ，災害は起こらない．人間にとってはハザードとなるこれら**大規模攪乱**は，長期的な生態系の健全な維持には欠かすことのできない自然事象でもある．

30-3　生態系を活用した防災・減災

津波や地震など，自然の危険事象（ハザード）そのものが災害なのではなく，災害リスクは「危険事象」およびそれに対する人間社会の「暴露」と「脆弱性」の相乗的な効果によって生じる（29 章）．暴露は危険事象の影響範囲に人間活動が存在すること，脆弱性は危険事象に暴露された際の影響が甚大なことを意味する．危険事象の影響範囲の生態系，すなわち氾濫原や沿岸域の生態系を，居住地など常時人間が利用する空間としては利用せず，健全な水環境の保全機能，生物資源の採集地，レクリエーション活動の場，立ち入らずに楽しむ景勝地などとしてのみ利用すれば，暴露と脆弱性を低く抑えて災害リスクを低減できる．

自然災害に対する対策として，コンクリートの堤防など人工構造物を設置する手法は，「自然災害に抗する戦略」である．津波に対する防波堤は，海域の生物多様性にも陸域の生物多様性にも負のインパクトを与える．したがって，経済的コストのみならず環境的コストも大きい．発展途上国では経済的コストの大きな手法を採ることは難しい．また，人工物は維持のためにもコストを要することから，人口減少・高齢化が急速に進む日本の地域社会も将来にはそれの負担は難しくなるだろう．

それに対して，ドナウ川での氾濫原の国立公園化など，生態系を活用する手法は，**Eco-DRR**（ecosystem-based disaster risk reduction，生態系を活用した防災・減災）とよばれる．ハザードへの暴露を避ける緩衝空間として，マングローブ林，干潟，氾濫原などの本来の生態系を残すEco-DRRは，「自然災害を避ける戦略」である．それは，生物多様性と生態系サービスに資する多義的な空間を維持することを意味する．生態系の働きによって機能が維持されることから，メンテナンスフリーで低コストである（表30-1）．

現在の日本においては，防潮堤の計画にみられるようなコンクリートの人工構造物に頼るグレイインフラ整備と一見「グリーン」な造林工事などに多大な公共事業費が投入されている．

コンクリート構造物も人工林も，従来のインフラは，維持管理に継続的にコストをかけなければその機能を維持できない．それに対して，その場所にふさ

表 30-1　人工構造物によるインフラ整備と生態系インフラストラクチャーの特徴

	人工物インフラ	生態系インフラ
単一機能の確実な発揮 （目的とする機能とその水準の確実性）	◎	△
多機能性 （多くの生態系サービスの同時発揮）	△	◎
不確実性への順応的な対処 （計画時に予測できない事態への対処の容易さ）	×	○
環境負荷の回避 （材料供給地や周囲の生態系への負荷の少なさ）	×	◎
短期的雇用創出・地域への経済効果	◎	△
長期的な雇用創出・地域への経済効果	△	○

防潮堤築造と沿岸生態系の緩衝空間としての保全・再生を想定して対比
◎大きな利点，○利点，△どちらかといえば欠点，×欠点

（日本学術会議 2014 より引用）

わしい生態系を活用すれば，バイオマスなど自然に生産される多様な自然資源の利用やレクリエーション空間としての利用にわずかな労力をかけるだけで，それらの多様な生態系サービスを享受しつつ，防災・減災機能を末永く維持できる．急速な人口減少と高齢化によって地方の人口構造が大きく変化しつつある日本においては，コストの面からもベネフィットの面からも有利で合理的な選択であるといえる．

グリーンインフラストラクチャーとはいえない造林公共事業

東日本大震災からの復興の公共工事は概して，自然環境に厳しいものである．防潮堤の工事は，それが望ましい自然環境を破壊することが明瞭であるが，一見，緑を取り戻すかのようにみえる造林工事も生物多様性を損なうものが少なくない．例えば，大津波がもたらした大規模攪乱が本来の砂丘－後背湿地システムを再生させ，砂丘の上にもその場にふさわしいクロマツの多くの稚樹を含む植生が蘇りつつあった場所で，植生を剥いで整地し，平坦化してクロマツを植林する事業が行われた．大波にも塩害にも堪え，再び成長を開始していたクロマツを含む若木や芽生えが造林工事の犠牲となり，湿地環境を含む変化に富んだ砂丘の微環境が失われた．もし，造林工事が行われなければ，自然の営力によりクロマツを主体とする生物多様性豊かな海岸林が速やかに育まれたに違いない．

30-4　Eco-DRRの模範としての「さとやま」の土地利用

かつての日本の「さとやま」には，農地のみならず，生物資源や水資源を採取するための空間（ヤマ）がふんだんに存在した．例えば，河川の氾濫原のヨシ原やオギ原は，茅場や秣（まぐさ）場など，生物資源の採集地として利用されていた．同時にそこは，風水害から集落や農地を守る緩衝帯の役割も果たしていた．このような「さとやま」のシステムにならうことは，さとやま型の生態系インフラストラクチャーとして有効である可能性がある（図30-3）．

災害をもたらさず，持続的にバランスよく多くの生態系サービスを享受できるような土地利用は，災害を受ける可能性の大きい陸域と水域の間の移行帯を自然保護区として，ツーリズムに利用したり，さとやまの「ヤマ」として生物資源の採集地として利用することによって実現する．氾濫原湿地の自然の植生をつくるオギは，バイオマスエネルギー材料として世界的にも注目されている．

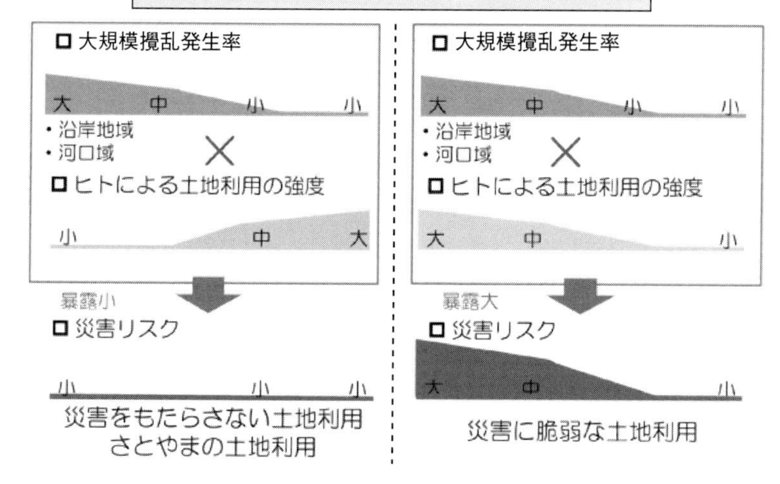

図 30-3　自然災害をもたらさない土地利用の概念図

上段は海や川との位置関係や地形などによって決まる自然災害をもたらす可能性のある洪水，津波など大規模攪乱の発生率，中段は土地利用計画に基づく人間活動の強度，下段はこのような土地利用が行われた場合のそれぞれの場所での災害の受けやすさ（災害リスク）を表している．左列と右列の上段は同じであり，場所に応じて同様の大規模攪乱が発生するが，中段の土地利用のパターンが異なることにより災害リスクが大きく異なる．左列はさとやまの土地利用がなされた場合であり，大規模攪乱を受けやすい場所は茅場など，採集時のみに人間活動が行われる自然植生であり，攪乱を受けても被害は生じない．それに対して，沿岸域などが開発されて都市化する現代の土地利用を反映した右列のような例では，大規模攪乱を受けやすい場所が日常的に人間活動の行われる人口集中地であるため，大きな被害を受けることになりがちである（鷲谷 2012 より改変）

引用文献

■ 1章

Gurevitch, J., *et al.* 1992. A meta-analysis of competition in field expriments. The American Naturalist 140(4): 539-572

■ 3章

Cook, L.M., Dennis, R.L.H. and Mani, G.S. 1999. Melanic morph frequency in the peppered moth in the Manchester area. Proceedings of the Royal Society B 266: 293-297

Olson, S.L. and Hearty, P. J. 2010. Predation as the primary selective force in recurrent evolution of gigantism in Poecilozonites land snails in Quaternary Bermuda. Biology Letters 6: 807-810

■ 4章

Grime, J.P., Hodgson, J.G. and Hunt, R. 1988. Comparative Plant Ecology. Unwin Hyman, London

Ricklefs, R.E. 1977. On the evolution of reproductive strategies in birds: reproductive effort. The American Naturalist 111: 453-478

■ 5章

Abul-Faith, H.A. and Bazzaz, F.A. 1979. The biology of Ambrosia trifida L.I. Influence of species removal on the organization of the plant community. New Phytologist 83: 813-816

Muraoka, H., *et al.* 1998. Flexible leaf orientations of *Arisaema heterophyllum* maximize light capture in a forest understorey and avoid excess irradiance at a deforested site. Annals of Botany 82: 297-307

Petrie, M. 1994. Improved growth and survival of offspring of peacocks with more elaborate trains. Nature 371: 598-599

Washitani, I., Kishino, M. and Takenaka, A. 1989. A preliminary study of micro-spatial heterogeneity in the light spectral environment of seeds and seedlings in a grassland. Ecological Research 4: 399-404

■ 6章

Cain, M.L., Bowman, W.D. and Hacker, S.D. 2014. Ecology, 3rd ed. Sinauer Associates, MA, USA

May, R.M. 2007. Parasites, people and policy: infectious diseases and the millennium development goals. Trends in Ecology and Evolution 22: 497-503

■ 7章

Lennartsson, T., Nilsson, P. and Tuomi, J. 1998. Induction of overcompensation in the field gentian, *Gentianella campestris*. Ecology 79: 1061-1072

■ 8章

Estes, J.A., Tinker, M.T. and Bodkin, J.L. 2010. Using ecological function to develop recovery criteria for depleted species: Sea otters and kelp forests in the Aleutian archipelago. Conservation Biology 24: 852-860

Paine, R.T. 1966. Food web complexity and species diversity. American Naturalist 100: 65-75

鷲谷いづみ . 1996. オオブタクサ闘う―競争と適応の生態学．平凡社

■ 10章

Larcher, W. 1980. Physiological Plant Ecology, 2nd ed. Springer-Verlag, Berlin, Germany

Mooney, H.A. and Gulmon, S.L. 1982. Constraints on leaf structure and function in reference to herbivory. BioScience 32: 198-206

Reich, P.B., Walters, M.B. and Ellsworth, D.S. 1997. From tropics to tundra: global convergence in plant functioning. Proceedings of the Natural Academy of Science of the USA 94: 13730-13734

■ 11章

Howe, H.F. and Westley, L.C. 1988. Ecological Relationships of Plants and Animals. Oxford University Press, Oxford, UK

菅沼祐子，松村千鶴，鷲谷いづみ．1999．里山におけるスミレ類のアリによる種子散布．日本生態学会大会要旨集 46：173

■ 12章

IPCC. 2013. Climate Change 2013: The Physical Science Basis. Contribution of working group I to the fifth assessment report of the intergovernmental panel on climate change [Stocker, T.F., Qin, D., Plattner, G.-K., Tignor, M., Allen, S.K., Boschung, J., Nauels, A., Xia, Y., Bex, V. and Midgley, P.M. (eds.)]. Cambridge University Press, Cambridge, UK and NY, USA

Lavigne, D.M. 1996. Ecological interactions between marine mammals, commercial fisheries, and their prey: unravelling the tangled web. In Studies of high-latitude seabirds. 4. Trophic relationships and energetics of endotherms in cold ocean systems. [Montevecchi., W.A. (ed.)]. Canadian Wildlife Service Occasional Paper 91: 59-71

Molles, M.C. 2005. Ecology: concepts and applications, 3rd ed. McGraw-Hill Higher Education, NY, USA

Winemiller, K.O. 1990. Spatial and temporal variation in tropical fish trophic networks. Ecological Monographs 60: 331-367

Yoon, I., *et al.* 2004. Webs on the Web (WoW): 3D visualization of ecological networks on the WWW for collaborative research and education. Proceedings of the IS&T/SPIE symposium on electronic imaging, Visualization and Data Analysis 5295: 124-132

■ 13章

中西哲 他. 1983. 日本の植生図鑑〈Ⅰ〉森林. 保育社
Walter, H. 1964. Die Vegetation der Erde in oko-physiologischer Batrachtung, Ⅱ. Gustav Fischer Verlag, Stuttgart, Germany
Whittaker, R.H. 1975. Communities and Ecosystems. Macmillan, NY, USA

■ 14章

Emlen, S.T. and Wrege, P.H. 1989. A test of alternative hypotheses for helping behavior in white-fronted bee-eaters of Kenya. Behavioral Ecology and Sociobiology 25: 303–319
Harestad, A.S. and Bunnell, F.L. 1979. Home range and body weight: a reevaluation. Ecology 80: 941–956

■ 15章

Barnosky, A.D. 2008. Megafauna biomass tradeoff as a driver of quaternary and future extinctions. Proceedings of the National Academy of Sciences 105: 11543–11548
Millennium Ecosystem Assessment. 2005. Ecosystems and Human Well-being: biodiversity: synthesis. Island Press, Washington, USA
Rockström, J., *et al.* 2009. A safe operating space for humanity. Nature 476: 472–475
WWF. 2014. Living Planet Report 2014: species and spaces, people and places. [McLellan, R., Iyengar, L., Jeffries, B. and Oerlemans, N. (eds.)]. WWF, Gland, Switzerland

■ 17章

Millennium Ecosystem Assessment. 2005a. Ecosystems and Human Well-being: biodiversity: synthesis. Island Press, Washington, USA
Millennium Ecosystem Assessment. 2005b. A Framework for Assessment. Island Press, Washington, USA
Tilman, D. and Downing, J.A. 1994. Biodiversity and stability in grasslands. Nature 367: 363–365
Tilman, D., Wedin, D. and Knops, H. 1996. Productivity and sustainability influenced by biodiversity in grassland ecosystems. Nature 379: 718–720

■ 18章

環境省. 生物多様性総合評価検討委員会. 2010. 生物多様性総合評価報告書
Lenzen, M., *et al.* 2012. International trade drives biodiversity threats in developing nations. Nature 486: 109–112
Scott, J. M. 2008. SLIDES: Threats to Biological Diversity: Global, Continental, Local. Shifting Baselines and New Meridians: Water, Resources, Landscapes, and the Transformation of the American West (Summer Conference, June 4–6)

■ 19章

Honjo, M., *et al.* 2009. Management units of the endangered herb *Primula sieboldii* based on microsatellite variation among and within populations throughout Japan. Conservation Genetics 10: 257–267

Reed, D.H., *et al.* 2003. Estimates of minimum viable population sizes for vertebrates and factors influencing those estimates. Biological Conservation 113: 23-34
Thomas, J. 1980. Why did the large blue become extinct in Britain?　Oryx The International Journal of Conservation 15: 243-247

■20章

上杉龍士，西廣淳，鷲谷いづみ．2009．日本における絶滅危惧水生植物アサザの個体群の現状と遺伝的多様性．保全生態学研究 14：13-24

■21章

国土交通省．北陸地方整備局千曲川河川事務所．2003．千曲川・犀川のアレチウリ：河川の自然を保全するための外来植物対策
Miyawaki, S. and Washitani, I. 2004. Invasive alien plant species in riparian areas of Japan: the contribution of agricultural weeds, revegetation species and aquacultural species. Global Environmental Research 8: 89-101
Ricciardi, A. 2007. Are modern biological invasions an unprecedented form of global change? Conservation Biology 21: 329-336

■22章

環境省．2014．報道発表：平成25年度奄美大島におけるマングース防除事業の実施結果及び26年度計画について
木村青史．2011．シナイモツゴ生息地へのモツゴの侵入．第6回外来魚情報交換会

■23章

Costanza, R., *et al.* 1997. The value of the world's ecosystem services and natural capital. Nature 387: 253-260
国土地理院．2000．湖沼湿原調査

■24章

Lalli, C. M. and Parsons, T. R. 著．關文威 監訳．1996．生物海洋学入門．講談社
巌佐庸 他編．2011．生態学事典・共立出版
勝川俊雄．2012．漁業という日本の問題．NTT出版
農林水産省．1960-2014．漁業・養殖業生産統計年報
FAO.「FishStat Plus」
http://www.fao.org/fishery/statistics/software/fishstat/en
環境省．2007．「国立・国定公園の指定および管理運営に関する提言―時代に応える自然公園を求めて」
https://www.env.go.jp/nature/koen_umi/umi02_3.pdf

■25章

Brönmark, C. and Hansson, L.-A. 2005. The Biology of Lakes and Ponds, 2nd ed. Oxford University Press, Oxford, UK
Hoekstra, A.Y. and Mekonnen, M.M. 2012. The water footprint of humanity. PNAS 109: 3232-3237

Sakamoto, M. 1966. Primary production by phytoplankton community in some Japanese lakes and its dependence on lake depth. Archiv für Hydrobiologie 62: 1-28
Scheffer, M., *et al.* 2001. Catastrophic shifts in ecosystems. Nature 413: 591-596
Secretariat of the Convention on Biological Diversity. 2006. Global Biodiversity Outlook 2. Montreal, Canada
Strayer, D.L. and Dudgeon, D. 2010. Freshwater biodiversity conservation: recent progress and future challenges. Journal of the North American Benthological Society 29: 344-35
環境省.「ラムサール条約と条約湿地」
http://www.env.go.jp/nature/ramsar/conv/index.html

■ 26 章

Connell, J.H. 1978. Diversity in tropical rain forests and coral reefs. Science 199: 1302-1310
環境省.「生物多様性保全上重要な里地里山」
http://www.env.go.jp/nature/satoyama/jyuuyousatoyama.html
国立環境研究所 生物・生態系環境研究センター.「日本全国さとやま指数メッシュデータ」
http://www.nies.go.jp/biology/kiban/SI/index.html

■ 27 章

Geoghiou, G.P. and Mellon, R.B. 1983. Pesticide Resistance in Time and Space. [Geoghiou, G.P. and Saito, T. (eds.)]. Pest resistance to pesticides, pp.1-46. Springer, NY, USA

■ 28 章

Nishihiro, J., Nishihiro, M.A. and Washitani, I. 2006. Assessing the potential for recovery of lakeshore vegetation: species richness of sediment propagule banks. Ecological Research 21: 436-445

■ 29 章

IPCC. 2014. Climate Change 2014: Synthesis Report. Contribution of working groups I, II, III to the fifth assessment report of the intergovernmental panel on climate change. [Core Writing Team, Pachauri, R.K. and Meyer, L.A. (eds.)]. IPCC, Geneva, Switzerland
Mitton, J.B. and Ferrenberg, S.M. 2012. Mountain pine beetle develops an unprecedented summer generation in response to climate warming. The American Naturalist 179: E163-E171
Tilman, D., Hill, J. and Lehman, C. 2006. Carbon-negative biofuels from low-input high-diversity grassland biomass. Science 314: 1598-1600
中央大学・東京大学・パルシステム東京協働プロジェクト.「市民参加による生き物モニタリング調査」(略称「いきモニ」)
http://butterfly.tkl.iis.u-tokyo.ac.jp/

■ 30 章

Millennium Ecosystem Assessment. 2005. Ecosystems and Human Well-being: policy responses, vol. 3. Island Press, Washington, USA
日本学術会議. 統合生物学委員会・環境学委員会合同自然環境保全再生分科会. 2014.「復興・国土強靭化における生態系インフラストラクチャー活用のすすめ」
鷲谷いづみ. 2012. 震災後の自然とどうつきあうか(叢書 震災と社会). 岩波書店

索　引

■ い

■ う

■ え

■ お

■ か

■ き

■ く

■ け

■ こ

■ さ

■ し

■ す

■ せ

■ そ

■ た

■ ち

■ つ

■ て

■ と

■ な

■ に

■ ぬ

■ ね

■ の

■ ふ

■ へ

■ ほ

■ ま

■ み

■ む

■ め

■ も

■ や

■ ゆ

■ よ

■ ら

■ り

■ る

■ れ

■ ろ

■ わ

■ 監修・編著者
鷲谷いづみ（わしたに　いづみ）　［下記以外のすべて］
1978年　東京大学大学院理学系研究科博士課程修了
現　在　東京大学名誉教授，理学博士

■ 著　者
一ノ瀬友博（いちのせ　ともひろ）　［26章の一部，30章のコラム］
1997年　東京大学大学院農学生命科学研究科博士課程修了
現　在　慶應義塾大学環境情報学部教授，博士(農学)

海部健三（かいふ　けんぞう）　［24章］
2011年　東京大学大学院農学生命科学研究科博士課程修了
現　在　中央大学法学部准教授，博士(農学)

津田 智（つだ　さとし）　［11章の一部, 13章の一部, 26章の一部, 28章のコラム］
1990年　東北大学大学院理学研究科博士課程修了
現　在　岐阜大学流域圏科学研究センター准教授，理学博士

西原昇吾（にしはら　しょうご）　［22章のコラム］
2007年　東京大学大学院農学生命科学研究科博士課程修了
現　在　中央大学理工学部兼任講師，博士(農学)

山下雅幸（やました　まさゆき）　［22章のコラム］
1993年　北海道大学大学院農学研究科博士後期課程修了
現　在　静岡大学大学院総合科学技術研究科農学専攻教授，博士(農学)

吉田丈人（よしだ　たけひと）　［12章，25章］
2001年　京都大学大学院理学研究科博士課程修了
現　在　東京大学大学院総合文化研究科准教授，博士(理学)

2016 年 5 月 10 日　初版発行
2024 年 4 月 10 日　初版第 4 刷発行

生 態 学
―基礎から保全へ―

監修・編著者　鷲谷いづみ

著　者　一ノ瀬友博
海部健三
津田　智
西原昇吾
山下雅幸
吉田丈人

発行者　山本　格

発行所　株式会社　培風館
東京都千代田区九段南 4-3-12・郵便番号 102-8260
電話 (03) 3262-5256 (代表)・振替 00140-7-44725

平文社印刷・牧 製本

PRINTED IN JAPAN

ISBN 978-4-563-07820-1　C3045